Modern İnsanın Kökeni

Roger Lewin

TÜBİTAK Popüler Bilim Kitapları 62

Modern İnsanın Kökeni
The Origin of Modern Humans
Roger Lewin
Çeviri: Nazım Özüaydın
Türkçe metnin bilimsel danışmanı: Prof. Dr. Aykut Kence

*TÜBİTAK Popüler Bilim Kitapları'nın seçimi ve değerlendirilmesi
TÜBİTAK Yayın Komisyonu tarafından yapılmaktadır.*

ISBN 975 - 403 - 097 - 9

İlk basımı Ocak 1998'de yapılan
Modern İnsanın Kökeni
bugüne kadar 15.000 adet basılmıştır.

7. Basım Eylül 2000 (2500 adet)

Yayın Yönetmeni: Sedat Sezgen
Teknik Yönetmen: Duran Akca
Grafik Tasarım: Ödül Evren Töngür
Kapak Tasarımı: Aytaç Kaya
Uygulama: İnci Karakul
Dizgi: Birsen Kızıldağ

TÜBİTAK
Atatürk Bulvarı No: 221 Kavaklıdere 06100 Ankara
Tel: (312) 427 33 21 Faks: (312) 427 13 36
e-posta: kitap@tubitak.gov.tr
İnternet: kitap.tubitak.gov.tr

Nurol Matbaacılık - Ankara

Modern İnsanın Kökeni

Roger Lewin

ÇEVİRİ
Nazım Özüaydın

TÜBİTAK POPÜLER BİLİM KİTAPLARI

Sunuş

İnsan nereden geldiğini, kökenini hep merak edegelmiştir. Bu nedenle çeşitli kültürlerde ve dinlerde insanın kökenine ilişkin çok çeşitli öykülere rastlarız. Örneğin, bir Çin öyküsüne göre insan ölen tanrının pirelerinden oluşmuştur. Ortadoğu'dan kaynaklanan dinlerde ise insanın kökeni Tanrı tarafından yaratılmış olan Adem ve Havva'ya dayanır. Birbirinden ne kadar farklı olursa olsun bu öykülerin ve bu inançların ortak yanı insanı doğadan ayrı bir yerde tutmasıdır.

İnsanın kökenine bilimsel yaklaşım ilk kez Fransız doğabilimci Lamarck ile başlar. Lamarck insan ile maymun arasındaki benzerliklere dikkat çekmiş ve insanın maymundan türemiş olabileceğini ileri sürmüştür. Daha sonra Darwin'in türlerin kökenine ilişkin kuramı ile insan ve maymunun ortak bir atadan türedikleri düşüncesi ağırlık kazanmaya başlamıştır. Sonraki yıllarda insanın da bir böcek, bir ot, bir kuş gibi doğanın bir parçası olduğu ve diğer canlılar ile ortak bir geçmişi paylaştığı bilim çevrelerinin kabul ettiği görüş haline gelmiştir.

Roger Lewin bu eserinde insanın evrimleşmesi üzerindeki bilimsel kanıtları tartışıyor. İnsanın evrimi ile ilgili son yıllarda ileri sürülen ve birbiri ile çatışan iki kuramı ele alarak, her ikisi için de ileri sürülen kanıtları, bu kuramların güçlü ve zayıf yanlarını tam bir bilimsel tarafsızlık içinde işliyor. Eserde insanın kökeni hakkında ipuçları elde etmeye çalışan bilim adamlarının, fosil bulgularından, moleküler verilere kadar çok geniş bir kanıtlar dizisine başvurduklarını görüyoruz. Bilim adamlarının insanın kökenini aydınlatma yolundaki çabalarını ve aralarındaki tartışmaları okurken zaman zaman bir dedektif romanından alınan lezzeti alabileceksiniz.

Homo sapiens, yani günümüz insanı, *Homo erectus*'tan türemiştir. Bu konuda tüm bilim adamları hemfikirdir. Fakat bu türleşme olayının ayrıntıları bugün tartışma konusudur. Çokmerkezli Evrim kuramı denilen kurama göre insan, dünyanın birçok bölgesinde *Homo erectus*'un yerel toplumlarının evrimleşmesi ile ortaya çıkmıştır. Bunun karşıtı olan kurama göre ise günümüz insanının atası olan ilk biçimler ilk kez yaklaşık 200 bin yıl önce Afrika'da ortaya çıkmış ve sonra da dünyanın çeşitli bölgelerine yayılmıştır. Bu iki kuram arasındaki bilimsel çatışmayı tam bir tarafsızlık içinde yansıtmaya çalışan yazar, bilimsel düşünceye, bilimsel yaklaşıma çok güzel örnekler vermektedir. Bu arada yaratılışçıların sık sık sözünü ettikleri Piltdown insanı sahtekârlığına da değinen yazar, bu sahtekârlığın nasıl ortaya çıkarıldığını da ayrıntılı bir şekilde anlatıyor. Burada dikkat edilmesi gereken nokta bilimin içindeki sahtekârlıkları, yalanları yine bilimin ortaya çıkarıp düzelttiğidir.

Aykut Kence

Prof. Dr., ODTÜ Biyoloji Bölümü

Fransa'da Laudes'ten, Brassempouy Venüsü olarak anılan, incelikle oyulmuş 25 bin yıllık fildişi baş, oldukça ayrıntılı ve gerçekçi bir üslubu sergilemektedir.

İçindekiler

Önsöz

Benim yaşamımı rastlantısal olaylar belirlemiştir, sanırım çoğunuzunkini de. Paleoantropolojiye yönelişim de yine bir rastlantı sonucu, bundan yirmi yıl kadar önce bu alanla ilgili bir çalışma yapmak üzere bir yayınevince görevlendirilmemle gerçekleşmiştir. Böylece son yirmi yıl içinde, söz konusu bilim dalına ilişkin gelişmelerin yakın tanığı, bir bakıma da yorumlayıcısı olma ayrıcalığını elde ettim. Dahası, asıl öğrenimimi biyokimya ve evrimsel biyoloji alanlarında görmüş olmamın da bu yıllarda büyük yararı oldu; çünkü antropolojinin kapsamına bu iki bilim dalından da birçok konu girmiş bulunuyor.

Tüm bilimsel kuramlar tarihsel süreç boyunca deneme yanılma ve yeniden formülleştirme sonucu ortaya çıkarlar. Yeni yeni verilerin birikimi bu süreçte önemli bir yer tutar elbet. Mekanizmalara -bu durumda, toplum biyolojisi ve evrim mekanizmalarına- ilişkin düşüncelerdeki değişiklikler de aynı şekilde gündeme gelir. Bu tür değişiklikler eldeki kanıtların yorumlanışını etkileyebilir, böylece kuramların gelişmesi yeni kanıtlar olmaksızın sürebilir. Antropolojide var olan kuramın statüsünü belirginleştiren üçüncü bir unsur, daha toplumbilimsel bir nitelik taşımakta ve biz insanları konu edinen çalışmanın kavranmasıyla ilgilidir.

Copernicus ve Darwin'in devrimsel kuramları insanı evrenin merkezi konumundan uzaklaştırdı. Ancak insan, diğer türler gibi, evrimsel bir sürecin ürünü olarak kabul edilse bile, yine de *Homo sapiens*'ler bu sürecin özel bir ürünü, onun nihai bir amacı olarak görülebilir. İçinde yaşadığımız yüzyılın ilk on-yirmi yılı içerisinde edinilen bu görüşün, açıkça söylenmese, derinden duyumsanmasa da, var olan tartışmayı etkilemekte olduğu görülebilir. Belki hep etkileyecektir de.

Bugünkü insanın (*Homo sapiens*) kökenine yönelik çalışmalara yenilerde geliştirilmiş bilimsel yöntemlerin de eklenmesiyle, konuyla ilintili noktalar daha belirgin biçimde tanımlanır olmuştur. Ne var ki, eskiden kalma birtakım düşünceler, bilim insanlarının bu konuya yaklaşımlarını etkilemeyi sürdürmektedir. Bu nedenle, bugünkü insanın kökeni açısından, bu bilimin tarihine oldukça geniş yer verdim. Başlıbaşına ilginç olan bu konu günümüzde sürüp giden tartışmanın anlaşılmasına da yardımcı olacaktır.

Kuşkusuz, bugünkü insanın kökenine yönelik günümüzdeki tartışmanın önemli noktalarından biri de genetik verilerin yarattığı etkidir. Moleküler biyolojik tekniklerle antropolojinin evliliği anlamına gelen moleküler antropoloji, yirmi yaşındadır ama henüz bebeklik çağını yaşamaktadır. Potansiyel açıdan güçlü olmasına karşın, yaklaşım hayli karmaşık ve yanlış yorumlamaya açık olup, sonuçta çok tartışmalı bir boyut kazanmıştır.

Moleküler verilerle fosil buluntulara ilişkin veriler birbirlerinden çok farklıdır: Birincisi günümüzden geçmişe, ikincisi ise geçmişten günümüze yöneliktir; sonuçta bunların aynı noktada buluşmaları beklenir. Gelecek yirmi yılda, *Homo sapiens*'lerle sonuçlanan evrim sürecine daha açık bir bakış açısı getirmek üzere bu iki yaklaşım arasında bir netleşmeye doğru yönelişe tanık olunacağından kuşku yoktur. Bugün için birbirinden çok farklı iki görüş söz konusudur. Bunlardan birinin yanlış olması gerekir; öyle olduğu da bir gün kanıtlanacaktır elbet. Başka bir olasılık da, orta düzeyde bir çözümle her ikisinin de bir ölçüde doğru olduğunun kanıtlanmasıdır. Bilimin ilginçliği düşüncelerin hem biçimlendirilmesinden hem de ortaya atılmasından kaynaklanmaktadır. Sorun insanın bugünkü konumuna nasıl geldiği konusunda düğümlenmektedir.

Bilimsel görüşler arasındaki derin ayrılıklar nedeniyle kimi zaman belirsiz, kimi zaman açık ve seçik görülebilen böyle bir konuya herhangi bir bireyin yalnızca bir açıdan bakacağına kuşku yoktur. Belli bir görüşten yana değilmişim gibi davranmamakla birlikte, güncel tartışmayı her yönüyle sergilemeye çalıştım. Bu arada okuyucuların da konuya ilişkin olarak kendi değerlendirmelerini yapacağını umuyorum.

Burada, böylesine tartışmalı bir alana girmem konusunda beni yüreklendiren Jerry Lyons'a teşekkür etmek isterim. Bilimsel yayın dünyasının, hiç kuşkusuz, en açık görüşlü editörlerinden biri olan Jerry, kaleme almaya değer bir konuyu böylece gün ışığına çıkarmıştır. Amy Johnson da Amerikan Bilim Kütüphanesi'nin (The Scientific American Library) desteğiyle dost elini uzatarak bu çalışmayı yürütmeme yardımcı olmuştur. Travis Amos ve Susan Moran kusursuz bir resimleme düzeniyle kitaba can katmışlardır. Antropoloji alanından birçok meslektaşımı burada bir kez daha şükranla anmak isterim. Bu dostların kimileri bu çalışmaya fotoğraflar sağlayarak katkıda bulundular. Ayrıca karım Gail de hem titiz bir editör hem de bir yaşam arkadaşı olarak bana destek olmuştur.

Roger Lewin
Washington, D.C.
Mayıs 1993

Giriş

Altmış bin yıl önce, Kuzey Irak'taki sarp Zagros Dağları'nda yaşlı bir adam ölmüştü, ama sıradan biri değildi bu adam. Halkıyla öte dünya, ruhlar dünyası arasında bağ kuran bir Şamandı. Kabilelerinin saygın bir üyesini yitirmenin yasını tutan Shanidar halkı onun için özel bir gömme töreni düzenledi.

Bağlı oldukları dinsel, töresel uygulamaları ve trans yöntemlerini öğrenmeleri durumunda kendileri de birer Şaman olacak bu gençler, tören için aralarında civanperçemi, St. Barnaby dikeni, kanaryaotu, morsümbül, gülhatmi, peygamberçiçeği, ebegümeci ve atkuyruğu gibi pek albenili olmayanları da bulunan renk renk çiçekler toplamak üzere kırlara dağıldılar. İlkyaz sonlarıydı. Dağ çiçeklerinin bolluğu soğuk pençeleriyle yeryüzünü kıskıvrak kavramış ve 50 bin yıl süreyle daha da kavrayacak olan Buzul Çağı'nı yalanlıyor gibiydi. Dağların yukarı yamaçlarında koyu yeşil köknar ağaçları, masmavi gökyüzüne yükselirken, aşağıdaki vadileri küme küme dişbudaklar, akçaağaçlar süslüyordu. Gençler, toplayıp getirdikleri çiçek demetlerini atkuyruğu dallarına bağlayarak

Kuzey Irak'ta Şanidar (Shanidar) Mağarası'ndan 1957 Nisanı'nda Ralph Solecki tarafından çıkarılan Neandertal kafatası (Şanidar I). Kafatasındaki zedelenme (sol yanda, görünmez) ölümden sonra mağarada taş düşmesi sonucu oluşmuş olabilir.

Şamanın mağarada sonsuza dek dinleneceği bir yatak yaptılar. Civanmert ve gülhatmi gibi çiçeklerin odunsu atkuyruğu dallarına örülmesiyle oluşturulan bu yatağın rengârenk ve simgesel bir görünüm sergilemesi gerekiyordu; çünkü çiçekler yalnızca görünüşleri nedeniyle değil, aynı zamanda iyileştirici özellikleri nedeniyle de seçilmişlerdi; Şaman, toplumda gizemli görevlerini yaparken bu tür çiçeklerden, otlardan yararlanırdı. Cenaze töreninde bir başka Şaman da Şanidar halkının yaratılış öyküsünü, onların yeryüzündeki özel konumunu, eski Şanidar ruhlarınca kurulmuş sonsuz bir döngü olan yaşamla ölümün kaçınılmazlığını gizemli biçimde anlatan ağıtlar yakar, böylesine önemli birinin ruhunu kabul etmeleri için Şanidar atalarının ruhlarını çağırırdı.

Şanidar Gerçeği

Bu bir kurgudur elbet, ama gerçek yanları olan bir kurgu. Yaşlı bir adamın cesedi bundan 60 bin yıl önce Şanidar Mağarası'nda sonsuz dinlenmeye bırakılmış. Cesedinin altına ve çevresine yukarda belirtilen türden çiçekler serpilmiş olan bu adamın kemikleri Kolombiya Üniversitesi'nden Ralph Solecki'nin yönettiği bir kazı sırasında ortaya çıkarılmıştı. Bu, en azından, iskeletin çevresinden alınan toprak örneklerinde

Üstte: *1950'lerde Şanidar Mağarası'ndan kazılmış toprağı elden ele kova uzatarak taşıyan işçiler. Ayrıca otomatik bir taşıyıcı bant da işlemektedir.* Altta: *Çiçek gömüte ait bir iskelet (Şanidar IV) 1960'da T. Dale Steward tarafından bulunmuştur. Yaşlı bir adama ait iskeletin çevresinden alınan toprak, fosilleşmiş polenler içermektedir.*

bu çiçeklerin polenlerini saptayan, Paris, İnsan Müzesi'nden Arlette Leroi-Gourhan'ın bir varsayımıdır. Yerel bitki örtüsü yukarıda belirtilen bitki türlerinden oluşuyordu. Bundan ötesi, eski bir iskeleti insan diye tanımlanabilecek birtakım niteliklere büründürme çabasına yönelik bir kurgulamadan başka birşey değildir. Solecki, *Şanidar* adlı yapıtında "çiçeklerle ölü gömme"yi anlatırken, "birdenbire görüyoruz ki insan ve güzellik sevgisinin evrenselliği bizim kendi türümüzün dışına taşmaktadır. İlk insanlarda insancıl duyguların, deneyimlerin bulunmadığını artık söyleyemeyiz" demektedir.

Şanidarlı yaşlı adam, tıknaz yapısı, güçlü kasları, kendine özgü uzun, basık kafatası ve çıkıntılı yüzüyle bir Neandertal insanıydı. Günümüz insanına benzemiyordu. Kimi antropologlar Neandertallerin bugünkü insana biyolojik yakınlığının benimsenerek, onların *Homo sapiens*'lerin alt türü olan *Homo sapiens neanderthalensis* olarak adlandırılmaları gerektiğini üstelemektedirler. Diğerleri ise, aradaki farklılıkları vurgulayarak onların *Homo neanderthalensis* olarak adlandırılmasını yeğlemektedirler. Neandertallerin bugünkü insana biyolojik yakınlığının boyutları ne olursa olsun, Solecki, Şanidarlı ihtiyarın "insansal duygu ve deneyimleri tümüyle" yaşadığına inanıyordu. Solecki, demeye getiriyor ki Neandertaller tıpkı bizim gibiydiler, ama biz değildiler: Fiziksel açıdan farklıydılar, fakat iç dünyaları bakımından insandılar. Bu belirsizlik, yüz elli yıl kadar önce ilk fosil kemiklerinin bulunuşundan bu yana Neandertal insanının doğası üstüne antropologların, sergilemiş oldukları kararsızlığın, karışıklığın bir yansımasıdır.

Neandertaller ve Diğerleri

Antropologların görevi gerek fiziksel açıdan gerekse tinsel açıdan *Homo sapiens*'lerin nasıl ortaya çıktıklarını açıklamaktır. Kuramlar gelişip de yeni yeni kanıtlar ortaya çıktıkça bilim tarihi, düşüncedeki ilerlemeleri ve gerilemeleri kaydetmektedir. Bu arada, kimi zaman azalmalarına kimi zaman çoğalmalarına karşın, Neandertaller varlıklarını hep korumuşlardır. Charles Darwin'in *Origin of Species* (Türlerin Kökeni) adlı yapıtının yayımlanmasından kısa bir süre önce, Ağustos 1856'da ortaya çıkarılan Neandertal insanı ilk insan türü olarak kabul edilecekti. Bugünkü insanınkinden azıcık daha büyük beyni de dahil, birçok anatomik özellikleri bugünkü insanınkine açıkça benzeyen Neandertaller antropologları şu soruyla karşı karşıya bırakmışlardı: Bu fosil insanlar bizim doğrudan atalarımız mıydılar, yoksa insan soyağacının yalnızca bir dalı mıydılar? Ünlü İngiliz antropoloğu Sir Grafton Elliot Smith'in 1928'de Neandertal insanının statüsünün "Schwalbe tarafından yürütülen çalışmalarla 1899'da belirlenmiş" olduğunu söylemesine karşın, konu üzerindeki tartışmalar sürmektedir.

Bilinen fosil insan buluntularına kıyasla, Neandertal buluntularının sayıca en üst sırayı oluşturduğu göz önünde tutulunca, insanın gelişimsel öyküsünde Neandertallerin öne çıkarılışı doğaldır. Son yüz kırk yıl içinde en az 200 bireye ait fosil kemikleri bulunmuştur. Bunlara hemen hemen eksiksiz bir düzine iskeleti de katmak gerek (Tarihöncesi fosil kayıtların çok ender oluşuna bir örnek). Bunların yapısal görünümleri akıllara durgunluk verecek düzeydedir. Yaşamlarını sürdürebilmek için son derece çetin çevre koşullarıyla savaşmak zorunda olan bu iri yapılı insanlar gerçekte mağara insanlarıydılar. Kimi durumlarda bunların ölülerini gömdükleri yolundaki veriler (Şanidarlı yaşlı adamın varsayımsal gömülüşünde olduğu gibi), evrimsel süreç içinde onlarla bağlantımızı ortaya koyan en somut bilgilerdir.

Bununla birlikte, o sıralarda, yani yaklaşık 150 bin - 34 bin yıl önce, bugünkü insanı önceleyen insan türlerini yalnızca Neandertaller oluşturmuyordu. Kaldı ki bunlar yeryüzünün yaşam için elverişli tüm yörelerine yerleşmiş de değillerdi. Bunların yaşadıkları yerler

Avustralya yerlilerinin bedenlerini süsleme, resim ve dans aracılığıyla gerçekleştirdikleri zengin töresel etkinlikler, bu tür davranışların arkeolojik kayıtlarda ne denli az yer aldığını anımsatıyor.

genel olarak Batı Avrupa ve Yakın Doğu ile sınırlıydı. Bu sırada, diğer ilkel insanlar Doğu Avrupa, Doğu Asya ve Afrika'da yaşıyorlardı. Neandertaller gibi iri yapılı olan bu ilkel insanlar Neandertallere özgü, özellikle yüz çizgilerindeki yapısal aşırılıkları taşımıyorlardı. Bu toplumların hepsine birden (Neandertalleri de kapsamak üzere) arkaik *sapiens*'ler deniyor. Doğu Avrupalı, Doğu Asyalı ve Afrikalı ilkel insanlara ilişkin fosillerle arkeolojik kayıtların ender oluşu, Neandertallere kıyasla bunlar hakkında pek az şey bilindiği anlamına geliyor. Bu durumda, bugünkü insanın kökeni bağlamında "Neandertal insanına ne oldu?" sorusunun diğer bugünkü insan öncesi insanlar için de sorulması gerekir. Bunların hepsi aynı evrimsel sürecin bir parçasını, yani bugünkü insanın kökenini oluşturur.

Uçucu Kanıtlar

İnsan olsun fare olsun, her bir türün evrimi şu üç unsurdan oluşur: Örüntü (Pattern), süreç ve içerik (biyoloji). Örüntü, türün filojenetik geçmişini, yani soyağacını belirler. Süreç, bu soyağacının nasıl dallandığını ya da bu dallanmanın nasıl sona erdiği ile ilgilidir. Biyoloji ise bir türün yaşam biçimini irdeler. Başka bir deyişle söz konusu canlı nasıl devinir, nasıl beslenir, nasıl bir toplumsal yapıya sahiptir, nasıl bilgi edinir, kısacası nasıl davranır gibi konuları ele alır. Fosil kayıtlardan çıkarılabilecek en kestirme sonuçların örüntü ile ilgili olmasına karşın, bugünkü insanın evrimiyle yakından ilgilenmemizi gerektiren unsurlar çoğu kez maddi yönleri ağır basmayan unsurlardır. Dil, bilinç, mitoloji... İşte bizleri insan yapan unsurlar. Şanidar halkını değerlendirirken Solecki'nin değindiği unsurlar da bunlardır.

Neandertallerin insan olduğuna ilişkin savını desteklemek için Solecki, taş aletler yapma becerileri, ya da geçim sağlamaya yönelik yetkin yöntemler gibi unsurları kanıt olarak göstermemiştir. Bunların yerine, varsayımsal bir cenaze töreninde kullanılan çiçekleri öne çıkarmıştır. Eğer değerlendirmesi gerçekten doğruysa, Solecki bu buluşunda şanslıydı, çünkü insansallığı en çok çağrıştıran bu tür davranışlar tarihöncesine ilişkin kayıtlarda en seyrek görülen davranışlardır. Örneğin, Avustralya yerlilerini ele alalım; bunların besin sağlama çabasındaki herhangi bir toplumda görülebilenler kadar gelişkin akrabalık sistemleri ve mitolojilerinin yanı sıra zengin bir toplumsal ve dinsel gelenekleri vardır. Bunların, ağaç, tüy, çeşitli boyalar ve hatta kan kullanarak yaptıkları süslemelerde yansımasını bulan simgecilikleri gözalıcı boyutlardadır. Kum üzerinde oluşturulan gelişkin imgeler, düş ürünü öteki dünyalarla bağlantı kurarlar. Şarkılar, danslar, özenli töresel gösteriler gibi hepsi de Avustralya yerlilerinin yaşamında önemli yer tutan etkinliklerin hiçbiri arkeolojik belgelerde görülmez. Bu tür etkinliklere ilişkin somut kanıtlar (Son Buzul Çağı'nın bitimine doğru mağaralara oyulan ya da boyalarla betimlenen imgeler örneği) günümüze dek gelebilmiş olsalar bile, yaratıldıkları ortamın artık yok oluşu nedeniyle anlamlarını büyük ölçüde yitirmişlerdir.

Rastlantısal Bir Olgu mu?

İnsanın soyağacının biçimlenişi, yaşam tarihinde yaygın bir olgu değildir. Yok oluşa doğru yavaş yavaş sürüklenen herhangi bir grup ya da kladın (clade), yaşamını eninde sonunda tek bir türle sürdürebileceği bir aşamaya gelmesi elbet kaçınılmazdır. Ancak bir türün tek başına varlığını koruyabilmesi ender bir olaydır (*Homo sapiens*'lerle karıncayiyenler bunun kuraldışı örnekleridir). Karıncayiyenler bağlamında iki ya da daha çok tü-

Raymond Dart, burada Taung kafatası, altçene, beynin doğal döküm modeli [1-2 milyon yıl önce yaşamış insansı maymuna (goril, şempanze ve orangutanı kapsayan maymun ailesi) benzeyen bir insan atasının kalıntıları] ve buluşu haber veren Nisan 1925 sayılı Nature *dergisiyle birlikte görülüyor. Yıl 1978.*

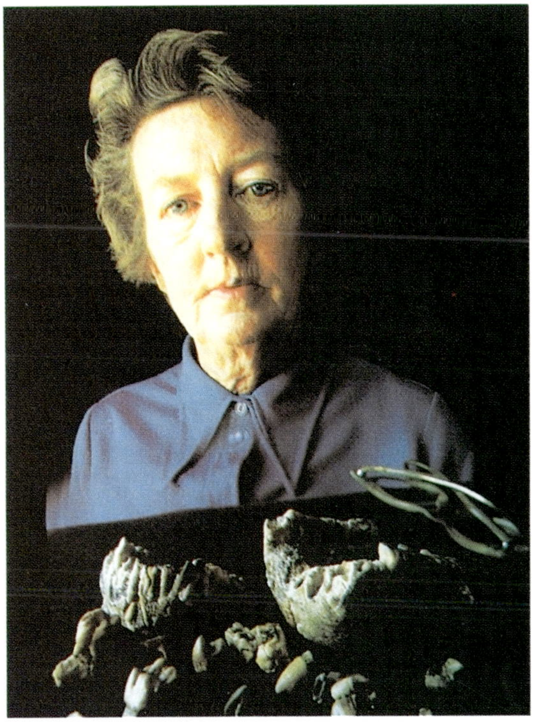

1930'lardan başlayarak Tanzanya, Olduvai'de onlarca yıl süren çalışmaları sonunda Afrika arkeolojisini sistematik bir biçimde kurumlaştıran Mary Leakey.

Eşi Mary'nin 1959'da Olduvai Gorge'da "Zinjanthropus" kafatasını bulmasıyla Louis Leakey'in, Afrika'da insanın kökenine yönelik yoğun çalışmaları meyvelerini vermiş oluyordu. Çok geçmeden bunu başka fosil buluntuları izledi.

rün yaşamlarını birarada sürdürmeleri büyük ölçüde olanaklıdır; buna karşılık bize benzeyen birden çok türün birlikte varoluşu düşünülemez. İnsanın dil, bilinç ve mitoloji aracılığıyla yarattığı kültürel değerler böyle bir evrimsel özelliği, benzeri başka bir türle paylaşma olasılığını dışlayacak denli güçlü ve geniş kapsamlıdır. Bu nedenle bizim olağandışı soyağacımız bize benzer bir hayvan türünün bir ürünü olabildiği gibi, bugünkü insan, insansı soyunun tek temsilcisidir, dolayısıyla bu soydan gelenler kendilerini başka türlü görme düşleminden yoksundurlar gibi bir önyargıyla gereğinden çok önemsediğimiz tarihin salt rastlantısal bir ürünü de olabilir. Bu konu ister açıkça ister örtük bir biçimde ele alınsın, bugünkü insanın kökenine ilişkin her düşüncenin vazgeçilmez bir parçasıdır.

Önemsemede Bir Değişiklik

20. yüzyılın başlarında antropologlar bugünkü insanın evrimiyle Neandertallerin yazgısını da kapsayan tarihöncesindeki görece yakın gelişmelere yönelmişlerdi. Bunun nedeni açıktı, çünkü 1925'ten önce insanın ilk atalarına ilişkin hiçbir fosil buluntusu yoktu. Bu tür fosillerin -Güney Afrika'da Raymond Dart tarafından- bulunduğu zaman bile, antropologlarca insan ailesinin gerçek üyeleri olarak benimsenebilmesi için bir yirmi yılın daha geçmesi gerekmiştir. Antropologlar kuşkusuz, insan soyunun ilk temsilcilerini arayıp bulmak için çaba göstermişlerdir ama bu yaratıkların neye benzeyebileceği (daha çok, insansı maymunlara) ve nerede bulunabileceği (Afrika'da) konusunda bilgi sahibi değillerdi.

1950'lerden başlayarak gerek bilimsel ilgi, gerekse fosillerin coğrafi dağılımı açısından bir değişiklik gündeme geldi. Bilimsel yazında "Hominidae ailesi" ya da günlük dilde "hominidler" olarak geçen ve insan soyunun ilk üyeleri olduğu açıkça görülen insansı maymun benzeri fosilleri ortaya çıkaran Raymond Dart ile Robert Broom daha sonra da Louis ile Mary Leakey gibi antropologların adları birden efsaneleşti. Güney Afrika, sonradan da Doğu Afrika bu beklenmedik buluşlar sayesinde antropoloji dünyasının kâbesi durumuna geldi. "İlklere" yönelik arayış başlamıştı: İlk taş aletler, iki ayağıyla yürüyebilen ilk insansı maymun, Homo cinsinin ilk üyesi...

Tanzanya'daki Olduvai Gorge gibi, Güney Afrika'daki Sterkfontein ve Swartkrans Mağaraları da ünlendi. Daha sonra, Louis ve Mary Leakey'in oğulları Richard Leakey, Kenya'nın kuzeyinde Turkana Gölü'nün doğusunda gerçekleştirdiği çalışmalarla, bu arama kervanına katılmış oldu. Donald Johanson ve Maurice Taieb'in yönetimindeki bir Amerikan-Fransız ekibince Etiyopya'nın Hadar bölgesinden çıkarılan buluntular daha da önemliydi. Tek bir yöreden, hepsi de, bilinen en eski insansılardan (hominidlerden) ve yalnızca bir yöreden en az 15 bireye ait 200'ün üstünde fosil parçasından oluşan İlk Aile gibi, ünlü Lucy iskeleti de oradan çıkarılmıştı. Bunların en dikkat çekici olanı ise, Oduvai Gorge'un 32 km güneybatısındaki Laetoli fosil yatağında Mary Leakey ve arkadaşlarınca bulunan 3,7 milyon yıllık ayak izleri zinciridir.

1960'larla 1970'ler antropolojide "ilkler" dönemi olmuştur (Gerçekten de bu çok verimli bir dönemdi). Bu çalışmalar temel alınarak oluşturulan yapboz tablo yine de eksiktir. Örüntünün eksik parçalarının bulunması, soyağacına daha çok dalın eklenmesi, insanın tarihinin bu unsuruyla ilintili süreç ve biyolojinin daha iyi anlaşılması gerekmektedir.Yine de Doğu Afrika ve insanın evrimsel geçmişi üstüne bu yirmi yıllık antropolojik ilgi yoğunlaşması, konuya yakın çevreler için bilimsel açıdan yerinde, teknik açıdan da yeterliydi.

Bununla birlikte son zamanlarda antropolojik ilgi yine bugünkü insanın kökenine ve Neandertallerin yazgısına odaklanmış bulunuyor. Son birkaç yılın her birinde bu konu üzerine en az altı bilimsel toplantı yapılmıştır. Bu eski bir soruna yeniden eğilmeyi öngören basit bir kararın ötesinde bir olaydır. Burada, konuya ilginin canlanışını vurgulamak için coşku sözcüğünü kullanmak abartma sayılmamalıdır. Tartışmaların tonuna bakılırsa, heyecan hep olageldiği gibi yüksektir–özel bir ilginin söz konusu olduğunun açık bir göstergesi.

İnsanın evrimsel geçmişinin erken dönemine ilişkin olarak, son zamanlardaki fosil buluntularının göreceli olarak azlığı, tartışmaların, tarihöncesi insana yönelik yeni bir konu üstüne odaklanmasına neden olmuştur. Ancak, bugünkü insanın kökeninin, ilgi odağı konumuna gelmesi yalnızca böylesi bir eksiklikten, yetersizlikten kaynaklanmıyordu; onu bu konuma iten biri geleneksel diğeri de o denli geleneksel olmayan iki gelişme daha vardı. Birincisi, Levant ve Yakın Doğu kaynaklı kimi çok önemli fosillere ilişkin yeni tarihlendirmelerle, ikincisi ise bugünkü toplumların evrimsel gelişimini yeniden kurgulamak amacıyla, belirli genlerin incelenmesine yönelik genetik bir yaklaşımla ilgiliydi. Her iki olayda da elde edilen sonuçlar, güncel kuramlara ters düşme pahasına, bugünkü insanın kökeninin temelden bir değerlendirilmesi gibi görünüyordu. Bu iki olayın dışında yeni tartışmaların doğmasına elverişli bilimsel ortamı oluşturan başka gelişmeler de vardı. Ancak fosillerin yeniden tarihlendirilmesi ve genetik bulgular, başta güncel basın olmak üzere herkesin ilgisini çekti.

1974'te Tanzanya, Laetoli'de bulunan bu ayak izleri 3,75 milyon yıl önce yaşamış insansılara (hominids) aittir. Ayak izleri, bu insansıların iki ayak üstünde düzenli adımlarla yürüyebildiklerini gösteriyor.

Mitokondriyal Havva kuramı, 1987'nin başlarında kamuoyuna Newsweek*'in bu kapak resmiyle duyuruldu.*

Yeniden tarihlendirme olayına ilişkin haber bir gazetede şöyle çıktı: "Bugünkü insanın Taş Devri Neandertal mağara insanından önce yaşadığının bilim adamlarınca ortaya atılmasıyla, evrim kuramları bu hafta altüst oldu". Belki biraz abartılı görünse de, bilim çevrelerinin bu habere tepkisi bile pek ölçülü değildi. İngiliz *Nature* dergisinde konuyu yorumlayan bir antropolog, yeni tarihlendirmenin "geleneksel evrim kuramını tepetaklak ettiğini" söylemiştir.
Genetik bulgulara ilişkin haber *Newsweek*'in kapağına "Adem ile Havva Arayışı" biçiminde yansıdı. Havva adı kimi genetik bulgularla yakından bağlantılı duruma geldi; çünkü verilerin bir yorumlanışına göre, bugünkü insanın kökeni yaklaşık 150 bin yıl önce Afrika'da yaşamış tek bir dişi insana dek izlenebilmektedir. İncil'de anlatılan söylenceyi çağrıştırması nedeniyle, bu bulguların gerek halk arasında gerekse bilimsel çevrelerde tartışılması belki de kaçınılmaz olarak güçleşecekti. Ne var ki, genetik kanıtların varlığı ve bunların doğru biçimde yorumlanması konuya ciddiyetle eğilinmesini gerektirecek denli önemliydi.

Umut Kırıcı Boyutlarda Seyrek Buluntular

Bugünkü insanın kökeni üstüne günümüzde öne sürülen varsayımları inceledikçe, insan soyağacının biçimlenişine ilişkin yaygın kuramın dışında başka tezler de gündeme geliyor. Bunlar, bizi insan yapan dil, bilinç, yaşam sağlama ve teknolojinin evrimini kapsar. Bununla birlikte konuya, iki ayak üstünde yürüyebilen özgün ekolojik ortamına girişlerinin ardından insansı maymunun, kaçınılmaz olarak değilse bile, sonuç olarak bizlere dek uzanan yaşamsal uyumlarını gerçekleştirebilen atalarımızın tarihine, yani *Homo sapiens*'lere bir başlangıçla gireceğiz.

Bugünkü insanın kökenine yönelik arayışların öyküsü bu sayfalara yansıdıkça, öğrenilmesi gereken daha pek çok şeyin olduğu ve eldeki bulgular konusunda düşünce ayrılıklarının büyük ölçüde sürdüğü açıkça görülecektir. Dil, düşünce ve töresel etkinliklerin ortaya çıkışıyla ilintili kolay kolay ele geçmez kanıtlar üstüne değişik yorumlar yapılması belki de kaçınılmazdır. Fakat çözüm bekleyen sorunlar insan evriminin tarihöncesi kayıtta belli belirsiz iz bırakan bu unsuruyla sınırlı değildir. Fosillerle taş aletler üstüne görüş ayrılıkları da başlıca şu iki nedenle sürmektedir:

Herşeyden önce, Pekin insanı, Java insanı vb. adlar altında sunulan insan fosilleri çoğunlukla kamuoyunun ilgisini çektiğinden, yaygın bir fosil kaydının var olduğu biçiminde bir kanı doğmaktadır. Gerçekte insan fosilleri enderdir; hatta bu kitabın temel konusunu oluşturan bundan sonraki dönemde bile bu böyledir. Fosiller geçmiş insan topluluklarına ilişkin bilgi kaynaklarını oluşturur. Elimizdeki bilgilerin sınırlı oluşundan ötürü bilim insanları kesin sonuçlar elde edemiyorlar. İkincisi, her ne kadar fosiller antropologların yararlandığı bilgilerin kaynağını oluşturuyorsa da, bunlar ısı, ağırlık ya da kimyasal yapıya ilişkin fiziksel ölçümler kadar kesin bilimsel gerçekler değildir. Herhangi bir anatomik özelliğin biçimi kesin olarak belirlenebilir, ama onun diğer bireylerin benzer özellikleriyle evrimsel ilişkisi ancak usavurum yoluyla saptanabilir. Antropologlar kendilerini bu tür sonuçlara götürebilecek nesnel yöntemler bulmak için uğraşıyorlarsa da, bu her zaman için mümkün olmadığından öznel değerlendirmeler sürüyor.

Benzer sorunlar arkeolojik kayıtta da yaşanıyor. Gerçi Avrupa'daki fosil kayıtlarda görece bir bolluk vardır ama bu durum dünyanın başka yöreleri için geçerli değildir. İlkel insanlarca yapılmış aletlerin biçimlendirilişinde, hammaddenin niteliği, özel amaçlı gereksinimler ve yerel biçemi de kapsayan birçok unsurun etkili olması nedeniyle, değişik tasarımlı aletler arasındaki ilişkilerin değerlendirilmesi sorun olmaktadır. Düşünsel yetkinlik farklılaşmalarıyla aletlerin, eşyaların yapılışındaki farklılıklar arasında ilişki kurmak da bir o kadar güçtür. İncelenecek materyalin azlığına bir de nesnel ölçütlerin yokluğu eklenince, görüş ayrılıkları kaçınılmaz olmaktadır.

Burada anlatıldığı kadarıyla, arayışın öyküsü antropologların insanın geçmişini nasıl öğrenmeye çalıştıklarıyla ilintili olduğu gibi, neler öğrenebildikleriyle de ilintilidir. Tarihöncesi insana ilişkin olayları gün ışığına çıkarma isteği profesyonellerde de amatörlerde de canlılığını koruyor; ancak çözümlenmemiş sorunlardan kaynaklanan başaramama kaygısı da en az o denli canlıdır. Bilim yıldan yıla giderek amacına ulaştığına göre, bu araştırma tutkusunun sürmekte olduğu da kesindir.

1

HOMO SAPİENS'LERE BAŞLANGIÇ

İnsanlarla hayvanlar....arasındaki uçurumun derinliğine hiç kimse benden daha çok inanmış değildir... çünkü olağanüstü düşünme ve konuşma yeteneği yalnızca onda vardır, ve o ....bu yeteneğinin üstünde, bir dağın doruğunda dikilir gibi, kendisine göre aşağıda kalmış soydaşlarının çok yukarısında durarak, gerçeğin tükenmez kaynağından derilen ışın demetini, yer yer, o görkemli benliğinden yansıtır.

THOMAS HENRY HUXLEY, 1863

Charles Darwin'in dostu ve yandaşı Huxley'in *Homo sapiens*'-lerin özgün doğasını öne çıkarması yerinde bir yaklaşımdı, ama bu doğa unsuru hep böyle değildi. Tarihöncesi dönemde "insanlarla...hayvanlar arasındaki uçurum" yoktu. Bu, iki ayakla yürüyebilen insansı maymunlarca gerçekleştirilen sağlıklı uyum sağlamaların zamanla birikimi demek olan evrimsel sürecin bir sonucudur. Öte yandan bu uçurumun ortaya çıkması her yönüyle kaçınılmazdı. Evrim, var olan koşullara, özellikle iklimsel ve çevresel koşullara yanıt veren zaman sürecidir. Geçmişin herhangi bir dönemindeki koşullar farklı olsaydı, sonraki evrimsel gelişmeler de farklı olurdu.

Homo Habilis*'in kafatası (KNMER 1470, Kenya'da Koobi Fora'dan) ve* Homo Habilis*'in sağ ayak kemikleri (OH8) Tanzanya'da Olduvai Gorge'dan (Resimde, her iki örneğin de döküm modelleri sergilenmektedir).*

Doğu Afrika'daki yağmur ormanlarının daha 10 milyon yıl önce seyrelmeye, bozulmaya başlamasının insansılar diye adlandırılan iki ayak üstünde devinebilen insansı maymun grubunun evrimleşmesinde etkili olduğuna inanmamız için güçlü nedenler vardır. Önceleri, bu yoğun ormanlar Afrika'nın tropikal bölgesindeki insansı maymunlar için elverişli çok geniş bir kuşak oluşturuyordu. Bu yoğun bitki örtüsü kuşağında, anakarasal kabuğun derinliklerindeki devinimler (Levha tektoniğinin bir unsuru) sonucu açılmalar, kopukluklar oluşmuştu. Türkiye'den başlayarak İsrail ve Kızıldeniz'i geçtikten sonra, Etiyopya, Kenya ve Tanzanya'da kıvrıla kıvrıla ilerleyerek Mozambik'e dek uzanan iki tektonik levha giderek birbirinden uzaklaşıyor. Jeolojik devinimler sonucu çarpıcı boyutlarda oluşumlar ortaya çıkmıştır. Birincisi, kabaran mağmanın yarattığı basınç sonucu, Kenya Doruğu ve Etiyopya Doruğu olarak adlandırılan, her biri üç bin metrenin üzerinde iki büyük dağ yükselmiştir. İkincisi, bu levhalar birbirinden ayrıldıkça, tıpkı Kızıldeniz'in her yıl yaklaşık 1 mm. genişlemesinde olduğu gibi, anılan hatta yer alan anakarasal kayacın aşırı baskı altında kalmasıyla, alttaki levhaların birbirinden ayrılıp çökmesi sonucu tektonik denetimli Büyük Çöküntü Vadisi (The Great Rift Valley) oluşmuştur. Üçüncüsü, bu karmaşık yapılı kırığa (fay hattına) ek olarak, tüm vadi boyunca, yer yer sodalı göllerin oluşumuyla sonuçlanan volkanik etkınlikler ortaya çıkmıştır.

Bu tektonik devinimler sonucu, Büyük Çöküntü Vadisi'nin doğusuna düşen kesim yoğun yağışlara sahne olmuş ve kurak çöllerden serin yükseltilere dek uzanan değişik çevresel koşullar, önceleri yoğun tropik ormanlardan oluşan tek bir yaşam alanının yerinde birbirinden çok farklı yenilerinin ortaya çıkmasına yol açmıştır. Bu yeni yaşam alanları evrimleşme açısından elverişli bir ortam oluşturmuşlardır. Böylece hemen hemen tümüyle yeni ve daha açık alanlar ilk insansıların ormanda yaşayan, iki ayakla yürüyebilen bir tür insansı maymundan evrimleşmesinde çok önemli bir rol oynamıştır. Bu tektonik devinimler olmasaydı, ya da farklı biçimlerde oluşsaydı iki ayakla yürüyebilen insansı maymunlar hiçbir zaman evrimleşemeyebilirdi. Aynı şekilde, kimi bilim adamlarına göre 2,6 milyon yıl önce oluşan küresel soğuma da yaşam alanlarındaki değişim sürecini hızlandırarak başka bir evrimsel değişimin ortaya çıkmasına yol açmıştır. Şimdi Yale Üniversitesi'nde görevli Güney Afrikalı paleontolog Elizabeth Vrba, birçok yeni antilop türünün bu sırada ortaya çıktığını kanıtlamıştır. Bu arada, *Homo* cinsini oluşturan, iki ayakla yürüyebilen iri beyinli insansı maymunları da kapsayan yeni insansılar da ortaya çıktı. Bu çevresel olay gerçekleşmeseydi, günümüzdeki iki ayakla yürüyebilen maymunlar *Homo sapiens*'lerinki büyüklüğünde bir beyne hiçbir zaman sahip olamayabilirlerdi. Huxley'in sözünü ettiği "uçurum" da oluşmazdı.

Tüm türler gibi, insan da tarihsel gelişim sürecinin ürünüdür. İlerde, *Homo sapiens*'lere giriş bölümünü incelerken, bir türün geçmişine, başka bir deyişle onun soyağacının açılımına tanık oluyoruz. Her ne kadar bir türü, kökeni doğrultusunda izleme yöntemi bizi, her bir aşamayı bir sonrakinin hazırlayıcısı olarak gormeye yöneltme eğilimini taşırsa da, incelenen yapı birçok olası durumdan yalnızca biridir. Geriye dönük inceleme ya da izleme ona kaçınılmazlık görünümü verir, ama bizim izlemeye çalışacağımız yapı, rastlantıyla oluşagelmiş çevresel koşulların bir sonucudur.

Modern insanın ilk atası ne tür bir hayvandı? Bu soruyu yanıtlamak için bir insansı maymunu bir insana dönüştürebilen yapısal ve zihinsel (anatomic and cognitive) başlıca uyum sağlama biçimlerini genel olarak göz önünde tutmamız gerekir. Aynı zamanda, teknolojinin kökeni ve gelişimini, toplumsal yapıdaki değişiklikleri; avcılık gibi, geçim sağlamaya yönelik yeni yöntemleri de hesaba katmamız gerekir. Çalışmamıza insansı maymunlarla insanı anatomik açıdan karşılaştırmakla başlayacağız; bu bize insanoğlunun soyunda yer alan diğer yaratıkları da karşılaştırma olanağı verecektir.

İnsanla İnsansı Maymunların Karşılaştırılması

İnsanla Afrika insansı maymunları arasındaki belki de en belirgin ayrım bunların duruş ve devinim biçimlerinde kendini gösterir. İnsan iki ayak üstünde durur ve yürürken insansı maymunlar aynı anda hem ayaklarının üzerine basarak hem de el-parmaklarının dışına (setiklerine)dayanarak yürürler. Şempanzelerle goriller iki ayak üstünde durabilirler ve yürüyebilirler ama bu oldukça kaba saba, iğreti bir devinim biçimidir. İnsanla insansı maymunlar arasındaki anatomik ayrım büyük ölçüde bu devinim biçimiyle ilgiliyse de, ilerde görüleceği gibi, günümüz insanı ilk insansılara göre tam anlamıyla bir iki-ayaklıdır.

İnsanın kolları kısa, bacakları uzundur, gövdesiyse insansı maymunlarınkine göre daha incedir. Genelde insan daha uzun boylu olduğu halde, insansı maymunlar iri, tıknaz yapılıdır. Gerek insanın gerekse insansı maymunların göğüs kafesleri bir yandan ötekine geniş, önden arkaya doğru ise görece daha yassıdır (Maymunların derin göğüs kafesli yapılarına ters bir özellik). Ancak, insanın göğüs kafesi şempanze ve gorillerin konik, huni-biçimli göğüs kafeslerine kıyasla fıçı biçimindedir. İnsanla insansı maymunların, kollarını kolaylıkla hareket ettirebilmelerine olanak verecek ortak yapısal özellikler taşıyan bir omuz yapıları vardır. İnsansı maymunların tırmanma yeteneği bir ölçüde insana da geçmiştir. Ne var ki, insansı maymunlarda omuz, insanınkine göre daha yukarda yer aldığından, bunlar yürürken kollarını insan kadar özgür bir biçimde sallayamazlar. Omuzların yukarda oluşu, insansı maymunların derinden solumalarına da engel olur. Buna karşın insan, uzun koşularda bile derin soluk alabilir.

İnsanın bel bölgesi (lumbar) insansı maymunlarınkinden daha uzun, leğen (pelvis) kesimi ise daha kısadır. Bunun doğal sonucu olarak insansı maymunların beli yoktur; bu yüzden de devinim yeteneklerinin yanı sıra, yanal hareketleri de koşan insanınki kadar özgürce değildir. Gövdedeki bu genel yapısal özellikler insansı maymunları insana kıyasla çömlek-göbekli bir görünüme büründürmektedir. Bu özellikler, aynı zamanda, insanın koşma yeteneğine karşılık, insansı maymunların tırmanma yeteneğini geliştirmiş olduğunu göstermektedir. Ancak, insan iki ayakla yürüyebilmesinin yanı sıra diğer devinimsel yetilerini de koruyagelmiştir. İngiliz biyolog J.B.S. Haldane'in belirttiği gibi, yalnızca insan iki kilometreye yakın yüzebilir, otuz beş kilometreye yakın koşabilir, daha sonra da bir ağaca tırmanabilir.

İnsanın bacakları insansı maymunlarınkilere göre daha uzun olduğu gibi, biçimleri de farklıdır. Daha da önemlisi, uyluk kemiği dize doğru gittikçe bükülerek ayakların gövde ağırlığını taşıyacak biçimde birbirlerine yakın konumda yer almalarına olanak sağlamıştır. İnsansı maymunlarda ise, diz doğrultusunda pek az kavislenme vardır, dolayısıyla da ayaklar birbirinden uzak konumda bulunurlar ve iki ayak üstünde yürümeyi ve koşmayı kolaylaştırıcı yassı yaylı bir tabanlık işlevi görürler. Buna karşın, insansı maymunların ayak kemiklerinde bir ölçüde kıvrılma söz konusudur; ayrıca başparmaklar da dışa yöneliktir(Tümüyle tırmanmaya uyarlanmış özellikler). Aynı şekilde bu tür maymunların elleri de insanınkilere göre daha kıvrıktır; öte yandan, insanın nesneleri sıkıca kavramasına yarayan başparmağının yerini tutacak bir parmaktan yoksundurlar. İnsanın parmak uçları insansı maymunlarınkinden daha yassı ve daha geniştir; bu duyarlı sinir uçlarıyla örülü parmak-ucu yastıkçıklarının gelişimiyle ilgili bir özelliktir.

Başın yapısal özelliklerine gelince, en büyük ayrım beyinin büyüklüğünde kendini gösterir: İnsanın 1350 cc'lik beynine karşılık, gorillerle şempanzelerin beyinleri 400 cc

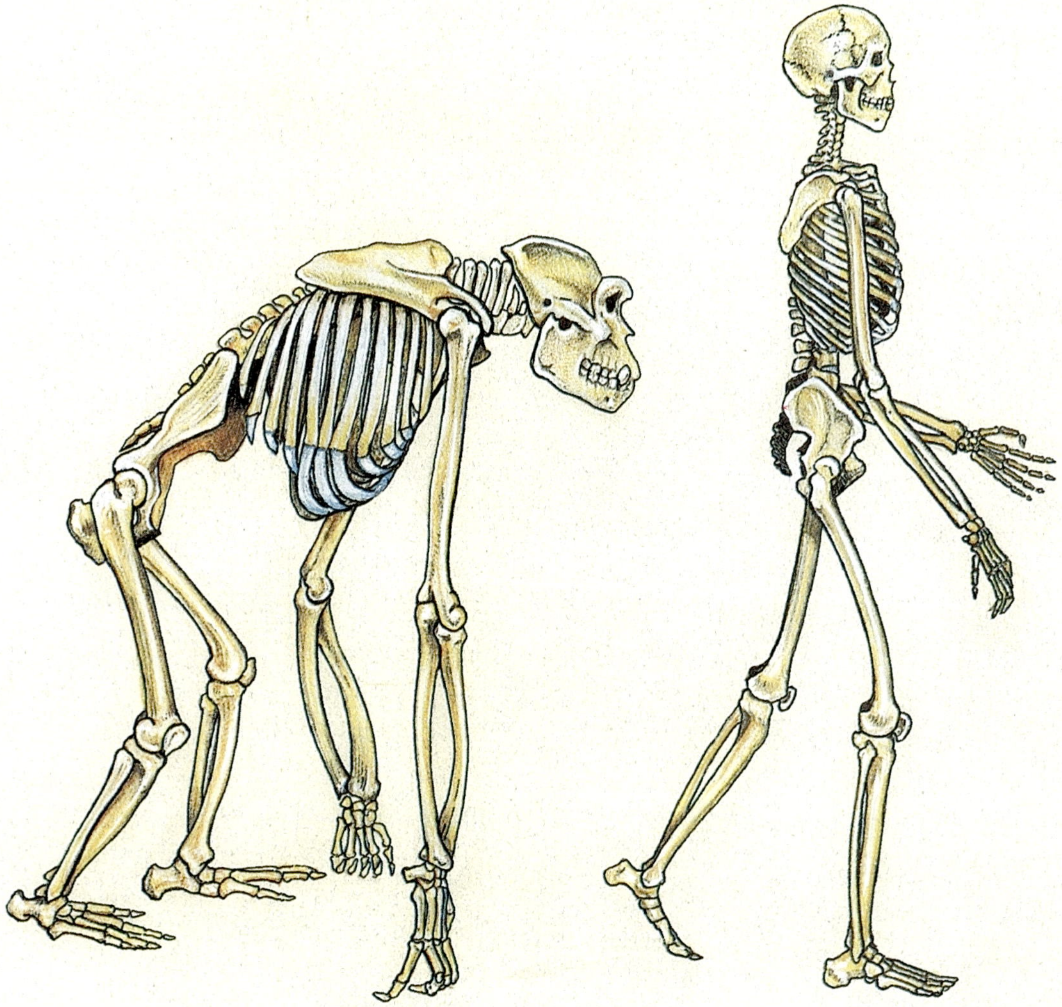

İnsansı maymunlarla insan arasında duruş ve iskelet oranları açısından bir karşılaştırma değişik uyum sağlama biçimleri sergiler. İnsansı maymunlar aynı anda hem arka ayaklarının üzerine basarak hem de el- parmaklarının dışına dayanarak yürürken, insan iki ayağı üzerinde devinebilir. İnsanın bacakları kollarına oranla daha uzun olduğu halde, insansı maymunlarda durum tersinedir. İnsansı maymunların leğen kesimi uzun ve dar olmasına karşın insanınki kısa ve geniştir. İnsanın bel kesimi insansı maymunlarınkinden daha uzundur.

kadardır. Eğer insan aynı bedensel oranlara sahip bir insansı maymun olsaydı, beyin kütlesi şimdikinin ancak üçte biri kadar olurdu. Kimi insansı maymunlarda, özellikle gorillerde, kafatasının önünden arkasına dek uzanan, alt çeneyi hareket ettiren kasların bağlandığı omurgaya benzer bir sırt vardır. İnsansı maymunların yüzleri dışa doğru hayli çıkıktır; bu insanın yassı yüzüne oranla öne çıkık (prognatik) bir yapılanmadır. İnsanın yüz yapısı dişlerin, öğütmeyi kolaylaştıracak biçimde, kafatasının "altına sokuşturulmuş" olarak dizilişlerinin bir sonucudur. İnsansı maymunların dişleri U-biçiminde dizilirken, insanın dişleri parabolik bir kemer oluşturur. Çarpıcı bir farklılık da köpekdişinin boyutunda görülür. İnsansı maymunların köpekdişleri çok iri olup diş dizisinin düzeyinin çok üstüne çıkarken, insanın köpekdişleri yanıbaşındaki dişlerin düzeyini pek az aşarlar. İnsansı maymunlarda, köpekdişleri ile yanıbaşındaki kesiciler arasında bir gedik (diastema) vardır. Altçene üstçeneyle kapandığında karşı çenedeki köpekdişleri bu gediklere girer.

İnsanın diş diziliminde diastema yoktur. İnsansı maymunların diş yapısı meyveleri çiğneyip öğütebilmeye uyarlanmıştır; bu nedenle kesiciler iri yapıda olup öne çıkıktır, ama avurt dişleri (premolarlar ve molarlar) daha küçüktür ve meyveleri kesip parçalamaya yarayan sivriliklere sahiptirler. İnsansı maymunların dişleri ince bir mine katmanıyla örtülüdür. İnsanda kesiciler de köpekdişleri de küçüktür ve kesmeye uyarlanmış bir dizi oluştururlar. Buna karşın, daha iri olan avurt dişlerinin sivrilikleri öğütme işlevi görecek biçimde törpülenmiştir. İnsanın dişleri kalın bir mine katmanıyla kaplı olup hem bitkisel besinleri hem de eti parçalayıp öğütmek gibi birçok işlev görürler.

Ender İlk Belge

Şu iki noktada kayıt düşülerek, Afrika insansı maymunlarıyla insan, insansı (hominid) grubunun hem başlangıcı hem de sonu olarak görülebilir. İlkin, insan bugünkü Afrika insansı maymunlarının atası olmadığı gibi, onlar da bizim atalarımız değildir. İnsan da, Afrika insansı maymunları da (her birinin soyunun kendisinden evrimleşerek ayrışmış olması gereken) ortak bir atadan gelmişlerdir. Ancak, çok eksik fosil belgelere dayanarak çıkarabildiğimiz sonuca göre, Afrika insansı maymunlarının, el parmaklarının dışına dayanarak(setikleyerek) yürümelerinin belki de özel bir amaca yönelik bir uyar-

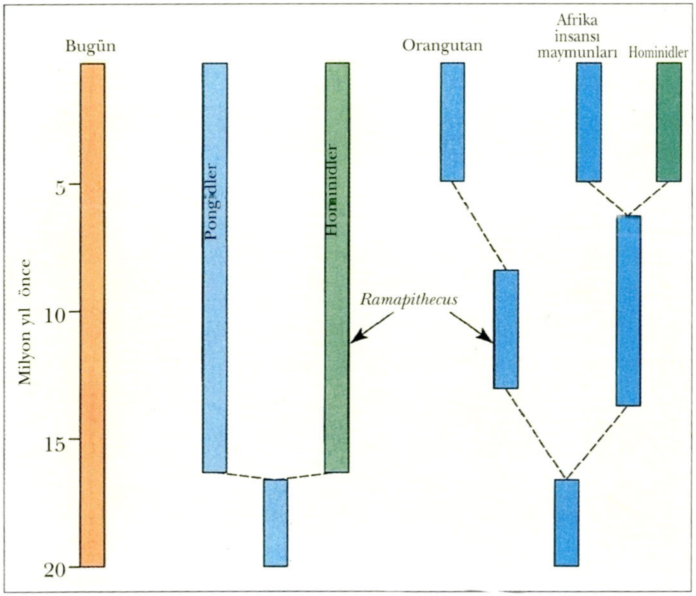

İnsansı maymun/ insan ilişkilerine yönelik görüşler 1970'lerin sonlarında büyük ölçüde değişmiştir. Daha önceki kurama (soldaki) *gore insanlar (hominidler) ile insansı maymunlar (pongidler), varsayımsal ataları* Ramapithecus*'tan 15 milyon yıl önce farklı türlere ayrışmışlardır. 1980 yılına doğru insansıların kökenin 5 milyon yıl öncesine yakın bir zamana dek uzandığı ve* Ramapithecus*'un, orangutanların da atası olan bir grubun üyesi olduğu yargısına varıldı.*

lanma olmasına karşın, bunlar insansı maymunlar dünyasına bir örnek olarak ele alınabilirler. İkincisi, insansı grubun günümüzdeki temsilcisi -*Homo sapiens*- evrimsel değişikliklerin yöneldiği son ürün olarak düşünülmemelidir. Tüm insansı morfolojik özelliklerin, tutarlı biçimde, modern insanda görülenler doğrultusunda değişmiş olması elbette söz konusu değildir. Bu iki uyarıyı gözden ırak tutmadan, "insansı-maymunluk" olgusuyla "insanlık" olgusunu, duruş, genel vücut oranları, diş yapısı ve beyin hacmi bakımlarından karşılaştırmada yararlanabileceğimiz bir anahtar işlevini görecek kimi değişikliklere ilişkin çok kaba ölçütler biçiminde kullanarak, insansıların uyum sağlama olgusunu incelemek mümkündür.

İnsansılar memelilerle aynı evrim sürecini izlemişlerse, grubu başlatan türün zamanla farklı uyum biçimleri oluşturması beklenir. Anlayabildiğimiz kadarıyla olan da budur; ama tablo, özellikle ilk evrelere ilişkin olanı, çok eksiktir. Bundan sonra değineceğimiz moleküler veriler, insansıların 7,5 milyon yıl önce ortaya çıktığını gösteriyorsa da ilk varsayımsal insansı fosili (kafatasının küçük bir parçası) ancak 5 milyon yıllıktır. Tanzanya'nın Laetoli yöresinde, 3,5 milyon yıldan az öncesine ait çene parçalarıyla ayak izlerinin ortaya çıkarılmasına değin elde edilebilen buluntular gerçekten son derece küçük parçalardan oluşuyordu. Etiyopya'nın Hadar bölgesinden, Kuzey Kenya'da Turkana Gölü fosil yatağından, Tanzanya'da Olduvai Gorge yöresinden ve Güney Afrika'daki çeşitli mağaralardan fosillerin ortaya çıkarılmasıyla, kayıtlar günümüze doğru çoğalmaya başlıyor. 1 milyon yıldan daha öncesine ait neredeyse tüm insansı fosil kalıntıları Afrika'da ortaya çıkarılmıştır.

İnsansılara ait fosillerin bu denli seyrek oluşunun nedenlerinden biri, ilgili çağa ilişkin jeolojik bilgi ve deneyimin sınırlı düzeyde oluşudur. 1 milyon yıldan daha eski insansı fosillerinin yok denecek denli az oluşu ise tarihin gerçek bir yansıması olarak düşünülüyor: İnsansılar o zamana dek kökenlerinin bulunduğu tropikal kuşağın ötesine çıkmamış görünüyor.

Moleküler Antropolojinin Büyük Etkisi

20. yüzyılda, antropolojiye ilişkin en belirgin gelişmelerden biri 1960'larda ortaya çıktı. Buna göre antropolojik araştırmalar çoktandır yok olmuş türlerin fosilleşmiş kemiklerine değil, bunun tam tersine, yaşayan hayvanlardan alınan kan örneklerine dayandırılıyordu. O zamanın antropoloji üstüne metinlerinde Afrika insansı maymunları (şempanze ve goril) ile Asya insansı maymunu(orangutan), aralarında yakın bir ilişki olduğu düşüncesiyle, aynı grupta toplanırken, insan evrimsel anlamda uzak bir konuma yerleştirilmişti. Biyolojik açıdan, şempanze türünü *Pan troglodytes* temsil ederken, goriller *Gorilla gorilla,* orangutanlarsa *Pongo pygmaeus* adlarıyla tanınırlar. Geleneksel olarak bu üç insansı maymun türü çoğunlukla "pongidler" diye bilinen *Pongidae* ailesinin üyeleri olarak sınırlandırılıyordu. Bu geleneksel sınıflandırma uyarınca insan, yani *Homo sapiens* türü, insansılar (hominidler) diye bilinen biyolojik aile *Hominidae*'ın tek üyesidir. Wayne Eyalet Üniversitesi biyokimyacılarından Morris Goodman bu sınıflandırmanın yanlış olabileceğini ileri sürmüştür. Ona göre, Afrika insansı maymunlarıyla insan arasında yakın bir akrabalık olmasına karşın, orangutan genetik açıdan bu ailenin yabancısıdır. Goodman, bu genetik ilişkinin bilimsel sınıflandırmaya da yansıtılarak Afrika insansı maymunlarıyla insan *Hominidae* ailesi kapsamına alınırken, orangutanın *Pongidae* ailesinin tek üyesi olarak kalması gerektiğini söylemek istemiştir.

Deneylerinde genetik yakınlığı ölçmek amacıyla Goodman, insansı maymunlarla insanlardan alınan kan örneklerindeki protein albüminlerine antikor yanıtının gücüne dayalı yetkin bir sınama yöntemi kullanmıştır. Buna göre, bu iki türe ait albüminin yapısı aynı ise, yanıtın gücünün de aynı olması gerekirdi. Bir proteinin yapısı diğerinden ne denli farklı olursa bu yanıtın gücündeki farklılık da o denli büyük olurdu. Bu testlerin altında yatan varsayıma göre, protein yapısındaki benzerlikler genetik yakınlığı, farklılıklarsa genetik uzaklığı belirlemektedir. Goodman bu yöntemlerle şu sonuca varmıştır: Bu üç insansı maymun arasındaki akrabalığın, bunların her birinin insana akrabalığından daha yakın olduğu yolundaki antropolojik değerlendirme yanlıştır.

Darwin, Huxley ve Alman Biyolog Ernst Haeckel de yüz yıl önce Goodman'ın elde ettiği sonuca varmışlardı. Bu bilim adamları kuramlarını, şempanzeler, goriller ve insan arasında kimi ortak anatomik özellikler bulunduğu halde, orangutanların kendilerine özgü değişik özellikler taşıdığını ortaya koyan anatomik karşılaştırmalara dayandırmışlardır. Fakat bu sonuçlar zamanla geçersizleşti; bunun başlıca nedeni daha sonraki araştırmacıların, ortaklaşa yaşamsal uyum (shared-adaptation) olgusunu öne çıkarmalarıdır; buna göre, bu üç insansı maymunun yaşam biçimlerinde birçok ortak yanlar bulunmasına karşın insan bu bağlamda açıkça farklı bir yaşamsal uyum örneği sergilemiştir. İnsansı maymunlar arasındaki ortaklaşa uyum, ortak-atalılık(shared-ancestry) biçiminde algılandıysa da, bunun yanlış olduğu zamanla anlaşıldı. Goodman'ın, kalıtım materyalinin özüne çok yaklaşan serum proteinleri karşılaştırarak elde ettiği sonuçlarla birlikte moleküler antropoloji bilimi gerçek anlamıyla doğmuş, dolayısıyla, Darwin kuramı da yeniden işlerlik kazanmış oluyordu. Böylelikle insanın en yakın atası konusunda Antropologlar arasında çoktandır süregelen tartışmalar da böylece açıklığa kavuşmuştu: İnsanın atası şempanze değil, insanın yanı sıra şempanzelerle gorillerin de ortak atası olan değişik bir tür kuyruksuz insansı maymundu.

Moleküler antropoloji genetik yakınlık konusunda bilgi sağlamasına ek olarak, insanın evrimsel geçmişini belirlemeye yarayan bir zaman çerçevesi oluşturma işlevini de üstlenmiştir. 1960'lı yılların sonlarında, antropologlar ilk insansının 15 milyon -belki de 30 milyon- yıl önce ortaya çıktığını ileri sürerken, Berkeley'de Kaliforniya Üniversitesi biyokimyacıları Allan Wilson ile Vincent Sarich çok değişik bir görüş ortaya attılar. Bunlar, Goodman'ınkine benzer bir yöntem kullanmakla birlikte moleküler saat düşüncesinden yararlanarak insan evriminin yalnızca 5 milyon yıl önce başladığını söylemişlerdir. Wilson ve Sarich, moleküler saati, genetik değişikliğin zamanla birikim hızına göre ayarlayıp kurarak bu sayıyı bulmuşlardır. Fosil bulgulara göre bunlar insanla,

Moleküler Antropoloji

Moleküler antropoloji terimi 1962'de Wenner-Gren Vakfı'nca, antoropolojik bir araştırmayla ilgili olarak Avusturya'da Burg Wartenstein'de düzenlenen bir toplantıda, Kaliforniya, Linus Pauling Enstitüsü'nden Emile Zuckerkandl tarafından önerilmiştir. Zuckerkandl, Pauling'in de katkısıyla, genetik benzerliklere ve farklılıklara dayanarak türler-arası soysal (filojenetik) ilişkileri izlemeye yönelik bir yöntem geliştirmiştir. "Sınıflandırma ve İnsan'ın Evrimi" konulu toplantıda Zuckerkandl, evrimsel ilişkiler bağlamında moleküllerin de geleneksel anatomik yöntemler kadar, hatta kimi olaylarda onlardan daha da aydınlatıcı olabileceğini ısrarla savunuyordu. George Gaylord Simpson, Ernst Mayr, Theodosius Dobzhansky, Louis Leakey, Sherwood Washburn gibi ünlü antropologların hepsi bu toplantıya katılmışlardı. Geleneksel yaklaşımı savunanların başını çekenler bu yeni yaklaşıma ilgi duymuşlar ama kuşkularını da gizlememişlerdi. En sonunda Dobzhansky, Zuckerkandl'a, "Belki yirmi yıl sonra benim haklı olduğumu söyleyeceksiniz" demiştir.

Dobzhansky'nin tahmini doğruydu. Genetik bulgulara dayanan filojenetik kurgulama son on yılda biyolojide olduğu kadar, insansıların kökeni, bugünkü insanın kökeni, Amerika anakaralarına insanın yerleşim biçimi ve zamanı gibi üç temel konunun ele alındığı antropolojide de önemli bir araç durumuna gelmiştir. Kuramsal olarak, bu yöntemin, sıralanan sorulara kesin yanıtlar vermesi bekleniyor. Ne var ki, moleküler düzeyde mutasyona bağlı değişiklikler bir zamanlar sanılandan daha karmaşık olduğundan genetik bilgilerin yorumunu beklendiğinden daha çok güçleştirmektedir. Moleküler antropolojinin sağladığı bulgular, paleontoloji ve arkeolojiden elde edilen daha geleneksel verilerin tamamlayıcısı olarak kabul edilebilir; sonuçta üç koldan sağlanan bulguların da aynı sonucu vermesi gerekir.

Moleküler antropolojiye ilişkin yöntemin başlangıcı çok daha eskilere uzanmaktadır. 1900'lerde Cambridge Üniversitesi'nde kimya profesörü George Henry Falkner Nuttal, Alman biyolog Paul Ehrlich ile ortaklaşa yürüttüğü bir çalışmada, türler arasındaki genetik ilişkilerin incelemesine yönelik, bağışıklığa dayalı bir yöntem geliştirdi. Bu çalışmasında, incelenen türlerin kanının bir dizi antiseruma tepkisini karşılaştırdı: Birbiriyle yakın akraba olan türler aynı antiseruma benzer biçimde tepki gösterdiler. Yaptığı bir dizi deneyde, insanları da kapsamak üzere, belirli primatları inceledi. 28 Kasım 1901'de Londra Üniversitesi Tropikal Tıp Bölümü'nde (London School of Tropical Medicine) verdiği bir konferansta, "Eğer kanın tepkime derecesini Anthropoidler(insanlarla insansı maymunlar) arasındaki akrabalık derecesinin bir göstergesi sayarsak, Eskidünya insansı maymunlarının insana, Yenidünya insansı maymunlarından daha yakın olduğunu görürüz ki bu, Darwin'in kuramına tıpatıp uyar" demiştir.

Nuttal bu çığır açıcı araştırmasını, Darwin'in Afrika insansı maymunlarıyla insan arasındaki anatomik yakınlığı ele alan *Descent of Man* (İnsanın Evrimi) adlı yapıtını yayımlamasından yalnızca otuz yıl sonra gerçekleştirmiştir. Fakat moleküler antropolojinin, Wayne Eyalet Üniversitesi'nden Morris Goodman tarafından daha da geliştirilmesinden önce, aradan altmış yıllık bir sürenin geçmesi gerekmiştir. Goodman kendi çalışmalarına dayanarak, soyağacının biçimini (bu durumda üç parmaklı

Allan Wilson'un moleküler antropolojinin gelişimine önemli katkıları olmuştur.

bir çatal) kestirebilmişse de, evrimsel olayların zamanını gösteren bir takvim geliştirmemiştir. Mutasyon birikimini geçen zamanın göstergesi (moleküler saat) olarak kullanma düşüncesi tam olarak geliştirilebilmiş değilse de gündeme gelmişti. 1963'te, Emanuel Margoliash konuya şu sözleriyle açıklık getirdi: "Geçen zaman birikmiş mutasyon sayısını belirleyen temel değişkense, soyağacında herhangi bir türe yönelik bir dallanmanın oluştuğu dönem kabaca hesaplanabilmelidir". Başka bir deyişle, mutasyonların birikimi ortalama olarak düzenli, kararlı bir hızla gerçekleşirse, moleküler saat işliyor demektir. Moleküler saati, insan- insansı maymun ilişkisine uyarlayan Goodman değil, Vincent Sarich ile Allan Wilson olmuştur.

Moleküler saat yöntemini kullanmadan önce Sarich ve Wilson'un bu saatin işlediğini kanıtlamaları gerekiyordu. Bunu, tasarladıkları bir hız testiyle denediler. Eğer iki tür (A ile B) birbirlerinden yakın geçmişte kopmalarına karşın (C) ile ortak bir atadan gelmişlerse ve bu türlerin her birine yönelik dallardaki mutasyonun ortalama hızı aynıysa, A-C türleri arasındaki genetik farklılığın toplam miktarı B ile C türleri arasındakiyle aynı olur. Bu dallardan herhangi birinde ortalama hızdan sapmalar, A-C ile B-C kıyaslamalarında değişik sonuçlar verir.

Sarich ile Wilson, moleküler saate ilişkin sonuçlarını açıklamadan önce, hız testi üstüne *Science* dergisinde bir yazı yayımlama girişiminde bulundular; ne var ki herhangi bir yenilik getirmediği gerekçesiyle yazıları geri çevrildi. Bu inceleme 1967'de antropologlarca pek okunmayan *Proceedings of the National Academy of Science* (Ulusal Akademi'de Bilimsel Gelişmeler) adlı dergide çıktı. Daha sonra aynı yıl, bu iki biyokimyacı, insanla insansı maymunların, zamanın antropologlarınca ileri sürüldüğü gibi, 15 milyon yıl ya da daha fazla bir zaman önce değil de 5 milyon yıl önce ayrıştıklarını ileri sürdükleri "İnsanın Evrimine İlişkin Bağışıklıksal Zaman Göstergesi" başlıklı bildirilerini *Science*'ta yayımladıklarında, kendilerine yöneltilen eleştirilerden biri, mutasyon birikimi bağlamında sabit bir hız varsaymış oldukları savıydı. Son zamanlarda Sarich, "bizim bir biçimde saat yöntemini önermemize ve onu bulgulara uygulamamıza yönelik sürekli eleştirilerin, büyük ölçüde, *Science*'taki eleştirmenlerin daha önceki yanlış algılamalarından kaynaklanıp kaynaklanmadığını merak etmemek elde değil; çünkü *Proceedings*'de yayımlanan yazımıza neredeyse hiç değinilmediği gibi eleştiri de yöneltilmemektedir" demiştir. Sarich ve Wilson'un elde ettikleri genetik bulgularla bunlara ilişkin yorumların geçerliliği üstüne sık sık yinelenen tartışmalar antropoloji alanında çelişkili görüşlerin sürdüğünü gösteriyor. Aynı tartışmalar elbet bugün de güncelliğini koruyor.

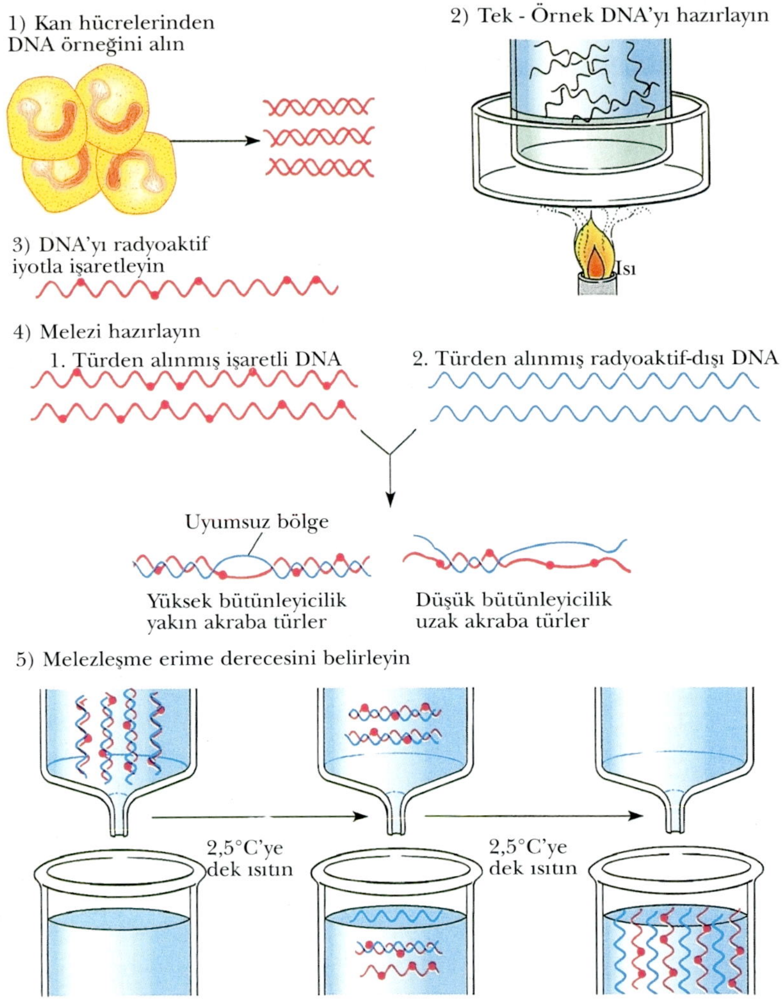

DNA bir sarmala dolanmış iki tamamlayıcı molekülden oluşur. DNA'yı melezleştirmek için bir türün DNA'sı, çift sarmallı moleküller tek sarmallılara ayrışıncaya dek ısıtılır. Tek-sarmallı DNA radyoaktif iyotla işaretlenerek ikinci bir türden alınan işaretlememiş tek sarmallı DNA ile birleştirilir. Kimi DNA'lar, biri işaretlenmiş diğeri işaretlenmemiş sarmaldan oluşan ikili moleküller oluşturur. İki sarmal arasındaki uyumluluk ne kadar fazla olursa bunları birleştiren bağların sayısı da o ölçüde çoktur, ve iki tür birbirine o denli yakındır. Sıkı sıkıya bağlanmış DNA sarmallarını ayrıştırmak için daha fazla ısı gerekir, dolayısıyla iki türün yakınlık derecesi, ergime dereceleri bulunarak saptanabilir.

yaklaşık 30 milyon yıl önce bizim kendilerinden koptuğumuz Eskidünya maymunları arasındaki genetik uzaklığı ölçerek insanla insansı maymunlar arasındaki genetik uzaklığın bu sürenin altıda biri kadar olduğunu saptamışlar, dolayısıyla da bu ikisinin birbirinden 5 milyon yıl önce ayrıştığı sonucuna varmışlardır.

Wilson ve Sarich bu sonucu 1967'de *Science* dergisinde yayımladıkları zaman, moleküler biyologlarca, özellikle de antropologlarca yoğun biçimde eleştirilmişlerdi. Bunların birçoğu genetik değişiklik birikiminin zamanla düzenli biçimde seyretmesi, başka

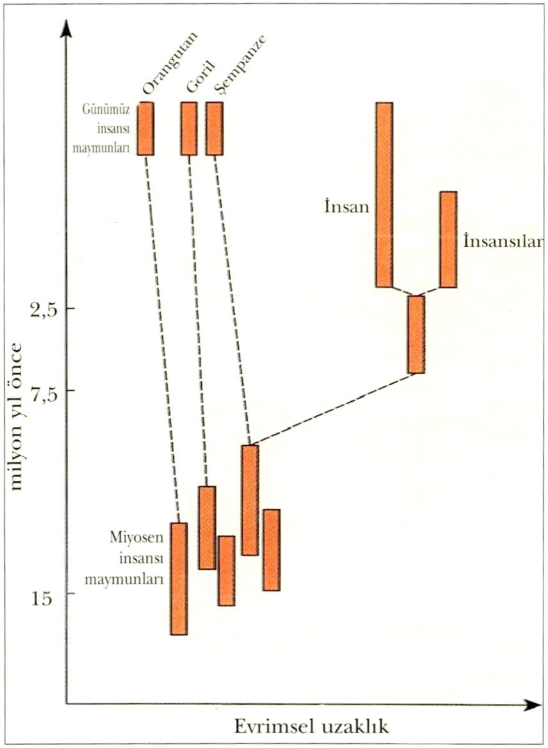

İnsansı maymunlarla insan arasındaki evrimsel uzaklığa ilişkin değerlendirme yaşamsal uyum olgusuna dayandırılabilir. İnsanların genetik bakımdan Afrika insansı büyük maymunlarına yakın olmalarına karşın, yaşamsal uyum açısından insansı maymunlara uzak oldukları söylenebilir.

bir deyişle, moleküler saatin vuruşlarının düzenli olması için kuramsal bir neden bulunmadığı görüşündeydiler. Günümüzde, aynı konu üstüne tartışmalar sürmektedir; kısacası konu hem karmaşık, hem de tartışmalıdır. Bununla birlikte, 20 yılı aşkın bir süre önce Wilson ve Sarch'in yaptıkları gibi, moleküler saatin tik-tak'larının ne zaman düzenli ne zaman düzensiz olduğunu belirlemek olanaklıdır. Bu bilgilerden edinilen sonuca göre, insansı maymun ve insan albüminlerindeki genetik değişiklik açısından, bu tik-tak'lar düzenli olagelmiştir.

İnsanın kökeni konusunda Wilson ve Sarich'in ileri sürdüğü tarih, on beş yıla yakın bir süre antropologlarca benimsenmedi. Zamanla, bu tarihin doğruluğunu sınamaya yönelik yeni genetik yöntemler geliştirildi. Protein yapısındaki farklılıklara antikorların verdiği tepkiye dayanan ilk çalışma, genetik bilginin kaynağı DNA'ya hayli yaklaşmıştı. Bunu başka yöntemler izledi. Bunların ilki proteinlerin temel yapısını oluşturan amino asit dizisini belirlemeye, ikincisi ise DNA düzeyinde kimi yapısal özellikleri işaretledikten sonra, onun temel yapısını oluşturan nükleotit taban örgüsünü çözmeye yönelikti. DNA melezleştirmesi diye bilinen başka bir yöntem de, önceki tekniklerde olduğu gibi, bireysel genleri ya da gen parçalarını incelemekten çok, bir türün DNA'sının tüm içeriğinin diğer bir türünküyle eşleştirilmesine dayanmaktadır. Yeni yöntemlerle sağlanan sonuçlar birbirinin aynıydı. Böylece, Wilson'la Sarich'in, insanın kökeninin çok eskiye gitmeyen evrimsel bir olay olduğu görüşü doğrulanmış oluyordu. Söz konusu olayın tarihi, önceleri saptanmış olan tarihten belki biraz daha gerilere uzanarak 5 milyon değil de 7,5 milyon yıl olabilir. Çoğu antropologlar bu tarihin fosil kayıtlarla tutarlı olduğunu kabul ediyorlar.

İnsanla Afrika insansı maymunları arasındaki genetik yakınlık 1970'lerde ve 1980'lerin başında benimsenince, çoğu bilim insanları, insan dışta kalmak üzere, gorillerle şempanzelerin birbirlerine çok yakın akraba olduklarını ileri sürmüşlerdi. Bu, laboratuvarda karşılaştırmalı deneyler yapan uzmanlar kadar hayvanat bahçesinde, hayvanlara çıplak gözle bakanların da kolayca görebilecekleri bir niteliktir. Ancak 1984'te, Yale Üniversitesi'nden Charles Sibley ve John Alguist, goriller ayrık, insanla şempanzelerin birbirlerinin en yakın akrabası olduğu yolundaki deneysel gruplandırmayı destekleyen DNA melezleştirmesine ilişkin bulguları yayımladılar. O tarihten bu yana, DNA dizisine ilişkin haritalamalardan aynı sonuçlar alınmıştır. Henüz evrensel anlamda geçerlilik kazanmayan bu varsayıma göre, Afrika insansı maymunlarıyla insanın ortak atasının devinim biçimine ilişkin ilginç yorumlar, bunun el parmaklarının dışına dayanarak yürüyen bir insansı birey olduğunu göstermiştir.

Tartışma bir bakıma mantıksaldır. Ortak ata setikleyerek yürüyen biri değil idiyse ve şempanzelerle goriller yeni bulguların düşündürdüğü gibi, ayrı ayrı ortaya çıkmışlarsa, setikleyerek yürüme bu iki dalda birbirinden bağımsız olarak evrimleşmiş demektir. Fakat bu, ortak atanın setikleyerek yürüyen biri, insanınsa değişik bir devinim biçimi geliştirmiş olmasından daha zayıf bir olasılıktır. Ancak insansıların vücut yapısı setikleyerek yürüyen bir atadan geldiklerini gösteren güçlü izler taşımadığından, sorun çözülmüş değildir.

Bu durumda, gerek vücut yapısı, gerekse zaman bağlamında *Homo sapiens*'lere "başlangıç"ın genel çerçevesi çizilmiş oluyor. Yaklaşık 7,5 milyon yıl önce orman örtüsünün seyrelmesine bağlı olarak değişen çevresel koşulların baskısı altında ortaya çıkan insansı maymun benzeri bir yaratık iki ayak üstünde yürüme yetisi diyebileceğimiz yeni bir devinim biçimi geliştirdi. Burada, daha sonraki 7 milyon yıl süresince evrimleşerek bizleri *Homo sapiens*'lerin eşiğine getiren, iki ayak üstünde yürüyebilen insansı maymunların evrimsel serüvenini izleyeceğiz.

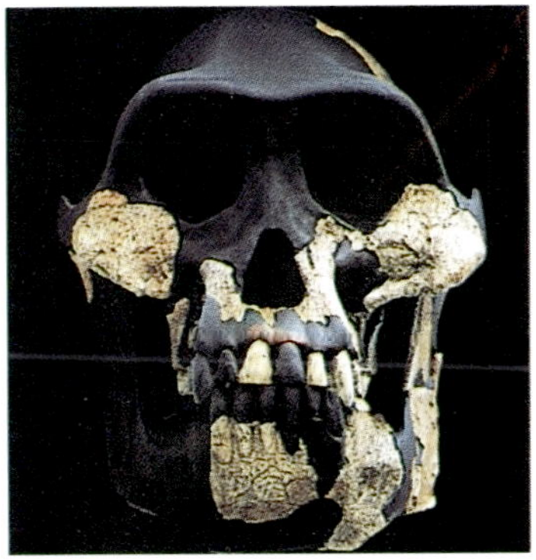

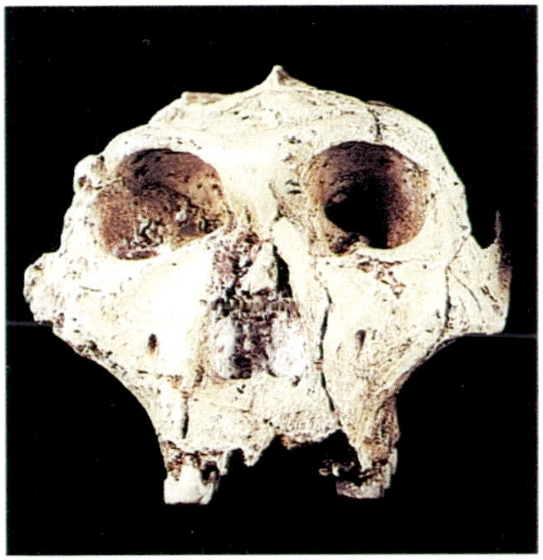

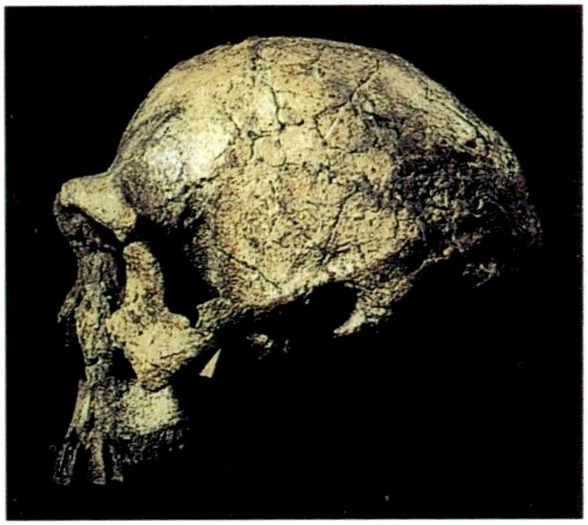

Sol üstteki: Australopithecus aferensis; orta soldaki: A. boisei, *yandan görünüşü, örnek No.406, Kenya'da Koobi Fora'dan (Yaşı: 1,6 milyon yıl);* sol alttaki: Homo habilis: *örnek No.1470, Kenya'da Koobi Fora'dan (yaşı: 1,9 milyon yıl);* sağ üstteki: A. robustus; sol alttaki: Homo erectus, *yandan görünüşü, örnek No.3733, Kenya'da Koobi Fora'dan (yaşı: 1,6 milyon yıl).*

İki-ayakla Devinimin Yararları

İnsansıların geliştirdiği en önemli evrimsel yenilik bu grubun özelliğini oluşturan iki-ayak üstünde devinebilmedir. Geçmiş yıllar boyunca bu olayı açıklamaya yönelik birçok varsayım ileri sürülmüştür. Bunların kimileri kültür, avlanma, taş araçlar yapma gibi insana özgü unsurlara değinmekteydi. Ne var ki, taş aletlere ilişkin ilk bulgular, insansı ailesinin oluşumundan çok sonrasına -2,5 milyon yıl öncesine- ait olduğuna göre, başka açıklamalar getirilmesi gerekir. Bu bağlamda en umut verici öneri besin sağlama biçimi ile ilgilidir. 10 milyon yıl önce Doğu Afrika'da ormanların seyrekleşmesinin insansı maymunların alışkın oldukları yaşam çevresini bozması sonucu, besin sağlamaya elverişli alanlar birbirinden uzaklaştığından, doğal seçilim ya da ayıklanmanın gereği, bu alanlar arasında gidip gelmeye elverişli bir devinim biçimi gelişecekti.

Köpekler, atlar ve bunlara benzer diğer hayvanlara özgü dört ayakla devinimin insanın iki ayakla deviniminden daha fazla enerji istediği çoktandır biliniyor, çünkü bizler, aynı uzaklığı katetmek için, bir köpeğin yaktığından daha çok kalori yakarız, ama bizim

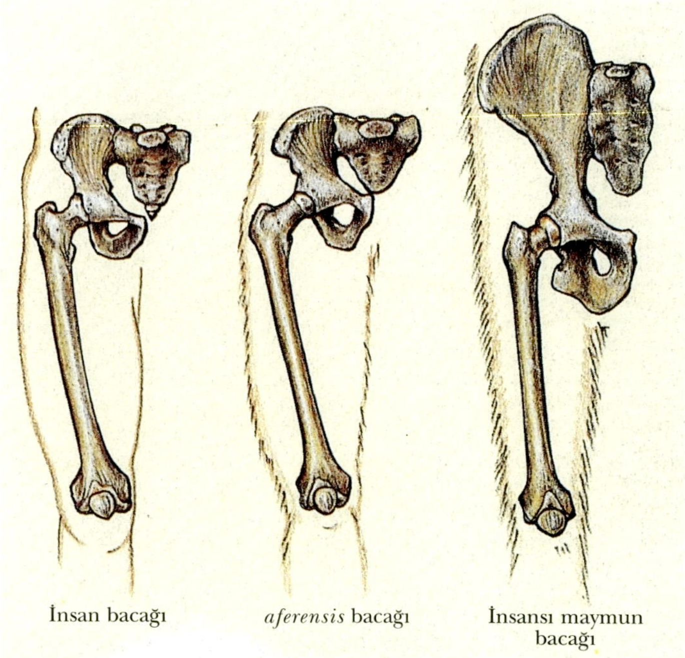

Bugünkü insanın, ilk insansının (Australopithecus aferensis) *ve insansı maymunun devinim biçimini yansıtan bacak anatomisi. Vulgus açısı diye bilinen uyluk kemiği* (femur) *ile diz arasındaki açı iki ayakla devinimin yetkinliği açısından önemlidir. İnsanlarda ve ilk insansılarda Vulgus açısının önemi, yürürken ayakların vücudun orta hattının altına gelmesini olanaklı kılmasıdır. Böyle bir açının insansı maymunlarda bulunmayışı, bunların ayaklarının birbirinden uzak konumda yer almasına, dolayısıyla da iki ayak üstünde paytak paytak yürümelerine neden olur.*

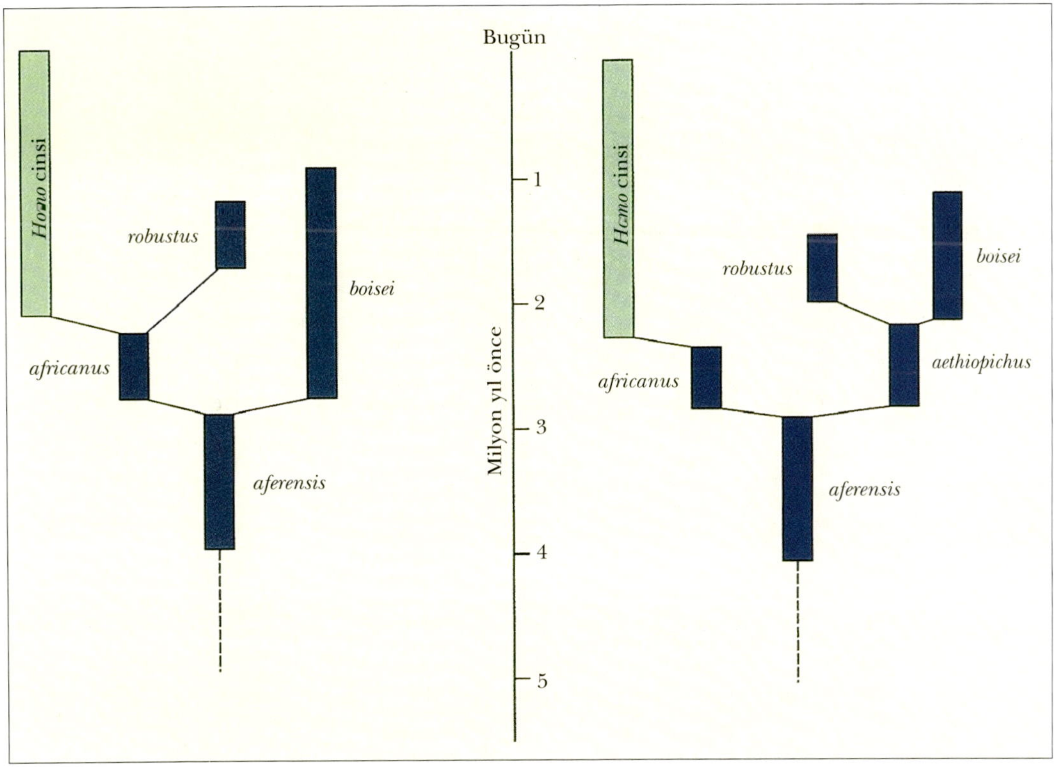

*Hominid soyuna ilişkin değişik görüşler: Yaşamsal uyuma dayalı temel dallanma, iri beyinli, küçük avurt dişli (*Homo *cinsi) ile küçük-beyinli, büyük avurt dişli* Australopithecus *(burada adı geçen tüm türler) arasındadır. Görüş ayrılıkları özellikle* robustus, boisei *ve* aethiopichus*'u kapsamak üzere daha iri yapılı türler arasındaki ilişki üzerinde yoğunlaşmaktadır.*

en yüksek hızımız daha yavaştır. Bu nedenle, birçok bilim adamı, devinimsel yetkinliğin, insanın iki-ayaklı olarak evrimleşmesinin nedeni olamayacağını düşünmüşlerdir. On yıl önce, Davis'deki Kaliforniya Üniversitesi antropologları Peter Rodman ve Henry McHenry bu konuyu şöyle açıklamışlardır: Devinim yetkinliği açısından insan, köpekle değil de insansı maymunlarla karşılaştırılmalıdır. Şempanzeler yerde iki ayak üstünde de dört ayak üstünde de yürüseler, insana göre % 50 oranında daha az enerji harcarlar. Bu nedenle diyor Rodman ve McHenry, insansı maymunlarınkine benzer dört ayakla devinimden insana özgü iki ayakla devinime geçmekte enerji yetkinliği açısından herhangi bir olumsuzluk yoktur. Gerçekte, yerde uzun mesafeleri katetmek durumunda olan bir

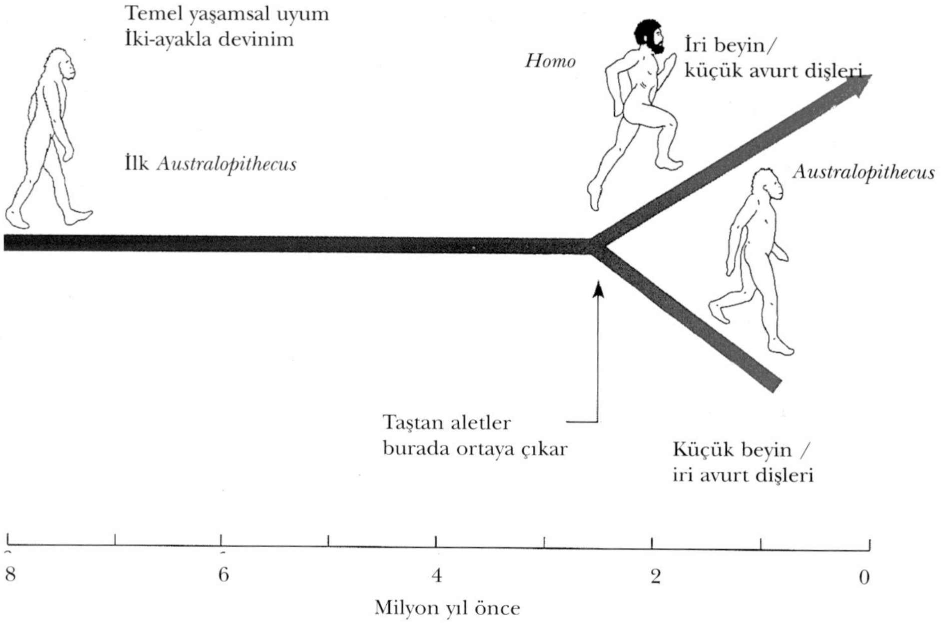

*İnsansıların (hominid) evrimleşmesinde sapmalar: İnsansıların temel evrimsel özelliği iki ayak üstünde yürüyebilme, 8-5milyon yıl öncesi bir dönemde ortaya çıkmıştır. Yaklaşık 2,5 milyon yıl önce taş alet üretimi başladı; çok geçmeden de iki ayrı yaşamsal uyum olgusu daha gündeme geldi: İlki iri beyinli, küçük avurt dişli bir tür (*Homo*), ikincisi küçük beyinli, iri avurt dişli türdü (Tek örnek,* Australopithecus*).*

hayvan açısından bir kazanç söz konusudur. Bu bilim adamlarına göre insansılar, insansı maymunlarınki gibi, ağaçlardan beslenmeye elverişli bir devinim biçiminden çok, ormanların seyrelmesinden ötürü birbirinden gittikçe uzaklaşan besin alanlarından, yine insansı maymunlarınkine benzer iki ayakla devinime uyarlanmış bir beslenme biçimi geliştirmişlerdir.

İki ayaklılık, yetkin devinme yetisine yönelik bir yaşamsal uyum biçimi olsaydı, ilk insansıların yalnızca, duruş ve yürüyüş biçimleri bakımından insansı olmaları gerekebilirdi. Çok dağınık besin alanları arasında gidip gelen ama hep atalarının yedikleri aynı besin türlerini bulup tüketmeye alışmış olan ilk insansıları diş yapılarını değiştirmeye zorlayacak herhangi bir doğal etken söz konusu olamazdı. Bununla birlikte, en çok 3,75 milyon yıllık, bilinen ilk insansı türünün -*Australopithecus aferensis*- diş yapısı, insansı maymunlarınkinden farklı olup, köpekdişlerinin görece küçük, dişlerin kalın bir mine katmanıyla örtülü, avurt dişlerininse taze meyvelerden çok, sert besinleri öğütüp çiğnemeye uyarlanmış olabildiği ölçüde insanınkine benzer. Öte yandan, anılan insansı türünün diş yapısında insansı maymunlarınkine benzeyen birçok ilkel özellik vardır; işlevsel gediklerin (diastema), görece çıkıntılı kesicilerin bulunması, azıdişlerinin kimi özgün nitelikler taşıması gibi. Bu insansının diş dizilimi V biçiminde olmasına karşın, insansı maymunlarınki U biçiminde, insanınki ise parabolik kemer biçimindedir. Küçük bir beyin ve sivri (prognathic) bir çene barındıran başın genel görünümü insansı maymunlarınkini andırır. İki ayak üstünde, dik yürüyüşe uyarlanmış bir evrimleşmeye işaret eden fosilleşmiş bacak ve pelvik kemikleriyle bu ilk insansılar, tümüyle değilse de, iki ayaklı insansı maymuna çok benziyordu. El ve ayak kemiklerinin azıcık kavisli oluşu, bunların bir ölçüde ağaçlardan beslenme alışkanlığının bir göstergesi olabilir. Ellerin genel biçimi bugünkü insanınkine benzerse de, parmaklarda geniş yastıkçıklar gelişmemiştir.

İki milyon yılı aşkın bir zaman öncesine dek insansılar küçük beyinli, büyük avurt dişli, iki ayakla devinen insansı maymun biçiminde evrimleşitilerse de, el ve ayak kemiklerindeki kemerlenmeler belirgin değildi. Bu arada iki ayakla devinen insansılar, insansı maymunlara özgü beslenme biçimini tümüyle terkederek, çok çeşitli bitki türlerinden beslenmeye başlamıştır. Kimi türlerde öğütücüdişlerin irileşmesi, ön dişlerinse küçülmesiyle, sert bitkisel besinleri öğütebilme yetisi adamakıllı gelişti. *Australopithecus robustus*' la *Australopithecus boisei* bunun iki örneğini oluşturur; bunların her ikisinin kafataslarının üzerinde önden arkaya doğru uzanan omurgamsı bir sırt vardır. *Australopithecus africanus*'ta bu değişiklikler o denli belirgin değildir.

Homo Evrimleşmesi

Daha sonra ikinci bir değişiklik gerçekleşti. Bu yeni oluşum iri beyinli, küçük avurt dişli, iki ayakla yürüyebilen bir insansı maymun, kısacası *Homo* cinsinin ilk örneği olarak tanımlanabilir. İnsansıların temel yapısını yansıtmamasına karşın, bu türün öğütücüdişleri küçük, ön dişleri ise daha büyüktü. Bu yeni oluşumu izlediği bilinen ilk tür, en eski fosilleri yaklaşık 2 milyon yaşında olan *Homo* habilis idi. Bunu, aşağı yukarı 1,7 milyon

Ramapithecus:
İnsansı Olmayan Kuyruksuz Maymun

1960'larla 1970'lerde antropologların çoğu insan ailesinin (Hominidae) en az 15 milyon yıl önce ortaya çıktığı kanısındaydılar. Bu kanı Avrupa, Asya ve Afrika'daki fosil yataklarından çıkarılan, en eskisi 15 milyon, en yenisiyse 8 milyon yaşında, ilkel insansı *Ramapithecus*'a ait olduğu düşünülen fosil kırıntılarına dayanıyordu. 1980'lerin başında Türkiye ve Pakistan'da bulunan fosiller *Ramapithecus*'un bir insansı değil, yalnızca bir Miosen kuyruksuz maymunu olduğunu kesin olarak göstermiştir. Böylece, insansıların ilk kez 5 milyon yıl önce evrimleştiği yolundaki yerleşik antropolojik görüşle biyolojik kanıtlar arasındaki çelişki bu yeni bulgularla ortadan kalkmış oluyordu.

Ramapithecus'a ait fosil kırıntıları ilkin, Yale Üniversitesi doktora öğrencilerinden G. Edward Lewis tarafından Hindistan'ın kuzeyinde 1932 yılında bulundu. Bu öğrenci 1934 tarihli bildirisinde üst çeneye ait iki parçacıktan oluşan bu kalıntıların ilkel bir insansıya ait olduğunu ortaya atınca, Smithsonian İnstitution'dan ünlü antropolog Ales Hrdlička tarafından yoğun biçimde eleştirilmişti, çünkü ona göre bu fosiller bir insansı maymuna aitti. Yaklaşık otuz yıl süresince *Ramapithecus*'un çok sayıda Miosen insansı maymunlarının yalnızca bir türü olduğu düşünülüyordu. 1961'de o zaman Yale'de şimdi ise Duke Üniversitesi'nde görevli Elwyn Simons, Lewis'in haklı olduğunu söyledi. Bundan kısa bir süre sonra Yale'de, Simons'a, David Pilbeam de katılınca bu iki bilim adamı *Ramapithecus*'u insansı olarak nitelendiren görüşün önde gelen savunucuları oldular.

G. Edward Lewis, Ramapithecus'*a ilişkin ilk kalıntıyı ortaya çıkardığı 1932'de Hindistan'ın Siwalik Tepeleri'nde.*

Simons'un yargısı çenenin biçimine ve dişlerin görünümüne dayanıyordu. Bugünkü insansı kuyruksuz maymunların diş dizilişleri U-biçiminde, insanınki ise kemer biçimindedir. Üst çeneye ait bu iki fosil parçasının merkezi kısmının bulunamaması nedeniyle bunların birbirine bitişik olmamalarına karşın, Simons çeneyi yeniden oluşturmuş ve bunun da kemer biçiminde olduğu sonucuna varmıştır. Dahası, çenenin genel biçiminden, hayvanın yüzünün insanınki gibi kısa olduğunu, insansı maymunlarda olduğu gibi öne doğru çıkık olmadığını göstermiştir. İnsanla insansı maymunların genel diş yapılarındaki en belirgin farklılık köpekdişlerinde kendini gösterir: *Ramapithecus*'un köpekdişleri insanınki gibi küçüktür; ayrıca öğütücüdişleri de sivrilikleri aşınmış görünümleriyle, insanınkine benzer.

Kalın mine katmanı, öğütücüdişlerin aşınmış görünümü gibi kimi başkaca özellikler daha sonra ortaya çıkarılmıştır. İnsanda çocukluk döneminin uzun oluşundan ötürü, birinci, ikinci ve üçüncü öğütücülerin çıkış zamanları büyük ölçüde farklıdır. Bunun doğal sonucu olarak, genç bir bireyin bu üç dişindeki aşınmalar oldukça farklıdır. Böylesine bir aşınma insansı maymunlarda pek belirgin değildir. İnsandaki kadar belirgin olmamakla birlikte, *Ramapithecus*'un öğütücülerindeki aşınma açıktı.

Ramapithecus'un statüsüne ilişkin bu değerlendirmelerde, ilkelliğin örneği olarak günümüzün insansı kuyruksuz maymunlarının, özellikle Afrika kuyruksuz maymunlarının, alınışı gözden ırak tutulmamalıdır. Bu o zaman yaygın ve yanlış bir varsayımdı. Çünkü fosil buluntuları, günümüzün yaşayan türlerine pek benzemezler ve olağandışı yapısal özellikler sergileyebilirler.

Ramapithecus'a ilişkin betimlemelerinde Simons'la Pilbeam, bunun belki de iki ayakla devinebildiğini, aletler yaptığını ve avlandığını ileri sürmüşlerdir. Bu görüşler, insansıların daha ilk ortaya çıktıklarında kültürel bir kimliğe sahip olduklarını ileri süren Darwin kuramına dayanıyordu. Örneğin, köpekdişlerin küçülmesinin, tıpkı Darwin'in *Descent of man* (İnsanın Evrimi) adlı yapıtında öne sürüldüğü gibi, keskin dişlerin işlevini aletlerle silahların üstlenmesinin bir sonucu olduğu biçiminde açıklanıyordu.

1967'de Vincent Sarich'le Allan Wilson antropoloji alanındaki yerleşik kanıya karşı şu görüşü savunmuşlardır: Biyokimyasal bulgulara göre, ilk insansı yalnızca 5 milyon yıl önce evrimleşmiş olduğundan *Ramapithecus* bir insansı olamaz, çünkü çok yaşlıdır. Çoğu antropologlar, *Ramapithecus* dışlanacaksa bunun, kanıtları geleneksel yöntemlerle değerlendirerek yapılması gerektiğini söylüyorlardı; böyle de olmuştur.

İlk bulgu çenenin biçimiyle ilgiliydi. 1973'te Londra Doğa Tarihi Müzesi'nden Peter Andrews ve Johns Hopkins Üniversitesi'nden Alan Walker, o zaman kimilerince *Kenyapithecus* olarak da bilinen *Ramapithecus*'un üstçene yapısının yeniden kurgulanmış modeli üstüne bir bildiri yayımladılar. Daha önceki değerlendirmelerin tersine, bu çene yapısı insanın kemer biçimli çene yapısına uymuyor, daha çok, insansı maymunlarınkine benziyordu. Bundan üç yıl sonra1976'da Pilbeam'ın Pakistan'daki araştırma ekibinin bir üyesi, köşesi yuvarlaklaşmış V biçiminde bir *Ramapithecus* altçenesi buldu. Böylece, insansı olarak *Ramapithecus* varsayımının temel dayanaklarından biri yıkılmış oluyordu. 1932 tarihli ilk çene-kurgulamasının (reconstruction) yanlış olduğu açıktı.

Yine 1976'da, ince-kalın mine katmanı ikilemi parçalanmaya başladı. Miosen insansı maymunlarının dişlerinin, orangutanlarınkiler gibi, kalın mineli olduğu görülmüştür. Bu nedenle *Ramapithecus*'un dişlerinin kalın mineli oluşu, daha ileri bir statünün, insansı statüsünün bir göstergesi sayılamaz. Afrika insansı maymunlarının ilkelliğe örnek olarak alınmasının yanlışlığı ortadaydı. Ne var ki, en önemli fosil buluntusu, ilki 1980'de Türkiye'de, ikincisi 1982'de Pakistan'da ortaya çıkarılan ve *Sivapithecus* olarak adlandırılan değişik bir hayvanla ilgiliydi. *Ramapithecus*'la *Sivapithecus*'un yakın akraba olduğu düşünülüyordu.

Yeni fosil bulgularının yerli yerine oturduğu kavramsal çevre önemliydi. Bu sıralarda, antropologlar insanla Afrika insansı maymunlarının birbirleriyle yakın akraba, Asya insansı maymunununsa bunlara uzak olduğu görüşünü benimsemişlerdi. *Sivapithecus*'a ilişkin örneklerin, kafataslarını neredeyse bütün olarak göstermesi nedeniyle, anatomik yapı konusunda öncesine göre daha ayrıntılı bilgiler elde ediliyordu. Özellikle göz çukurları, yüzün orta kesimi ve damağın yapısından, *Sivapithecus*'un, günümüzde yaşayan türlerin atalarından belki de biri olan orangutanlarla yakından ilişkili olduğu açıkça anlaşılıyordu (*Sivapithecus* orangutanla yakın akraba ise, *Ramapithecus*'la da yakından ilişkilidir). Orangutan'ın yakını olan *Ramapithecus* böylece insan soyundan kendiliğinden dışlanmış oluyor, çünkü insan Afrikalı insansı maymunlarla akrabadır, Asyalı olanlarla değil.

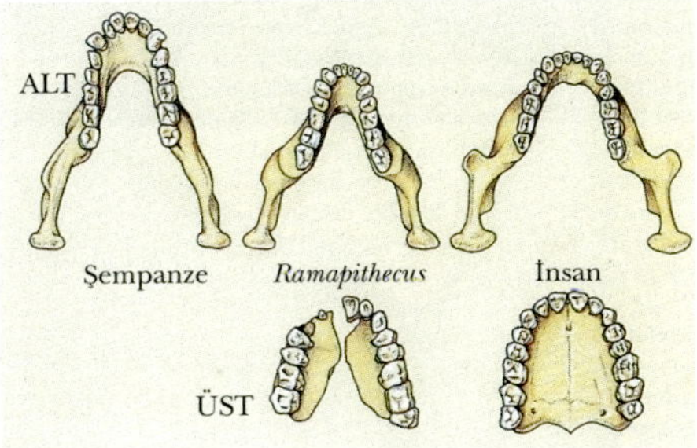

Çene yapılarına ilişkin bir karşılaştırma; insansı maymunların diş dizilişinin daha çok U biçiminde olmasına karşın, insanınki Paraboliktir. 1960'larda Ramapithecus*'un üstçenesinin eksik kurgulanışı, araştırmacıları onun insana benzediği dolayısıyla da ilk insansı olduğu yargısına yönelmiştir. Daha sonraki buluntular* Ramapithecus*'un çene biçiminin insansı maymunlarınkinden ve insanınkinden farklı olup, Miyosen insansı maymunlarının bir türüne ait olduğunu göstermiştir.*

yıl önce ortaya çıkan *Homo* erectus izledi. Bu yeni türün anatomik yapısından, onun geleneksel besin türlerinin arasına etin de katılmış olduğunu anlıyoruz. Taş aletler yapmanın başlangıcını bu gelişmeye bağlamak çekici geliyor. Günün birinde 2,5 milyon yıl öncesine ait bir *Homo* fosili bulunsa bu bağlantı için dayanak olurdu; çünkü arkeolojik kayıtlara göre taş aletler ilk kez o zaman yapılmıştır. *Homo*'nun ortaya çıkışıyla, onun en yoğun biçimde dallanışı eş zamanlıdır (Ancak 3,75 milyon yıldan öncesine ilişkin bilgi sahibi değiliz). En az üç tür -belki de bunun iki katı- birarada yaşamıştır.

İri beyinli, küçük avurt dişli iki ayakla devinebilen insansı maymunun doğuşuna yol açan bu evrimsel değişikliğe vücut biçimi ve boyutlarına ilişkin önemli başka değişiklikler eşlik etmiştir. Bugüne dek ele geçirilen sınırlı düzeydeki iskelet kalıntıları göstermiştir ki, iki milyon yıl önce, tüm insansılar iki ayak üstünde yürüyebiliyorlardı; leğenin (pelvis) genel biçimi, uyluk kemiğinin kavislenişi ve ayak tabanlarının yapısı bunu doğrulamaktadır. Londra'da University College'dan Leslie Aiello ile Zürih'deki Antropoloji Enstitüsü'nden Peter Schmid tarafından yürütülen birbirinden bağımsız araştırmalar *Australopithecus*'ların tıknaz yapılı olmalarına karşın, ilk *Homo*'nun çok daha ince

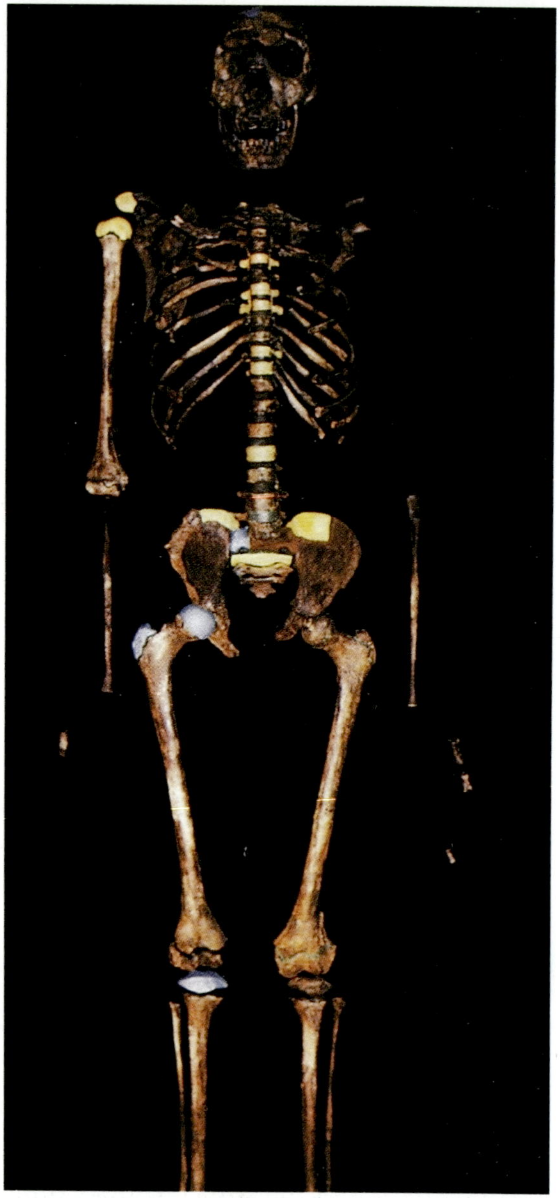

1,6 milyon yaşındaki Homo erectus *genci Turkanalı Oğlan 1984'te Kenya'da, Turkana Gölü'nün batı yakasında bulunmuştur.*

uzun yapılı olduğunu göstermiştir. Kemiklerin boyutları, biçimleri ve kas bağlantıları, soyları tükenmiş bu yaratıkların yapısına ilişkin ipuçları vermektedir. Öyle görünüyor ki, *Australopithecus*'ların vücut yapısı insanınkinden çok, insansı maymunlarınkine benziyordu.

Bir karşılaştırma yapmak gerekirse, iki metre boyundaki bir şempanze aynı boydaki bir insanın iki katı ağırlığındadır, iki metre boyundaki bir *Australopithecus* de öyle. Buna karşılık, Turkana Gölü'nün batı yakasında bulunan yaklaşık iki metre boyunda ve 1,6 milyon yaşındaki ilkel *Homo* gencinin (yüzyılımızda ortaya çıkarılan en gözalıcı buluntulardan biri) insana çok benzemesi gerekiyordu. 'Turkanalı Oğlan' diye adlandırılan bu insansı, güçlü kas yapısına karşın, insansı maymunlara özgü bedensel boyutlardan tümüyle sıyrıldığı için, ince, uzun boyluydu. Aiello ile Schmid'e göre yeni evrimleşmiş bu ince, uzun vücut yapısı, daha çok çeşitli etkinlikte bulunabilmeye olduğu kadar iyi koşabilmeye de elverişliydi. Bu sonuçlar, davranışsal ve fizyolojik bulgular ışığında, Kaliforniyalı doktor Walter Borge tarafından 1985'te *Journal of Human Evolution*'da yayımlanan incelemeleriyle de doğrulanmıştır.

Vücut boyutlarına ilişkin ikinci değişiklik, bu oransal değişiklik kadar önemli olduğu gibi daha derinlere gidebilen sonuçlar da yaratabilir. *Homo* dışında, ilk insansıların tümünün ortalama boy uzunluklarına ilişkin hesaplamalar 1,72 metre dolaylarında birleşmektedir. Ancak, vücut boyutları açısından, erkeklerle dişiler arasında büyük bir farklılık (eşeysel dimofizm) gözleniyordu. *Australopithecus* erkekleri, dişilerinin iki katı ağırlığında olabiliyordu; bu, eş bulabilmek için erkekler arasında yoğun yarışmanın yaşandığı primatlarla diğer memeliler arasında ortak bir özellikti. Örneğin, erişkin goriller ortalama 1,75 kg ağırlığındadır (dişilerin ağırlığı 100 kg'nin altındadır) bu ağırlıktaki bir erkek goril erişkin dişilerden oluşan "haremini" olası rakiplerine karşı başarıyla koruyabilir.

Homo fosilleri bulundukça ortalama boy uzunluğu 15 cm kadar artmaktadır. Ayrıca, dişilerine göre iki kat daha iri gövdeli olan *Australopithecus*'un tersine, *Homo* erkekleri dişilerinden yalnızca %20 oranında daha iriydiler (Bugünkü insanda gözlenenden çok büyük olmayan bir farklılık). Eşeysel dimorfizm'de böylesine bir değişiklik, ilgisiz erkekler arasında yoğun cinsel rekabet biçiminde yansıyan bir toplumsal sistemden, eşleşebilmek çabasıyla ilgili erkeklerin bir dişi grubunu paylaştıkları dolayısıyla da onları ortaklaşa savundukları bir sisteme geçiş biçiminde yorumlanabilir. Şempanzelerde bu tür bir sistem söz konusudur; bunların eşeysel dimorfizmi de % 20 dolaylarındadır. Böylece, in-

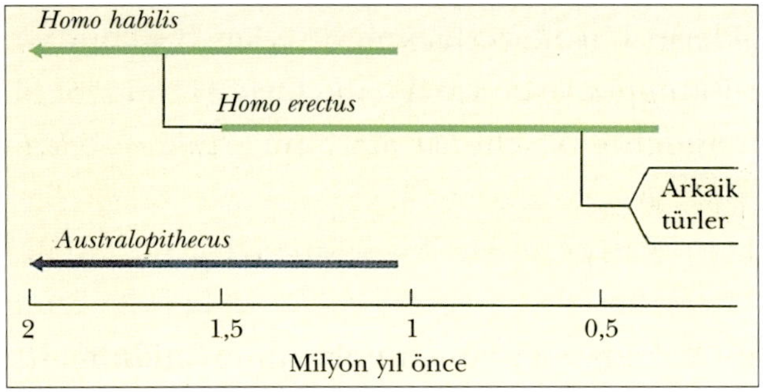

Her ne kadar Homo erectus *kabaca* Homo habilis*'i izlemiş, kendisinden sonra da arkaik* sapiens'*ler gelmişse de, değişim biçimi belirsizdir. Evrimleşme süreci burada görüldüğü gibi yalın, doğrusal olmaktan çok,* Homo erectus *-benzeri* Homo sapiens- *benzeri birkaç değişik türü simgeleyen dallanmalar biçiminde gelişmiş olabilir.*

sansı evriminin bu yeni yönünün salt beslenme alışkanlığındaki bir değişiklik olmaktan daha ötelere uzandığı sonucunu çıkarabiliriz. Somut teknoloji ilk kez önem kazanmış oluyordu; belki de, ortaklaşa eş ve besin arayışı içinde dişilerin gruptan ayrıldığı, geride erkeklerin kaldığı bir toplumsal yaşam biçimi gündeme geliyordu.

Kaç Tür?

Yaklaşık 1,5 milyon yıl boyunca, küçük beyinli/iri avurt dişli ve iri beyinli/ küçük avurt-dişli iki insansı türü birarada yaşadılar. Ne var ki bu sırada gelişmekte olan ani bir eğilime koşut olarak, Australopithecus'lar yok olmaya başlamışlardı; bu grubun en uç türü, Australopithecus boisei, en uzun süre yaşayanları oldu. Bu eğilim, bir yandan da yaşamlarını ağaçlara bağımlı kalmaksızın yerde de sürdürmeyi başarmış olan babunlarla besin kaynaklarına yönelik yarışmadan kaynaklanmış olabilir. Her neyse, aşağı yukarı bir milyon yıl önce, yalnızca bir insansı türü Afrika'da yaşamını sürdürebilmiştir; o da Eskidünya'nın aşağı enlemlerine yayılmış olan Homo erectus idi.

500 bin yıl öncesinden başlayarak, Homo erectus'umsu niteliklerinin yanı sıra, irileşmiş beyin gibi kimi yeni özellikler de taşıyan insansılar belirmeye başladı. Kalıntılarına Afrika, Avrupa ve Asya'da rastlanan bu yeni insansı türü genellikle "arkaik sapiensler" olarak adlandırılırsa da bu terim çok tartışmalıdır. Biyologlar, organizmaları, geleneksel olarak, cins (Örneğin, Homo) ve tür (Örneğin, sapiens) adlarına göre sınıflandırmayı yeğlerler. Bu tür bir sınıflandırma, bireysel organizmaların, üreyip çoğalma olanağını buldukları biyolojik bir ailenin üyeleri olarak tanımlanmalarını sağlamıştır. Arkaik sapiens teriminin kullanılması, bu bireylerin statüsü konusunda antropologlar arasında an-

laşmazlığa yol açmaktadır. Bunlar ne *Homo erectus* ne de *Homo sapiens*'tirler, olsa olsa bu ikisi arasında geçişi sağlayan bir türdürler. Bu nedenle, arkaik *sapiens* terimi bilimsel bir sınıflandırmaya yönelik olmaktan çok betimlemeye yönelik bir terimdir. *Homo neanderthalensis* ya da *Homo sapiens neanderthalensis* biçiminde sınıflandırılagelen Neandertallerin de kimi zaman arkaik *sapiens*'lerin bir üyesi olduğunun ileri sürülmesi nedeniyle, durum daha da karmaşıklaşmaktadır.

Homo soyunun geçmişi, modern insanın kökenine ilişkin tanımlamanın anlaşılmasını kolaylaştıran vücut yapısı, teknoloji ve besin sağlama stratejilerindeki değişiklikleri kapsar. Atalarımızın geçmişine ilişkin bu üç unsur arasında önemli etkileşimler olmuş olmalıdır; fakat bu bağlantılar, her zaman, beklendiği kadar açık olmayabiliyor. Ancak güncel sorun, atalarımızın günümüz koşullarına uyum sağlamalarıyla sonuçlanan evrimsel sürecin niteliği ile ilgilidir: Bu düzenli, birikimsel bir süreç miydi, yoksa görece ansızın gerçekleşmiş bir dönüşüm müydü?

İlkin vücut yapısını ele alalım. Her zamanki gibi, fosil buluntuları çok seyrekti, ve ilk *Homo*'ya ilişkin belgeler de bu durumdan ayrık değildi. Fosil kırıntılarının yaşına ve taş alet yapımının başladığı zamana dayanarak *Homo habilis*'in ilkin 2,5 milyon yıl önce ortaya çıktığı söylenebilirse de, en eski sağlıklı fosil buluntu 2 milyon yıldan daha yakın bir zamana aittir. *Homo erectus*'a özgü uzun boy-tıknaz gövde yapısı neredeyse kesin bir biçimde *habilis*'le birlikte ortaya çıktı; *habilis*'ten *erectus*'a geçiş sürecinde beyin azıcık büyüyürek yaklaşık 900 cc'lik bir hacme ulaşmış, yüz yapısında da, kaş kemerlerini de kapsayan değişiklikler olmuştur. Böylelikle ortaya çıkan bu yapısal görüntü dengeli, kararlı bir yaşamsal uyum süresi olarak *Homo* soyunun tarihi boyunca sürdü.

Ne var ki, modern insanın kökeniyle birlikte, biçimden çok güç açısından, iskelet yapısında da değişiklikler oluştu. *Homo erectus*'un kemiklerinin biçimleri ve boyutları, *Homo sapiens*'inkilerle hemen hemen aynıydı, ancak özellikle uzun kemikler daha kalın bir yapıya sahipti. Örneğin, uyluk kemiğinin enine kesiti *Homo erectus*'ta *Homo sapiens*'inkinin iki katı kalınlığında bir korteksi gösterir. Kemiklerin bu denli kalın olması, hareketli günlük yaşamın gereği vücuda daha fazla ağırlık bindiğini akla getirmektedir. Güçlü kas yapısının varlığı bu tablo ile tutarlıdır. Bu nedenle, bugünkü insanın kökeni, bireylerin olağan yaşamlarında yararlandıkları bedensel güçte bir azalmayı gerektirmiştir. Başka bir deyişle, bugünkü insan fiziksel açıdan *Homo erectus* kadar etkindi ama onun kadar güçlü değildi.

1,2 milyon yıllık var oluşu sırasında *Homo erectus*'un genel vücut yapısında değişiklik olmaması başın yapısındaki değişikliklerle çelişmektedir. Doğu Afrika'dan, bilinen en eski *Homo erectus* beyinlerinin sığaları 800-900 cc arasında değişiyordu; yüzün yapısı *Australopithecus*'larınkine göre çok daha yassı, kafatası ise daha yuvarlak, daha uzundu; göz çukurlarının üzerinde de kaş kemerleri gelişmişti. *Homo sapiens*'lerin eşiğine gelindiğinde, başın yapısındaki en önemli değişiklik şimdi 1100 cc'lik sığaya ulaşan beyinde gerçekleşmiştir. Fosil buluntularının seyrek oluşundan ötürü, bu artışın dönem boyunca yavaş yavaş mı yoksa bir ya da daha fazla anlık sıçramalarla mı oluştuğu tam olarak bilinememektedir.

Giderek sürekli (gradual) evrimsel değişim modeli ile arada duraklamaların ya da kesintilerin bulunduğu sıçramalı (punctuational) değişim modeli arasındaki karşıtlık, evrim olgusunu inceleyen biyologlar arasında yoğun tartışma konusu olagelmiştir. Birinci görüşten yana olanlar evrimi doğal seçilimin baskısına sürekli bir yanıt biçiminde değerlendirirken ikinci görüşü savunanlar embriyolojik gelişme ve toplum yapısıyla ilintili etkenlerin doğal seçilime evrimsel yanıtları sınırlayacağını ileri sürmektedirler. Bunlara göre değişim, sırası geldiğinde, çabucak oluşur. 1972'de Amerika Doğa Tarihi Müzesi'nden Niles Eldredge ile Harvard'dan Stephen Jay Gould tarafından ortaklaşa geliştirilen bu ikinci görüş, kesintili denge (punctuaded equilibrium) olarak adlandırılmaktadır. 20 yıllık tartışma ve deneysel çalışmalar hem kesintili hem de giderek sürekli evrimsel değişikliğin oluşabileceğini göstermesine karşın ,bunların görece önem ve önceliği üstüne görüş ayrılıkları yine de sürmektedir. On yıl süreyle, Michigan Üniversitesi'nden Milford Wolpoff, *Homo erectus*'un tarihi boyunca giderek sürekli bir evrimleşmenin önde gelen savunucusu olurken, Binghamton'da, New York Eyalet Üniversitesi'nden Philip Rightmire anlık, kesintili evrimleşmeyi savunmaktadır. Bu iki görüş arasındaki çelişki, bu konuda kanıt yetersizliğini göstermektedir.

Bu soru bugünkü insanın kökeni üstüne arkeoloji çevrelerinde sürmekte olan başka bir tartışmayla da yakından ilintili olup en eski *Homo* ile *Homo sapiens* arasındaki değişim olgusunu sorgular. Öyleyse bu, *Homo habilis-Homo erectus-Homo sapiens* doğrultusunda yalın, doğrusal bir gelişim midir, yoksa bu gelişim çizgisi, zamanla Eskidünya'nın başka başka yörelerinde evrimleşerek, sonuçta biri dışında tümü yok olan *Homo erectus* ve *Homo sapiens*'a benzeyen türlere mi dallanmıştır? Kimi bilim adamlarına göre Afrika *Homo erectus*'u, Asya *Homo erectus*'undan farklı olduğundan, karışıklığa yol açmamak için bunlara ayrı adlar verilmelidir. Başkaları ise (0,5 - 0,1 milyon yıl öncesine ait) arkaik *sapiens* diye bilinen türe ilişkin değişik coğrafi örnekler arasında görülen büyük anatomik farklılığın, tür çeşitliliğinin bir göstergesi olduğunu ileri sürmüşlerdir.

Doğrusal bir evrimleşme mi, yoksa dallanarak evrimleşme mi? Ekolojik etkenleri öne çıkaranlar, *Homo erectus* ve arkaik *sapiens* gibi yaygınlaşmış bir yaratığın, diğer memelilerin evrimleşme biçimi geçerli bir örnek oluşturuyorsa, elbette değişik coğrafi türler biçiminde farklılaşacağı düşüncesiyle, dallanarak evrimleşme olasılığını savunmaktadırlar. Buna karşılık, kültür olgusunun birleştirici etkisini önemseyenler, herhangi bir dönemde, birden çok türün birarada yaşaması olasılığının hayli zayıf olduğunu öne sürerek, doğrusal bir evrimleşmeden yanadırlar. Fosil kayıtlar, sorunu çözüme kavuşturacak denli sağlıklı olsalar bile, kuramsal yaklaşımlar, soruna ilişkin anlaşmazlık olasılığına kapıyı yine de aralık tutacaktı. Tür içinde ya da türler arasında anatomik değişkenliğin ne olduğu sorunu, onu çözmekte yararlanabilecekleri canlı toplumlardan yoksun olan tüm paleontologları uğraştırmaktadır.

Oldovan (solda) *ve Aşöliyen* (sağda) *yapısı ilk taş alet örnekleri. Kesiciler, kazıyıcılar ve birçok keskin yongadan oluşan Oldovan aletleri volkanik çakıl taşlarından yontulmuştur. Aşöliyen teknolojisine özgü, gözyaşı damlasına benzeyen el baltası ilginçtir.*

Teknolojik Yenilikler

Gerçek soysal (filojenetik) yapı ne olursa olsun, 1,2 milyon yılı aşkın bir süre boyunca insansıların beyin sığası -aynı zamanda belki de zihinsel yeteneği- önemli ölçüde gelişerek yaklaşık 900cc'den 1100cc'ye ulaşmıştır; vücut büyüklüğü aynı kalan bir yaratığın beyninde % 30 oranında sığasal bir büyüme! Teknoloji, dil ve toplumsal yetkinlik bu artışa katkıda bulunmuş, ya da bu artış sayesinde gelişmiş olabilir.

"Alet yapan insan" kavramı, yani taş aletler üretimi ve kullanımının evrimsel yaşamımızı biçimlendirdiği düşüncesi bir zamanlar pek yaygındı. Teknolojinin önemsenmesi bağlamında bugünkü toplum da aynı şeyi söylemektedir. Ne var ki, taş araç teknolojisinin ürünleri olan alet kalıntıları incelemekte olduğumuz 1,2 milyon yıllık dönemde çarpıcı bir gelişmeyi ya da ilerlemeyi yansıtmamaktadır. Üretilen araçların sayısında, türünde duraklama tanımlaması daha yerinde olurdu. 2,5-1,7 milyon yıl öncesinden kalma en eski taş araçlar, yani Oldovan teknolojisinin ürünleri çok ilkel nitelikli araçlardı. Kaba saba bir kesici (satır) ya da kazıyıcı aletin yanı sıra, birçok keskin yonga (flake) yapabilmek için genellikle, volkanik bir çakıl taşı başka bir çakıltaşıyla yontulur ve bu aletler ve yongalar herhalde çeşitli amaçlar için kullanılırdı. Oldovan teknolojisinde sistematik biçimde alet üretmenin pek anlamı yoktu; taşları amaca uygun olarak ani darbelerle yontup biçimlendirmek yeterliydi. Anılan teknolojinin adı, çeşitli aletleri ortaya çıkarıp sınıflandırmak için Mary Leakey'in 1930'lardan başlayarak onlarca yıl kaldığı Tanzanya'da Olduvai Gorge'dan (Olduvai Boğazı) gelmektedir.

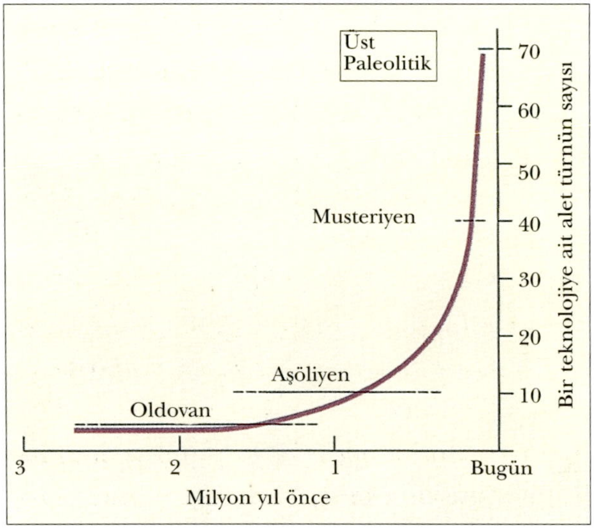

Taş alet teknolojisinin gelişimine ilişkin bu eğri, görece yakın zamanlara dek, tarihöncesi dönemde, alet yapımı sürecinde bir duraklama olduğunu göstermektedir.

Homo erectus'un ortaya çıkışı ile eş zamanlı olarak 1,7 milyon yıl önce yeni bir teknoloji gelişti: Aşöliyen (Acheulian) teknolojisi. Oldovan ve Aşöliyen teknolojileri arasındaki en belirgin fark, el baltası, kama ve kazmayı da kapsayan birkaç görece büyük aletin öncekilere eklenmesiydi. Aşöliyen teknolojisine damgasını vuran alet, üretimi için Oldovan yapısı herhangi bir araca göre daha çok emek gereken gözyaşı damlası biçimindeki alettir. Aşöliyen terimi 19. yüzyılda balta örneklerinin ilk kez bulunduğu Fransa'daki St. Acheul'den gelmektedir.

Aşöliyen teknolojisi ürünü araçlar içinde tanınabilir nitelikteki alet türlerinin sayısı sınırlıdır: Biçimleri belli olan bir düzine kadar alet; bunların da hepsine her kazı alanında rastlanmamıştır. Arkaik sapiens'lerin ortaya çıkmasına değin bu alet sayısında belirgin bir artış olmamıştır. Bu durum insan evrimi açısından çok uzun bir teknolojik durgunluk demektir. En ustaca yapılmış el baltalarının görece geç arkeolojik kazılarda bulunmuş olmasına karşın, zaman ilerledikçe, el becerisinde düzenli, kararlı bir ilerleme söz konusu değildir. Sonraki dönemlere ait kimi araçlar arkeolojik kaydın başlangıcına ait olanlar kadar ilkel yapılıydı.

Homo erectus Afrika'dan Eskidünya'ya yayılırken alet teknolojisini de yanında götürdü. Ancak, bu arada yine de tam olarak açıklanamayan ilginç bir gelişme oldu. Aşöliyen teknolojisine özgü araçların Avrupa ve Batı Asya'da bulunmasına karşın, bunlara Doğu Asya'da hiç rastlanmamaktadır. Bunların yerine, Asya'nın bu kesiminde (Oldovan yapısı karşıtına benzeyen) kesici alet çantası ortaya çıkar. Bu buluntuya dayanarak, Doğulular ve Batılılar olmak üzere iki ayrı türün var olduğunu ileri sürenler olmuştur. Doğu'da bambu aletlerle yapılan kesip parçalama işinin Batı'da el baltalarıyla görüldüğünü ileri süren başkaları ise bu görüşe karşı çıkmaktadırlar.

500 bin yıl önce arkaik sapiens'lerin ortaya çıkmasıyla, özlerin (çekirdek aletlerin) hazırlanmasında ve yongalara son biçimlerinin verilmesinde olduğu gibi, taş aletlerin yontulup biçimlendirilmesine yönelik yöntemlerde de ilerlemeler kaydedildi. Böylece, araç türlerinin sayısı arttığı gibi, bunların üretimine ilişkin ölçüler de gelişti.

Bu durumda, teknolojik gelişmenin, Homo erectus'ta beyin boyutunun artmasına elverişli doğal seçilim ortamını hazırladığı düşüncesi askıda kalmaktadır. Bu konuda Los Angeles'teki Kaliforniya Üniversitesi nörobiyologlarından Harry Jerison, "bu bana hiç de yeterli bir açıklama gibi görünmüyor, çünkü alet yapımı çok küçük bir beyin dokusuyla gerçekleştirilebilir" demektedir. Jerison'un yargısı, alet yapımına katılan motor etkinliği yönlendiren beyin alanının boyutuna dayanmaktadır. Daha sonra, Jerison sözlerini şöyle sürdürmektedir: "Yalın, yararlı bir sözün, söylemin üretilebilmesi için oldukça büyük çapta beyin dokusu gerekir". Öyleyse, beyin boyutunun büyümesini sağlayan doğal seçilim olgusunun dayandığı evrimsel temeli oluşturan etken belki de teknolojinin ilerlemesi değil, dilin gelişmesidir.

Yazık ki, fosillere dayanarak dil yetisi üstüne sonuçlar çıkarmak antropologların karşılaştığı en çetin sorunlardan biridir. Beynin büyüklüğü başlıbaşına kesin bir gösterge değildir. Simgesel imge yaratımı gibi somut ama dolaylı dilsel göstergeler ancak geç arkeolojik kayıtlarda görülmektedir. Bu, bugünkü insanı önceleyen insan türlerinin konuşma dilinden yoksun olduğu anlamına mı geliyor?

Elbette hayır, görüleceği gibi, çoğu bilim adamları konuşma dilinin *Homo* soyçizgisinin başlangıcına dek gittiği, gerçekte beyin büyümesini sağlayan baş etkenin de dil olduğu kanısındadırlar. Bu görüş dil yeteneğinin yavaş yavaş evrimleştiği savına dayandığından, konuşma yeteneğinin önemli ölçüde gelişmesinin bugünkü insana biyolojik geçişteki önemli unsurlardan biri, hatta belki de tek unsur olduğunu savunan diğer bilim adamlarının görüşüyle çelişmektedir (Bu, kesintili, anlık bir evrimleşme biçimi olurdu).

Avcılık Üstüne Tartışmalar

Homo soyçizgisinde zihinsel yetilerin gizil gelişimini sağlayan davranış biçimlerinin biri de, üreme ve beslenmeyle ilgili etkinlikleri kapsayan toplumsal gelişmişlik olgusudur. Hiç kuşkusuz, primatlar arasındaki toplumsal etkileşim, diğer bireylerin statülerinin tanımlanmasını ve aralarında dayanışma olmasını gerektiren son derece önemli bir deneyimdir. Bu nedenle, primatologlar başarılı bir toplumsal etkileşim için gerekli olan becerilerin primatların evrimleşme sürecinde beynin büyümesine neredeyse kesin olarak katkıda bulunduğunu son yıllarda kabul etmişlerdi. Örneğin, insansı grubuna girmeyen primatların zihinsel yetisine yönelik yeni, kapsamlı incelemelerinde, Pensilvanya Üniversitesi'nden Dorothy Cheney ve Robert Seyfarth ve Michigan Üniversitesi'nden Barbara Smuts şu sonuca varmışlardı: " Gözden geçirdiğimiz araştırmalara göre, insan olmayan primatlar arasında ileri derecede gelişmiş zihinsel yetenekler grubun diğer üyeleriyle sosyal etkileşimler sırasında ortaya çıkarlar. Aynı görüş sosyal karmaşıklığın yoğun olduğu insan ailelerindeki beyinsel evrim için de geçerlidir.

Homo'nun ortaya çıkmasıyla oluşan yeni unsur, diş yapısı, taş araçlar yapımı ve arkeolojik kazı alanlarında bulunan hayvan kemiklerinden bir ölçüde anlaşıldığı kadarıyla, beslenme olgusunun eti de kapsayacak biçimde genişlemesiydi. Beslenme olgusundaki bu çeşitlenme büyük olasılıkla *Homo*'nun, sonuçta, geleneksel yaşam alanı Afrika'nın dışına çıkarak Eskidünya'ya yayılabilmesini kolaylaştırmıştır. Avlanma ve bitkisel besinler toplama *Homo sapiens*'lerin başlıca beslenme biçimiydi; bu durum 10 bin yıl önce besin üretme yöntemlerinin benimsenip geliştirilmesine dek sürmüştür. Son zamanlara değin, antropologlar Afrika'da, Asya'da, Güney ve Kuzey Amerika'da benzer biçimde beslenen kimi küçük toplulukları inceleme olanağını hâlâ bulabiliyorlardı. Yaşam çevreleri farklı olmasına karşın, avlanarak ve bitkisel besin toplayarak geçinen insanların kimi ortak yönleri vardı. Örneğin bunlar, her biri 500 kadar bireyden oluşan bir grubun üyesi olan yaklaşık 25 kişilik küçük, göçer topluluklar biçiminde yaşıyorlardı. Ekonomik etkinlik genelde erkeklerin avlanmasını, kadınların da yiyeceklerin büyük bölümünü oluşturan bitkisel besinler toplamasını kapsıyordu. Avlanmaya ve bitkisel besinler toplamaya dayalı bu yaşam biçiminin geniş coğrafi dağılımı göz önünde tutulursa, başarılı olduğu açıkça görülür.

Bu tür beslenme biçiminin *Homo* soyunun geçmişinde ne ölçüde çabuk geliştiği, sonuçta modern insana geçiş olgusunun anlaşılması açısından önemlidir. Tarih öncesi dönemin başlarına ait taş aletlerle kemiklerin 2 milyon yıla yakın bir zaman önce birarada oluşu arkeologlarca çoktandır biliniyordu. Bilim insanları bu ilkel beslenme yöntemini göz önünde tutarak, bu birlikteliği, ilk *Homo*'nun avlanıp, bitkisel besinler toplayarak geçinme yönteminin en azından ilkel biçimini geliştirmeye başlamış olmasının bir göstergesi olarak yorumlamışlardır. Kemiklerle taş aletlerin birarada bulunuşu, besin arayışı içinde olan göçer kabilelerin konaklama yerlerinin kalıntıları sayılmıştır. Buradan, yine günümüze ilişkin deneyimlere dayanarak, bir iş bölümünün söz konusu olduğu yargısına varılmıştır. Başka bir deyişle arkeologlar, avlanma-bitkisel besin toplama temeline oturan yaşam biçiminin belki de *Homo sapiens*'lerinki doğrultusunda git gide gelişen uzun bir geçmişi olduğunu varsayıyorlar. Glynn İsaac ve Lewis Binford, bu varsayımın doğruluğunu kanıtlamak üzere, birbirlerinden bağımsız olarak, birer araştırma başlatmışlardır.

Dallas'ta Güney Metodist Üniversitesi arkeologlarından Binford, arkeolojik kazı alanlarından çıkarılan kemikleri incelemiştir. Bunları leşçil hayvanların, örneğin sırtlanların inlerinde bulunan kemik kalıntılarıyla karşılaştırarak aralarında pek az fark bulunduğunu saptadıktan sonra şu yargıya varmıştır: İnsanın geçmişinin ilk dönemlerine ilişkin arkeolojik kanıtlar büyük ölçüde abartılarak yorumlanmıştır; taş aletlerle ilintilendirilen kemik kalıntıları aslında arada bir kendini gösteren leşçil beslenme alışkanlıklarından kalan artıklardan başka birşey değildir. Taş aletlerle kemiklerin birlikteliği hiçbir biçimde konaklama yerlerinin bir göstergesi olamazdı. Çünkü Binford'a göre, avlanıp-toplayarak geçinme yöntemi çok yeni bir gelişmeydi. Bu konuda Binford, "Avlanarak geçinme yönteminin ilk belirtileri 100 bin-35 bin yıl önce görülmeye başlandı; dolayısıyla bizim soyumuz giderek yavaş yavaş gelişen süreçlerle değil, görece kısa süren bir dönem boyunca anlık sıçramalarla evrimleşmiştir" diye yazmıştır. Sonuç olarak, Binford'a göre, modern insanın en yakın atası, "marjinal leşçillerin" pek az üzerindeydi; kısacası, insanın yaşam biçimi kesintili bir evrim çizgisi izlerken yakın geçmişte birdenbire bugünkü davranış biçimine bürünmüştür.

1985'te ölümünden önce Harvard'da arkeolog olan Isaac değişik bir sonuca vardı. Bu bilim adamı özellikle, kemiklerle taş aletlerin birlikteliğinin insansıların etkinlikleriyle doğrudan ilintili olduğu varsayımını kanıtlamak amacıyla, çok sayıda meslektaşının da katıldığı bir ekip halinde Kenya'da Turkana Gölü'nün doğusundaki 1,5 milyon yıllık alanı gün ışığına çıkararak, kemik kalıntılarının bu alana başka yerlerden getirilmiş, taş aletlerin burada yapılmış ve bunların kimilerinin kemiklerden et sıyırmak için kullanılmış olduğunu göstermiştir. Taş yonga ağızlarının mikroskopla incelenmesinden, bunların bir kısmının ağaç ya da daha yumuşak bitki türlerini kesip parçalamak için kullanılmış olduğu anlaşılmıştır.

Bu tür bulgular küçük bir ırmağın kıyısındaki bu alanın yalnızca etoburların yediklerinden arta kalan leşleri yiyerek beslenmeye değil, başka beslenme etkinliklerine de sahne olduğunu göstermiştir. Bununla birlikte, Isaac yine de temkinli davranarak, bu alanın modern insan için düşünülen anlamda bir konaklama yeri işlevi gördüğünü kanıtlamanın mümkün olmadığını belirttikten sonra, "İlk insansıların yaşamı çeşitli beslenme etkinliklerine dayanıyordu. Avlanma-bitkisel besin toplamaya dayalı beslenme yöntemi insanın tarihi boyunca yavaş yavaş gelişmişti; bunun ilkel biçimi bugünkü insanın ortaya çıkışından önce de vardı" demiştir. Belki de arkeologlar arasındaki bugünkü ortak kanıyı da büyük ölçüde yansıtan Isaac'ın bu yaklaşımı, tarım öncesi bugünkü insanın beslenme ve yaşam biçiminin giderek gelişen bir evrim sürecinden geçip geldiğini ortaya koymuştur.

Evrimsel Bir Köprü

Bugünkü insana yönelik bu uzun "başlangıç"ın amacı nihai olaya, yalın anlamıyla insanoğlunun tarihine bir hazırlık değildir. Bu tarih konusunda bilinçlendikçe, Huxley'in "insanlarla hayvanlar... arasındaki uçurum"u daha iyi anlaşılabilecektir. Tarihimizde yer alan yaratıkların bilinmesiyle de, bu uçurumun iki yakasını birleştirecek köprünün temelleri atılmış olacaktır.

2

MODERN TARTIŞMAYA BAŞLANGIÇ

1680'de ölen ozan, besteci Joachim Neander kısa süren yaşamının sonlarına doğru esin perisini aramak için sık sık evinin yakınlarındaki vadide gezintiye çıkardı. Kasaba halkı sevgili ozanlarının anısına bu vadiye Neander Thal adını verdiler. Daha sonraki tarihsel bir rastlantı sayesinde bu ad yerel sınırlarını aşarak evrensel bir ün ve anlam kazandı: Ağustos 1856'da Prusya'da yapılara taş yetiştirmek için Neander vadisindeki ocaklarda çalışan işçiler, Ren Nehri'nin bir kolu olan Düssel Irmağı'nın yukarısındaki bir mağarada (Feldhofer Grotto) insan kemiklerine rastlamışlardı. Ne var ki mağarada zamanla biriken kireç taşının içine gömülüp kalmış belki de tüm bir iskeletten, işçilerin özensizliği yüzünden, yalnızca kafatasının üst kesimi, kimi kol bacak kemiklerinin yanı sıra, birkaç tane de örselenmiş kemik parçası kalmıştı.

Neandertal betimlemeleri yanlış bir yaklaşımla çoğu kez varsayımsal bir kaba sabalığı ve geri zekâlılığı öne çıkarmaktadır.

Bu kemik kalıntıları doğadaki gizemli oluşumlara meraklı olduğu bilinen matematik öğretmeni ve tarihçi Carl Fuhlrott'a götürüldü. Fuhlrott, bu kemiklerin modern insanınkilere göre daha kalın olduğunu görmekte gecikmedi. Gerçekten, bu kemiklerin iri yapılı, güçlü kasları olan ilkel bir insanın kalıntıları olduğu belliydi. Bu nedenle, Fuhlrott, şimdiye dek gördüklerine hiç benzemeyen bu kemikleri Bonn Üniversitesi anatomi profesörü Hermann Schaaffhausen'e gösterdi. Kemiklerin ilkel bir insana ait olduğu konusunda Fuhlrott'la aynı görüşte olan bu bilim adamı, *The Origin of Species* (Türlerin Kökeni) adlı yapıtının yayımlanmasından yaklaşık üç yıl önce, Aşağı Ren Havzası ve Doğa Tarihi Topluluğu'nca 4 Şubat 1857'de Bonn'da düzenlenen bilimsel bir toplantıda bu kemikler üstüne bir bildiri sundu. Daha sonra Schaaffhausen ve Fuhlrott, kimi zaman ayrı ayrı, kimi zaman ortaklaşa bu görüşü gündeme getirdiler.

Schaaffhausen'e göre, bu kemiklerin olağandışı kalın oluşu, vücut yapısının doğal gereğiydi. Bu ilkel birey belki de Keltlerle Almanların ataları olan Kuzeybatı "Avrupa'nın yabanıl ırklarından biri"ne aitti. Charles Darwin'in *Origin* (Köken) adlı yapıtının yayımlandığı 1859'da Schaaffhausen, "kuşkusuz, bu insanlara ilişkin kalıntıları Dilüvium* çağı hayvanların sonuncularının yaşadığı döneme dek izlemek olanaklıdır" demiştir. Bu durumda, Neander vadisinden çıkarılan kalıntılar insanın tarihinin uzak bir dönemine -insanın atası sayılabilecek bir türe- aitti.

Böylece insanın evriminde Neandertal insanın yeri üstüne antropoloji çevrelerinde, yüzyılı aşkın bir belirsizlik, kararsızlık biçiminde kendini gösteren uzun ve sürekli bir değerlendirme başlamıştır. Giriş'te gördüğümüz gibi, yanıt bekleyen soru şudur: Neandertal insanı, soyu günümüze değin uzanmayan bir yan tür müydü? Konuya ilişkin belirsizlikler günümüzde de sürmektedir.

Bu tartışmayı daha ileriye götürmeden önce beklenmedik yeni veri kaynaklarının ışığında konuya bir kez daha bakmakta yarar var. Bilim, varsayımları sürekli biçimde sınayarak ilerler; bu arada, yerleşmiş kanılar kimi zaman elenerek yerlerine yenileri sunulur. Dolayısıyla, tarihöncesi insanın nasıl bir evrimleşme süreci izlediği konusunda bugünkü kuramın ya da yaklaşımın önceki tartışmalara göre daha aydınlatıcı olmasını beklemek doğaldır. Bununla birlikte, özellikle antropoloji gibi geçmişe dönük bir bilime

*Dilüvium: Belirsiz oluşundan ötürü artık kullanılmayan bir sözcük. Dilüvium'la, Noachim Irmağı'nın taşmasıyla oluşan mil birikintisi anlatılmak istenmiştir. Gerçekte, dilüvium birikintisi, Buzul Çağı'yla buzul çağı sonrası (Pleistosen Dönemi'yle Yakın Dönem) arasındaki sınırı belirler.

ilişkin bu sorunun anlaşılması, farklı kuramsal önyargıları nedeniyle, farklı bilim adamlarının aynı veriler üstüne nasıl da değişik yorumlar getirebildiklerini gösterir.

Neandertal'in Karanlık Yaşamı

Feldhofer Neandertali'nin kimliği üstüne hemen şu iki soru yöneltilmiştir: Fosiller kaç yıllıktı? Bunların olağandışı anatomik yapısı insanınkiyle ne ölçüde ilintiliydi? Bu soruların ortaya atıldığı düşünsel ortam kararlı, tutarlı olmaktan uzaktı.

Bu döneme, evrime ve jeolojiye ilişkin görüşler birbirleriyle yakından bağlantılıydı. Yerküre'nin tarihi yıllarca, *art arda* oluşan jeolojik dönemlerin Tanrısal müdahaleler sonucu oluşan felaketleri yansıttığı yorumuna dayalı katastrofizm varsayımıyla açıklanmıştı: Her bir katasrofi (felaket) tüm canlıların yok olması, yerlerine yenilerinin yaratılmasıyla sonuçlanıyordu. Ünlü bir Fransız paleontoloğu olan Baron Georges Cuvier (1769-1832), Avrupa anakarasındaki bilim adamlarınca da desteklenen bu kuramın yaratıcısıydı. Bu sırada, İngiltere'de James Hutton(1726-1797) ve Sir Charles Lyell (1797-1875) bu görüşe karşı, jeolojik değişikliklerin birdenbire katastrofik olaylar sonucu değil de, giderek yavaş yavaş oluştuğu görüşüne dayalı tekdüzeci (uniformitarian) görüşü savunuyorlardı. Katastrofik görüş evrimci görüşü yadsıyordu. Buna karşılık, 19. yüzyıl ortalarında git gide yaygınlaşan tekdüzecilik, sonuçta evrimci görüşle birleşti.

Charles Darwin'in evrim kuramına hiçbir zaman tam anlamıyla kucak açmayan Lyell, ortaya çıkarılışlarından kısa bir süre sonra Feldhofer Neandertali'nin fosillerini inceleme olanağını elde etmişti. Bu fosillerin, Schaaffhausen'e olduğu kadar, Lyell'e de hayli yaşlı görünmesine karşın, Lyell, aynı tortul içinde başka hayvan fosilleri bulunmadığı gerekçesiyle bunların yaşını saptamanın mümkün olamayacağını söylemiştir. Lyell'in döneminde, tortul kayaçların yaşını saptamaya yarayacak araçlardan yoksun olan jeologlar tortunun yaşını belirlemek amacıyla, içindeki hayvan fosillerinin evrimsel aşamalarını ipucu olarak kullanmışlardı (Fauna korelasyonu yöntemi). Örneğin, evrimsel bir dönemin erken evrelerinde yaşayan hayvanlara ait fosiller dönemin genç kayaçlarından çok, yaşlı kayaçları içinde bulunur. Bu yöntem, tortul kayaçları tarihlendirmeye yönelik, çoğu kez radyoizotoplara dayalı bir dizi başka yöntemle birlikte, günümüz jeologlarınca hâlâ kullanılmaktadır. Ancak, Feldhofer'in taşocağı olarak kullanılmasının sürdürülmesi Neandertal fosillerinin yaşını güvenilir biçimde belirlemeye yarayacak modern yöntemler kullanma umudunu karartmıştır.

Evrim kuramının önde gelen yandaşlarından Thomas Henry Huxley, kemik fosillerinin döküm modellerini inceledikten sonra, bunların yalnızca, "taş devrinde Danimarka'da yaşamış kimi insanlar gibi", eski insanların bir uç türünü oluşturduğunu söylemiştir. Huxley, eski insansı maymunlarla bugünkü insan arasında evrimsel ilişkiler bulmaya çalışıyordu, ama Neandertal insanı, ilkel olmasına karşın, bu tanımlamalara uymuyordu. Burada Huxley şöyle bir soruyla karşı karşıya kalmıştı: Gerçek biyolojik farkı oluşturan anatomik farklılığın ölçüsü ne olabilir? Bugünkü insanın vücut yapısını bilen Huxley, Neandertal insanının vücut yapısının birçok yönden farklı olduğunu görebiliyordu, ama onun erken döneme ait ayrık bir yapı değil, bugünkü insanın vücut yapısının salt ilkel bir biçimi olduğu sonucuna varmıştı.

Neandertal fosil yataklarının dağılımı: Neandertallerin dağılımı Avrupa, Yakın Doğu ve Orta Asya ile sınırlanmış görünüyor.

Eugene Dubois, Java'da ilkel insan fosilleri bulacağına inanıyordu. 1890'larda buldu da. Pithecanthropus erectus *adını verdiği bu kalıntılar şimdi* Homo erectus *olarak biliniyor.*

Ellerinin altında incelenecek insan fosilleri bulunmayan bu dönem antropologları insanın evrimsel gelişimini açık seçik biçimde betimleyememişlerdir. Huxley ve diğer bilim insanları, belirsiz bir zaman sürecinde ilkellikten gittikçe arınarak bugünkü insana dönüşen insansı maymun benzeri bir ata üzerinde durmuşlardır. En azından insan beyni büyüklüğünde olan Neandertal beyninden oldukça etkilenen Huxley, bu çapta beyne sahip yaratıkların temelde zaten insan oldukları yargısına varmıştır.

Böylece kimi bilim insanları Neandertal kemiklerini evrimsel bir açıdan değerlendirmişler, bunda da başarılı olmuşlardır. Ancak çok sayıda bilim adamı bu kemiklerin ruhsal ya da bedensel bir hastalığı olan, çok yakın geçmişte yaşamış bir insana ait olduğunu ileri sürerek bu görüşe karşı çıkmışlardır. Bir başka görüş ise söz konusu kemiklerin, 1814'te Napolyon'u batıya doğru kovalarken hastalanarak bu mağaraya sığındıktan sonra orada ölüp kalan Kazak kökenli bir Rus'a ait olabileceği, "Kazak" ın bacak kemiklerindeki eğriliğin de at sırtında geçmiş bir yaşamın sonucu olabileceği varsayımına dayanmaktadır. Bu arada J.W. Dawson adında bir İngiliz bilginine göre, "bu kemikler neredeyse sürekli biçimde barbar kabilelere yakın yörelerde yaşarken zaman zaman uygar topluluklar içine karışarak, insanlar için tehlikeli davranışlara yeltendiklerinde olasılıkla ya hapishaneye ya da darağacına gönderilen yarı deli, geri zekâlı aynı zamanda da güçlü insanlardan birine ait olabilir". Yine başka bir görüş de, olağandışı bir vücut yapısına sahip olan Neandertal insanının bacaklarındaki eğriliği çocukluk döneminde geçirilmiş bir raşitizme, belirgin biçimde çıkıntılı kaş kemerlerini de bu hastalığa bağlı şiddetli ağrılardan ötürü, çocuğun alnını sürekli biçimde kırıştırmış olmasına bağlıyordu.

Yerküre'nin Tarihi Üstüne Değişik Görüşler

Yerküre'nin tarihini uzun zaman süreci boyunca kaçınılmaz biçimde oluşan küçük değişikliklerin bir birikimi olarak görme eğilimini taşırız. Volkanik püskürmeler, depremler ve gelgitler gibi çarpıcı olaylar yerel değişikliklere, dönüşümlere neden olurken; anakaraların biçimlenişi, dağların yükselişi, yığınsal tortulaşma ve erozyon gibi her biri belirsiz bir hızla gelişen oluşumlar hep birlikte yeryüzünün coğrafi yapısını ana çizgileriyle biçimlendirir. Anladığımız kadarıyla yavaş, birikimsel jeolojik değişiklikler evrimsel sürecin giderek gelişmesine elverişli doğal ortamı hazırlar. Yerküre'nin tarihine ilişkin daha önceki görüşler bundan çok farklıydı.

Üçyüz elli yıl kadar önce, Başpiskopos James Ussher (1581-1656), Kutsal Kitap'a dayanarak yaptığı hesaplamalara göre, Yerküre tarihinin M.Ö. 4004 yılında başladığını ileri sürmüştür. Bundan, Yaratılış, Nuh Tufanı ve insanlığın daha sonraki serüveninin yaklaşık 6 bin yıllık bir geçmişi olduğu anlaşılmaktadır. Batılı aydınların dünya görüşü dinsel bir temele dayanıyordu. Herhangi bir canlı türünün soyunun tükenebileceği görüşünü ileri sürmek yüzyılın sonlarına değin, Tanrı'nın kendi yarattıklarına yönelik esirgeyiciliğinin sorgulanması olarak görülüyordu. Yeryüzündeki yaşam, insanlar meleklerin azıcık aşağısında olmak üzere, en küçük canlı türlerinden en büyüklerine doğru Tanrı tarafından düzenlendiği biçimde bir sıralanışı simgeleyen bir yaşam zinciri çerçevesinde algılanıyordu; dolayısıyla da bunun sürekliliği, bütünlüğü kaçınılmazdı. Zincirin halkalarından birinin kopup yok olması, tümüne yönelik bir tehdit anlamına gelirdi. Bir zamanlar doğanın cilveleri olarak kabul edilen fosilleşmiş kemiklerse, bu inanışa göre, Kutsal Kitap'ta anlatılan Nuh Tufanı'nın kalıntılarından başka şeyler değildi. Fosillere yataklık eden tortul katmanlanışa "dilüviyum", bu jeolojik oluşuma ilişkin kurama ise "dilüviyum kuramı " deniyordu.

Şaşırtıcı gelebilir ama, bu görüşün değişmesine, giderek gelişen endüstriyel atılımların yanı sıra, meraklı, amatör jeolog papazların da önemli katkısı olmuştur. 18. yüzyıl sonlarında, kanalların açılması, ocaklardan kömür kazılması sırasında, fosil barındıran tortul katmanlar ortaya çıkmıştır. İncelemeler sonucu anlaşılmıştır ki fosilleşmiş kemikler günümüzde artık yaşamayan türlere aittir. Bu arada, kimi fosil türlerinin alttaki katmanlardan başlayarak üstteki katmanlara doğru geliştiği görülmüştür. Nuh'un tüm canlıları kurtarmış olduğunu varsayan Kutsal Kitap'taki tufan öyküsü, bu durumda yanlış olmalıydı...

1808'de, Paris Doğa Tarihi Müzesi'nde zoolog ve paleontolog Baron Georges Cuvier (1769-1832), ikincisi Nuh Tufanı olmak üzere, geçmişte bir değil, iki tufan olduğunu ileri sürmüştür. Katastrofizm olarak bilinen bu kuram, bilimsel gözlemi Kutsal Kitap'taki Yaratılış öyküsüyle bağdaştırdığı için Avrupalı aydınlarca sıcak karşılanmış, benimsenmişti. Jeoloji bilimi ilerledikçe ve fosil buluntular çoğaldıkça, kimi türlerin yok olmasıyla sonuçlanan daha başka anlık değişiklikler saptandı; Sonuçta, söz konusu değişikliklerin ikiden çok afetin sonucunda ortaya çıkmış olduğu kanısı doğdu. Cambridge Üniversitesi'nde Charles Darwin'in kuramı üstünde çalışan Adam Sedwick(1785-1873), katastrofik görüşün önde gelen savunucularındandı. Sedwick, yaşamın tarihini şöyle açıklıyordu."Çağlar boyu, yeni kabileler yalnızca öncekilerin torunları olarak değil, bir yaratıcının işe karıştığının yeni ve canlı kanıtları olarak ortaya çıkmıştır". Dünya tarihi, Eski Ahit'te anlatıldığı gibi, tek yaratılış olgusu yerine, bir yaratılış zinciri bağlamında değerlendirilecekti. Bu entellektüel yaklaşım da önceki gibi, dinsel bir temele dayanıyordu.

Bir düzine kadar ardışık katastrofi ve anlık değişime bağlı olarak gelişen yeryüzündeki canlılar tarihinin, Ussher takvimine göre belirlenen zaman süreciyle örtüşmesi beklenemezdi. Paris'te Jardin de Roi'nun (Kral Bahçesi) yöneticisi Comte Georges de Buffon, ergimiş durumdan soğuyarak katılaşma hızına ilişkin hesaplamalara dayanarak, Yerküre'nin yaşını 74,832 yıl olarak belirlemiştir (Katastrofik görüşten yana bir değerlendirme). Buna göre yaşam bu sürenin yarısından az önce başlamıştır.

1534 tarihli Luther İncili'nde anlatılan tufan öyküsüne ilişkin bir betimleme. Katastrofizm kuramına göre, dünyayı sulara gömerek tüm canlıları yok eden art arda her bir afet sonrasında, yüryüzünde öncekilere göre daha gelişmiş canlı türleri ortaya çıkmıştır.

Katastrofizmi temel alan kurama karşı çok geçmeden yeni bir kuram ortaya atıldı: Yeryüzünün belli başlı jeolojik özelliklerini kimi anlık, katastrofik olaylara değil de her gün yavaş yavaş ilerleyen evrimsel süreçlere bağlayan tekdüzecilik (uniformitarianism) kuramı. Her ne kadar tekdüzeciliğin temelini James Hutton (1726-1797) adında İskoçyalı bir bilim adamı atmışsa da, onu somutlaştıran ve modern jeolojinin öncüsü konumuna gelen İskoçyalı Charles Lyell (1797-1875) adında bir araştırmacı olmuştur. Bu iki bilim adamı da, gözlemledikleri erozyon olgusunun etkisiyle, başlıca coğrafi özelliklerin, zamanla bu tür jeolojik olaylardan ileri gelebileceğini düşünmüşlerdir. Tekdüzeci kuramın yandaşlarına göre, jeolojik kayıtlarda görülen anlık değişiklikler kanıt yetersizliğinden kaynaklanmaktadır. Araştırmaların ilerlemesiyle, bir gün bu eksiklikler giderilmiş olacaktır.

Lyell, ilki 1830'da çıkan *The Principles of Geolojy* (Jeolojinin İlkeleri) adlı yapıtını üç cilt halinde yayımlamıştı. Özellikle, Yerküre'nin inanılmayacak kadar yaşlı olduğunu ileri süren tekdüzeci görüş Charles Darwin'in, uzun zaman sürecinde küçük değişikliklerin birikimine dayanan doğal seçilim kuramının geliştirilmesi açısından önemliydi. Lyell ve Darwin'e göre, tarihöncesi dönemde görülen anlık değişimler, doğal oluşumların değil de, o döneme ilişkin verilerin eksikliğinin sonucuydu. Ne Lyell ne de Darwin, anlık kitlesel yok oluşlar üzerinde önemle durmuştur -bu, onlara katastrofizm gibi görünmüş olsa gerek. Sonuç olarak, kitlesel tükenişler ancak son birkaç on yıllık dönemde, Jeologlarca ciddi biçimde incelenir olmuştur.

Jeolojik dönemler boyunca, beş önemli tükeniş olayı gerçekleşmiş ve bu sırada, var olan türlerin yüzde 95'i yok olmuştur. 65 milyon yıl önce, Kretase ve Tersiyer dönemleri arasında, bir asteroitin ya da kuyrukluyıldızın yeryüzüne çarpması sonucu bu türden en az bir olay gerçekleşmiştir. Kimi araştırmacılara, özellikle Chicago Üniversitesi'nden David Raup'la Jack Sepkoski'ye göre, asteroit çarpmasına bağlı olarak, bu ve diğer dört olayın dışında, geçmişte her 30 milyon yılda bir, bunlara benzer ancak daha küçük boyutlarda olaylar olmuştur. Sonuçta Raup, türlerin yüzde 60'ının tükenişine asteroit çarpmalarının neden olduğunu ileri sürmektedir. Bu görüş doğruysa, modern jeolojide, katastrofik görüş bu kez dinsel bir temele dayanmaksızın bir ölçüde yeniden öne çıkabilir.

Ünlü bir Alman anatomicisi ve pataloğu olan Rudolf Virchow'un bu kemiklerin eski dönemlerden kalma değil de günümüzün hastalıklı bir insanına ait olduğunu 1870'lerde öne sürmesiyle bu tartışmalar tümüyle sona ermiştir. Anılan patalog evrim kuramına karşı olduğundan Feldhofer insanının raşitizmli olduğunu ileri süren görüşten yana tavır almıştır. Fakat Virchow'a göre, bu insanın öldüğünde yaşlı olması, ilkel bir beslenme biçiminin böyle hastalıklı bir kimseyi bu denli ileri yaşlara dek yaşatması mümkün olmadığından, onun durağan bir yaşam sürmüş, dolayısıyla da yakın geçmişteki bir toplumda yaşamış olması gerektiğini göstermektedir. Neandertal'in bacak kemiklerinin eğri oluşu gerçekten raşitizm olasılığını akla getiriyorsa da raşitik kemikler, kalsiyum yitimine bağlı olarak, ince ve gözenekli olduğu halde, Feldhofer Neandertali'ninkiler kalın ve iri yapılıdır. Virchow'un bunları yanlış yorumlaması, elbet, İngiltere'de Charles Darwin, Almanya'da da Ernst Haeckel'in (Virchow'un bir öğrencisi) etkisiyle Avrupa'da giderek yaygınlaşmaya başlayan evrim kuramına karşı olmasından kaynaklanmaktadır.

Harvard Üniversitesi'nde antropoloji profesörü, aynı zamanda da Neandertaller konusunda uzman William W. Howells görüşünü şöyle dile getiriyor: "Kuşkusuz, bu durum şimdi gülünç geliyor ama doğrusu, bu anatomicilerin kendi alanlarında dönemlerinin en yetkili bilim adamları oldukları unutulmamalıdır. İlk Neandertal'in iskeletini karşınıza koyar da kendinizi yüz yıl öncesine götürürseniz, görüş ayrılıklarını doğal karşılamanız kolaylaşır." Eldeki fosil örneğinin yüz kısmı olmadığı gibi hangi jeolojik çağa ait olduğu da belirsizdi. Kaldı ki onu değerlendirmeye yarayacak gelişmiş evrimsel ilkeler o zamanlar yoktu.

Hermann Schaaffhausen tarafından insanın evrimsel geçmişi bağlamında değerlendirilen Neandertal insanı daha sonra antropoloji bağlamında karanlığa itildi. Ne var ki, yüzyılın sonuna doğru aynı çarpık yapısal özellikleri taşıyan yeni yeni fosil bireylerin bulunmasıyla, Feldhofer Neandertali'nin görünümünü hastalığa bağlayan varsayım güncelliğini büyük ölçüde yitirdi. Yeni ortaya çıkarılan Neandertal kalıntıları bu tür yaratıkların yaklaşık 150 bin-34 bin yıl önce Avrupa'nın çoğu kesiminde ve Yakın Doğu'da yaşamış olduğunu gösteriyor. Bunlar tarihöncesi dönemde nasıl bir işlev üstlenmiş olurlarsa olsunlar, bunların sayıları önemsenmeyecek denli azdı. Bu arada, 1890'larda Hollandalı bilim adamı Eugene Dubois, Endonezya'nın Java adalarında *Pithecanthropus erectus* olarak anılan daha da ilkel görünümlü fosiller buldu. Beyni Neandertalinkinden daha küçük ama iskeleti onunki gibi kalın ve güçlü olan bu insansının kalıntılarına sonradan *Homo erectus* denildi.

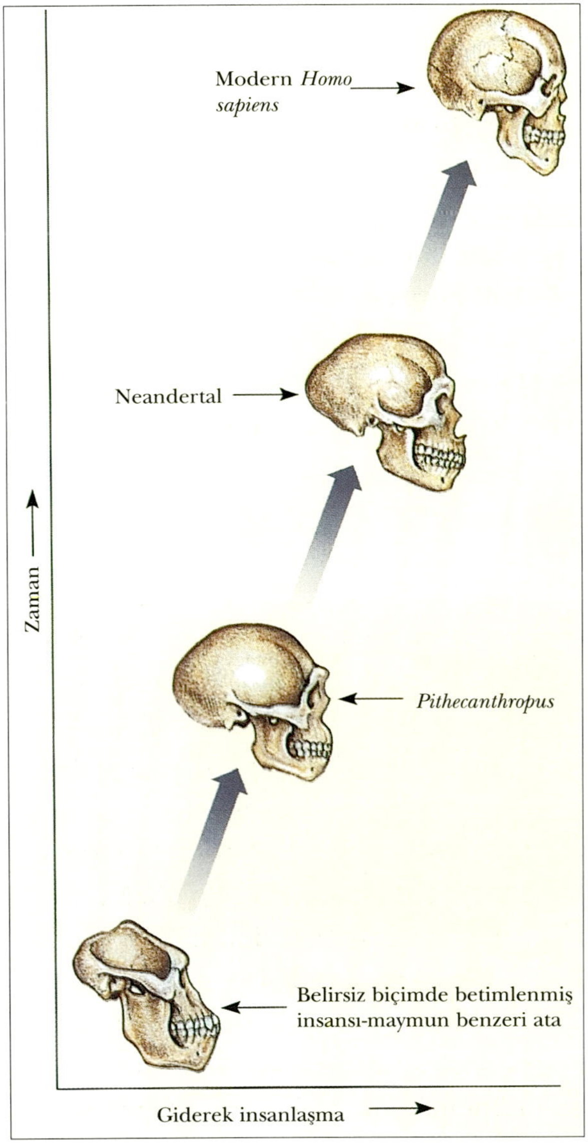

Yüzyılın sonunda, Gustav Schwalbe insansı maymuna benzeyen bir atadan, Pithecanthropus ve Neandertal çizgisini izleyerek modern insanın evrimleşmesini açıklayan doğrusal evrim kuramını geliştirmiştir. Bu kuramı Hrdlička da desteklemiştir.

Kısa Bir Yineleme

Neandertallere insanın evriminde doğrudan bir işlev yükleme çabasında olanlar, onun insansı maymuna özgü yapısal nitelikleri yeterince taşımamasına çoğu kez üzülüyorlardı. Pithecanthropus fosilleri bulunmuş olduğundan, Strazburg Üniversitesi profesörlerinden Gustav Schwalbe, yüzyılın sonunda, yeni bir çözüm önerdi. Darwin yanlısı olan Schwalbe, birkaç yıl süreyle Pithecanthropus ve Neandertal fosillerini olası bir evrimsel ilişki açısından incelemişti. Küçük beyni ve çıkık kaşlarıyla Pithecanthropus bugünkü insana göre, belirgin biçimde daha ilkel, yani insansı maymun kılıklı bir görünüm sergilerken, Neandertaller Pithecanthropus'a kıyasla daha gelişmiş, ama aynı zamanda bugünkü insandan ayrık bir kimlik taşıyordu. Huxley, Neandertallerle bugünkü insan arasındaki yapısal farklılığı biyolojik açıdan önemsemezken, Schwalbe bunun tersini savunuyordu. Bu nedenle o, gerek Pithecanthropus'u gerekse Neandertal'i bugünkü insan doğrultusunda ilerleyen sürekli, kararlı bir gelişim sürecinin bir parçası olarak değerlendirmiştir. Zaman içinde doğrusal bir değişim çizgisini, başka bir deyişle, doğrusal evrim diye bilinen bir olguyu öne çıkarmakla Schwalbe, Schaaffhausen'in Neandertal yorumuna katılmış oluyordu.

Schwalbe'in önerisi Avrupa anakarasında, özellikle İngiltere'deki antropoloji çevrelerinde coşkuyla benimsendi. Ancak, dallanmaksızın doğrusal evrim kuramı uzun ömürlü olmadı. Birinci Dünya Savaşı'ndan kısa bir süre önce, iki ayrı ama birbirleriyle ilintili olay Neandertal insanını bu kez yalnızca antropolojik anlamda değil, evrensel anlamda da boşlukta bırakarak, onun insanın atası olduğu varsayımını gündemden düşürmüştü. Bu iki olaydan ilki 1908'de La Chapelle-aux-Saints fosil alanında ünlü Neandertal iskeletinin bulunması (ve sonradan yanlış yorumlanması) ikincisi ise 1912'de daha sonra Piltdown insanı olarak adlandırılan kafatası fosilinin parçalarının bulunması (ve sonradan yanlış değerlendirilmesi) idi.

Güneydoğu Fransa'da Dordogne vadisi, Neandertallere, bugünkü insana ait birçok yaşam alanın yanısıra elbet birçok süslemeli mağarayı da barındırmaktadır. Bu yöre uzun süredir arkeolojik çalışmaların odağı durumundadır.

Fransa'da La Chapelle-aux-Saints'te bulunan Neandertal iskeleti, türlerin insanlaşmasına ilişkin görüşlerin geliştirilmesine önemli ölçüde katkıda bulunmuştur.

Entellektüel Bir Gündem

Fransa'nın Dordogne bölgesinde bir köyün yakınındaki bir mağarada ortaya çıkarılan La Chapelle -aux- Saints Neandertali'nin önemi, onun bütün olarak bulunmasından ileri gelmektedir. Antropologlar, Neandertal'in vücut yapısını bugünkü insanınkiyle ve bugünkü insanın atası olabileceği düşünülen diğer türlerle karşılaştırma olanağını ilk kez elde etmiş oluyorlardı.

Yüzyılımızın ilk yirmi yıllık döneminde, ünlü İngiliz antropologlarından Sir Arthur Keith (1866-1955) uzun zamandır bugünkü insanın atasının çok eski olduğu kanısındaydı. Keith'in kuramı, *Homo sapiens* gibi çok gelişmiş bir hayvanın böylesine büyük boyutlarda bir beyin geliştirebilmesi için uzun bir zaman gerektiği düşüncesine dayanıyordu. Ancak Keith, kimi diğer ünlü meslektaşlarıyla birlikte, Schwalbe'in doğrusal evrim kuramını kısa bir süre benimsemiştir. 1888'de bulunan ancak 1910'a dek gereği gibi incelenmemiş olan Galley Tepesi insanı ve İngiltere'nin doğusunda İpswich kasabası yakınlarında bulunan İpswich insanına ait iskeletlere ilişkin bulgular Keith'ın kuramının sarsılmasına yol açtı.

Her iki iskeletin de modern olduğu kesindi ama içinden çıkarıldıkları tortul katmanlarının yaşı göz önüne alındığında, bunlar Neandertaller kadar yaşlı görünüyordu (Fakat sonradan anlaşılmıştır ki, bu iki birey öldükten sonra gömülmüş oldukları için eski tortul katmanlarının derinliklerinde kalmışlardır (*İnstrusive* gömülme denilen bir olay). Keith ve arkadaşlarının yanılgısı, bu iskeletlerin, çıkarıldıkları tortul katmanları kadar eski bir dönemde yaşamış olduklarını sanmalarından kaynaklanmıştır). Başlangıçta, bu modern bireylerle, daha ilkel yapıdaki Neandertallerin birarada yaşamış oldukları sanılıyordu; bu durumda Keith, Neandertallerin bugünkü insanın atası olamayacağını, dolayısıyla da soyları tükenmiş bir yan tür olması gerektiği yargısına varmıştır. Ne var ki o zaman bilinen Neandertal fosillerinin parçalı oluşu, Neandertal vücut yapısının varsayımsal ilkelliğinin abartıldığı yolundaki karşı görüşün doğmasına yol açmıştır. Bu görüş, Neandertallerin, Ipswich insanını, Galley Tepesi insanını da kapsayan bugünkü insana yönelik evrimsel sürecin bir parçası olma olasılığını gündeme getirdi. Başka bir deyişle Schwalbe'in doğrusal evrim kuramı doğru, Keith'in ona karşı çıkması ise yanlış olabilirdi. Sorun ancak tüm bir Neandertal iskeletinin bulunmasıyla çözülebilecekti.

Toronto Üniversitesi'nde bilim tarihçisi Michael Hammond, La Chapelle-aux-Saints fosil buluntularına gönderme yaparak, bir incelemesinde, "Ağustos 1908'de Rahip J. ve F. Bouyssonie ve L. Bardon adlarında üç tarihçi tarafından ortaya çıkarılan kalıntı tam tamına böyle bir iskeletti" diye yazmıştır. Ünlü Paleontolog Marcellin Boule'un bu olağandışı iskelet üzerinde yaptığı incelemeler antropoloji üstüne tartışmaları daha sonraki yarım yüzyıla yakın bir süre derinden etkilemiştir.

Mağara İnsanı Karikatürü

La Chapelle-aux-Saints iskeleti 1908'de Kasım ayı başlarında Boule'un yönetimindeki Paris Doğa Tarihi Müzesi yerine, École d'Anthrpologie'ye (Antropoloji Okulu) gönderilmiş olsaydı daha yerinde olurdu, ama Rahip Bouyssonie ve Rahip Bardon bu okulun dini yadsıyan geleneksel tutumuna doğal olarak karşı olduklarından, diğer bir ünlü Fransız doğa tarihçisi Rahip Henry Breuil'e başvurmuşlardı. Bu tarihçinin söz konusu iskeletin, arkadaşı Boule'un elinde güvencede olacağı konusunda mekletaşlarını ikna etmesiyle, belki de antropoloji tarihinin gidişini değiştirebilecek bir süreç başlamış oluyordu.

Boule, iskeleti teslim alışından bir ay sonra, gözlemlerinin sonuçlarını Bilim Akademisi'ndeki bir toplantıda kamuoyuna açıklamıştır. Boule'un tahminine göre bu birey öl-

Yüzyılımızın ilk onlu yıllarında hayli etkili olan Fransız paleontoloğu Marcelin Boule, Neandertallerin modern insanın atası olmadığı görüşünün öncüsüydü.

düğünde 50-55 yaşlarında idi. Böylece çok geçmeden bu iskelet La Chapelle-aux Saints-li İhtiyar olarak anılmaya başlandı. Sahibinin bodur yapısına göre kafatası (cranium), ilkin, oldukça büyük boyutlarıyla daha sonra da hayvansı görünümüyle, ya da daha yerinde bir deyişle, simian ya da pithecoid (maymunumsu ya da insansı-maymunumsu) özellikleriyle gözümüze çarpar". Yunanca "insansı maymun" sözcüğünden türetilmiş "pithecoid" terimi, insansı maymun benzeri özellikleri kesin olarak içermese bile, çoğu kez "ilkel" anlamına kullanılmıştır. Bu durumda, insansı maymununkilere gerçekten benzediği söylenebilecek birkaç yapısal özellik şöyle sıralanabilir: Belirgin kaş kemerleri, öne çıkık bir yüz, geriye çekik bir alın, uzun ve basık bir kafatası. Boule, anatomik değerlendirmesini şöyle açıklıyor: "Bana öyle geliyor ki, Neandertal-Spy-La Chapelle-aux-Saints üçlüsü herhangi bir insan grubundan çok, insansı maymuna benzeyen daha aşağıdaki bir türün temsilcisidir. Vücut yapısı açısından bu tür, Java *Pithecanthropus*'u ile günümüzde yaşayan görece ilkel ırkların -hemen belirteyim ki, bu ırklar bana göre doğrudan genetik evrimsel ilişkinin varlığını göstermez- tam arasına yerleştirilmelidir".

Boule, daha sonraki dört yıl süresince yaptığı daha da kapsamlı incelmelerine dayalı oldukça ayrıntılı tanımlamalarını, değerlendirmelerini zaman zaman bilimsel toplantılara

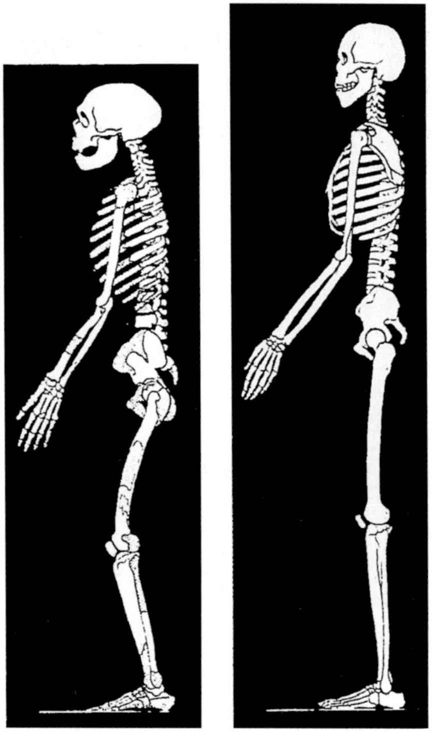

Marcellin Boule, La Chapelle-aux-Saints iskeletini inceledikten sonra onu kamburlaşarak yürüyen ve bükük dizli bir mağara adamı olarak tanımlamıştır. Boule bu görüşünü 1925 tarihli Fosil İnsanlar adlı kitabında bir çizimle yansıtmıştır.

bir dizi bildiri biçiminde sunmuştur. Boule'un La Chapelleli İhtiyar'a ve düşgücünü kullanarak yaptığı Neandertallere ilişkin betimlemeleri, yalpalayarak yürüyen, bükük dizli, eğri kalçalı, geri zekâlı bir bireyi yansıtıyordu. Onun bu tiplemesini Arthur Keith ve Sir Grafton Elliot Smith (1871-1937) gibi ünlü İngiliz antropologlarından birçoğu da hemen benimsemişlerdi.

Sir Grafton Elliot Smith, büyük ölçüde Boule'un yayımlanmış yapıtlarına dayanan *Essays on the Evolution of Man* (1924) (İnsanın Evrimi Üstüne Denemeler) adlı yapıtında, "Onun kısa, hantal gövdesini oldukça kaba görünüşlü kısa, güçlü, yarı-kavisli bacakları taşıyordu. Kalın boynu, gerçek anlamda dik yürüyebilen *Homo sapiens*'lerin vücut inceliklerinden birini oluşturan boyundaki kavislenmenin yerine, sırtta kesintisiz süren bir kavislenme yaparak, öne çıkık, iri, yassılaşmış başını destekleyecek biçimde öne sarkıyordu. Kalın, çıkık kaşları ve geriye çekik alnı, iri göz çukurları, geniş burnu ve geriye çekik çenesiyle ablak yüzü, büyük bir olasılıkla vücudunun çoğunu örten uzun kıllarının daha da çirkinleştirdiği tabloyu tamamlıyordu". Neandertallerin ne derece akıllı yaratıklar olduğuna ilişkin elimizde hiçbir kanıt yoktur elbet. Elliot Smith, "*Homo sapiens*'ten çok kimi başka türlere ait "hantal bir yaratığı yansıtan düşsel tablosunu tamamlamaya çalışıyordu yalnızca (1864 yılında İrlanda'da Queens College Jeoloji Profesörü William King, apayrı bir tür adı yakıştırmıştı: *Homo neanderthalensis.)*

Michigan Üniversitesi antropologlarından Loring Brace'in 1964'te yayımlanan bir raporunda belirttiği gibi, "Boule... Neandertalleri, sonradan basın ve bilim çevrelerinin mağara insanını karikatürize etmekte örnek aldıkları bir tip biçiminde betimlemiştir". Boule, Neandertal insanının resimlerini çizmiş ve bunları bugünkü insanla karşılaştırmıştır. Bu çizimler komik öykü dizilerindeki portreler için birer örnek olarak algılanabilir. Brace'e göre, Boule böyle bir yaratığı insan ailesinin bir üyesi olarak benimsemeyi içine sindiremediği için Neandertal soyunun geriye döl bırakmaksızın tükenmiş olduğunu söyleyerek soruna, herkesi memnun edecek bir çözüm getirmiştir. Boule'un araştırmaları, insan evriminin doğrusal bir gelişim süreci izlemediği, Neandertallerinse soyu tükenmiş bir yan tür olduğu sonucunu doğurmuştur.

Görüş Birliği Sağlanıyor

"Yabanıl", "kaba saba", "çirkin" gibi sözcüklerin günümüzde bilimsellikten uzak olmalarına karşın, Boule ve arkadaşlarının Neandertal'in kimliğine ilişkin görüşleri açıktı. 1923'te yayımlanan *Fossil Men* (Fosil İnsanlar) adlı yapıtında Boule, "La Chapelle İnsanı'nın bugünkü en uygar insanınki büyüklüğünde bir beyni olduğunu" kabul etmiştir. Fakat Neandertal kafatasının genel biçimini bir şempanzeninkiyle ve günümüzdeki bir Fransızınkiyle karşılaştırdığında, önemli farklılıklar saptamıştı. Sözgelişi şempanzelerde yüz bölgesinin, yandan bakıldığında, neredeyse serebral bölge (beyin bölgesi) büyüklüğünde olmasına karşın, Fransızın yüz bölgesi daha küçüktür. Boule, Neandertallerin bu ikisi arasında bir konuma sahip olduğunu ve Neandertal kafatasının, şempanzelerinkiler örneği, uzun ve basık olduğunu belirtmiştir. Boule, şampanzelerle Neandertallerin kafatasları arasındaki genel yapısal benzerliklere dayanarak, bunların zihinsel yetilerinin de benzeştiği ya da en azından Neandertallerin bu bağlamda modern Fransızla boy ölçüşemeyeceği yargısına varmıştır: "Böylece yapısal açıdan küçük oluşuna ilişkin çok sayıda belirti göz önüne alındığında, La Chapelle kafatasının mutlak sığasına bağlı görünen paradoks ortadan kalkmakta ya da büyük ölçüde önemsizleşmektedir". Sonuç olarak Boule, "diğer unsurların eşit olması durumunda, Neandertal beyninin, iri başlı bugünkü insanınkine göre az gelişmiş" olduğuna inanmıştı.

Boule'un görüşünü paylaşan belki de zamanın en ünlü nöroloğu Elliot Smith, *On the Evolution of Man* (İnsanın Evrimi Üstüne) adlı yapıtında şunları yazmış: "Çoğu bilim adamları, Neandertal kafatasının ortalama sığasının modern Avrupalılarınkinden büyük oluşuna bakarak, Neandertal beyninin büyüklüğünü açıklamaya çalışırken şaşırmışlardır. Neandertal insanının beyninin gelişimi tam ve eşit değildi. Beyinde zihinsel etkinlikleri yönlendirip denetleyen o olağanüstü ön (frontal) lop Neandertallerde *Homo sapiens*'lerinkinden hem görece, hem de gerçekten daha küçüktür. Başka bir deyişle, Elliot Smith'e göre, beynin ön bölümü bugünkü insanınkinden daha küçüktü (Daha sonraki çalışmalar bu görüşü doğrulamamıştır).

Elliot Smith, Neandertal beyninin büyük oluşu "belki de ellerini kullanma ve el becerisiyle edinilen türden bilgileri kaydetme yetisinin kazanılmasından çok, yalnızca deneyimlerin sonuçlarını kaydetmekten sorumlu bölümün fazla gelişmesinden ileri geliyordu" düşüncesindeydi. Elliot'a göre Neandertaller bugünkü insandan "belirgin biçimde daha aşağı bir konumda" yer alıyordu; bu durum onların "diğer insanlarla yarışamamasının nedenini" açıklıyordu. Antropoloji çevreleri, Boule'un Neandertallere ilişkin bu değerlendirmesini hemencecik heyecanla benimseyerek, onun hiçbir yere varmayan özel bir tür olduğunu belirtmişlerdir.

Piltdown İnsanının Sahneye Çıkışı

Boule'un Neandertal yorumu bugünkü insanı atasız bırakmıştı. 1912'de, tüm zamanların en ünlü "fosilleri"nden birinin -Piltdown insanının- sahneye çıkmasıyla, evrimsel geçmişimizdeki boşluk doldurulmuş oluyordu.

Amatör bir arkeolog olan Charles Dawson (1864-1916), İngiltere'nin güneyinde, Piltdown Common yakınlarındaki bir kum ocağından 1908-1911 arasında birkaç tane insan kafatası parçası çıkardı ve bunları inceletmek üzere Londra'da British Museum'da görevli Sir Arthur Smith Woodward'a (1864-1944) götürdü. Woodward, bu parçaların gerçekten önemli olabileceğini düşünerek, kazı çalışmalarını daha da yoğunlaştırmak amacıyla Dawson ekibine katıldı. Daha sonra bunlara Fransız papaz ve antropolog Pierre Teilhard de Chardin (1881-1955) de katıldı. Kazılar sırasında başka kafatası parçalarının yanı sıra bir de çene parçası bulundu. Smith Woodward bu parçalara ilişkin incelemelerinin sonuçlarını 12 Aralık 1912'de Londra Jeoloji Derneği'nce düzenlenen bir toplantıda açıkladı. Buna göre, söz konusu kafatası parçaları iri beyinli, kimi ilkel özellikleri dışında, modern görünümlü bir bireye aitti. Örneğin, çene yapısı insansı maymunlarınkine benziyordu -gerçi şempanzelerinki, gorillerinki gibi öne doğru çıkık da olabilirdi- ama kimi gelişmiş özelliklere de sahipti. Bu fosillerin hepsi bugünkü insanı önceleyen evrimsel süreçte bir aşamanın varlığını gösteriyordu.

İngiltere, Sussex, Piltdown fosil alanında çalışan kazı ekibi (1912-15 dolayları). Soldan sağa: Robert Kenward (ayakta duran), Charles Dawson (oturan), "Venüs" Hargreaves (ortadaki), Arthur Smith Woodward ve "Chipper" adlı kaz.

Eski tortul katmanlarından çıkarılan beyinle insansı maymunlarınkini ansıtan bir çenenin birarada oluşu güncel kurama uyan bir atalık olgusunu ortaya koyuyordu. Smith Woodward, bu buluntular "[Neandertal insanının] yozlaşmış ve belki de soyu tükenmiş bir yan tür, günümüz insanınınsa, Piltdown kafatasıyla kanıtlandığı gibi, ilkel kökenlerden gelmiş olduğu yolundaki kuramı destekler görünmektedir" dediğinde, İngiliz antropoloji topluluğunun çoğu adına da konuşmuş oluyordu.

Güncel kuram birkaç değişik tartışmadan derlenmişti. İlki Boule'un, tarihöncesi insana ilişkin doğrusal evrim varsayımına karşı çıkması ve Neandertal insanının, tarihöncesi insanın bir yan ürünü olduğunu ileri sürmesiydi. Bu görüş, özellikle insansı maymunlarınkine benzer bir dizi ilkel özelliğe sahip erken bir insan türüne gereksinimi açık tutuyordu. İkincisi, bugünkü insanın ta insansı maymun benzeri bir ataya dek giden son derece eski bir geçmişi olduğunu savunan Keith'in yargısıydı. Üçüncüsü Elliot Smith'in, insanın evriminde, beynin gelişmesinin ana etken olduğunu ortaya atmasıydı. Söz gelimi, Smith 1924'te şunları yazmış: "Beyin, insansal boyut olarak nitelendirilebilecek düzeye; çenenin, yüzün yanı sıra gövdenin de, insanın maymunsu atalarına özgü hantallıktan henüz sıyrılmadığı dönemlerde erişmiştir." Sonuncusu ise, Oxford Üniversitesi Jeoloji profesörü William Sollas'ın, vücudun farklı parçalarının farklı sürelerde gelişebileceği görüşüne dayalı mozaik evrim kuramıydı.

Keith, Elliot Smith, Smith Woodward başta olmak üzere, İngiliz antropologları, Piltdown bulgularını kendi kuramlarını doğrulayan somut kanıtlar olarak sevinçle benimserlerken, ABD ve Avrupa anakarasındaki bilim adamları bu buluntular konusunda kuşkuluydular; dolayısıyla söz konusu fosillerin, insan ve insansı maymun gibi, iki ayrı yaratığa ait olup olmadığını sorguluyorlardı. Keith'in geliştirdiği genel evrimsel gelişim kuramını destekleyen Boule, bu tür soruları yöneltenlerden biriydi. Alman arkeologlar da hep birlikte konuya kuşkuyla yaklaşırlarken, ABD'de Smithsonian İnstitution'a bağlı Ulusal Doğa Tarihi Müzesi Fiziksel Antropoloji Bölümü'nün başkanı ve Amerika Fiziksel Antropologlar Derneği'nin kurucusu Aleš Hrdlička ile Amerikan Doğa Tarihi Müzesi'nin başkanı Henry Fairfield Osborn, buluntularla ilgili görüşü destekliyorlardı. Eleştirenler arasında yer alan, Washington D.C. de Smithsonian Institution'dan Gerrit Miller 1915'te haklı olarak şu yorumda bulunmuştur: "Kasıtlı örselemeler bile fosilleri kişisel değerlendirmelere olanak verecek biçimde birbirine uydurmaya çalışmak kadar zararlı olamazdı". Eldeki çene kemiğinin kafatasıyla bağlantısını sağlayan kesimi kayıp olduğundan ikisi arasındaki uyumun derecesini saptamak olanaklı değildi.

İkinci Girişim Tamamlanıyor

Eldeki fosiller üzerine görüş ayrılıklarının sürmesine karşın, insanın tarihöncesi evrimine ilişkin yeni görüş Piltdown insanınca üstelercesine destekleniyordu. Boule'un, La chapelle-aux-Saints iskeletine ilişkin değerlendirmesi, 'sapiens-öncesi kuramı' diye bilinen bu yeni görüşü destekleyen ikinci önemli belge idi. Bu kurama göre, bilim tarihçisi Frank Spencer'in deyişiyle, "insanın soyunda, daha eski dönemlerde yaşamış bir insansının yanı sıra, Fosil kayıtta Neandertallerce temsil edilen görece yeni bir iskeletsel oluşumun ilk kez ortaya çıkmasına yol açan eski bir bölünme olmuştur." Özünde, dallanma ya da bölünme olgusuna dayalı evrimsel bir geçmişi öngören bu kuramın ortaya atılmasıyla ikinci değerlendirme girişimi ya da dönemi tamamlanmış oluyordu.

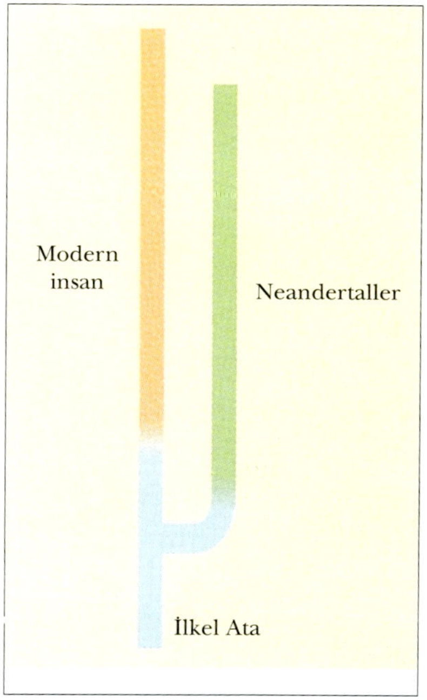

20. yüzyıl başlarında, İngiliz antropolog Arthur Keith ile Fransız antropolog Marcellin Boule tarafından desteklenen sapiens-öncesi kuramı güncelleşti. Buna göre, insanın evriminde biri Neandertallere diğeri ise, bugünkü insana yönelik bir erken dallanma olmuştur.

Derin Genetik Kökler

20. yüzyılın ikinci on yıllık döneminde ortaya atılmasından sonra bu kuram, onu çürütmeye yönelik çeşitli girişimlere karşın, antropoloji dünyasında neredeyse 50 yıl süreyle gündemde kaldı. 1920'lerde Aleš Hrdlička, 1890'ların sonlarında, Paris, École d' Anthropologie'den (Antropoloji Okulu) Léonce Manouvrier (1850-1927) ile yürüttüğü çalışmaların sonucunda desteklemeye başladığı doğrusal evrim modelini yeniden gündeme getirme girişiminde bulundu. Bu bilim adamı varsayımını iki yönden, "İnsanın Neandertal aşaması" olarak adlandırdığı olguya dayandırıyordu: Birincisi, güncel bilimsel görüşün tersine, evrimsel gelişme olarak yorumlanabileceğini düşündüğü eldeki Neandertal örnekleri arasında büyük ölçüde anatomik ayrımlar vardı. İkincisi, arkeolojik kayıtlar üzerinde yaptığı incelemeler sonunda, Musteriyen (Mousterian), yani Neandertal kültürünün yerini sonradan gelen Orinyasiyenler (Aurignacians) diye bilinen modern toplumların kültürünün aldığını gösteren herhangi bir bulguya rastlanmamıştı. Hrdlička'ya göre, daha ileri düzeye erişmiş kültür *in situ* (kendi yerinde doğal) olarak gelişmiştir.

Güçlü ama biraz da kırıcı bir kişiliği olan Hrdlička "İnsan'ın Neandertal Aşaması" adını verdiği kuramını meslektaşlarına kabul ettirememişti. Hrdlička'nın, 1927'de Huxley Memorial Konferansı'nda sunduğu doğrusal evrim kuramıyla ilgili olarak Grafton Elliot Smith, "Neandertal insanının statüsüyle ilgili sorunun yeniden gündeme gelmesini haklı gösterebilecek tek gerekçe, ister yapıcı, ister yıkıcı nitelikte olsun, yeni kanıtların ya da yeni görüşlerin sunulması olurdu" demiştir. Fosillerin değerlendirilmesi konusunda kendisinin ve Keith'in görüşüne bağlı kalan Elliot Smith şu kanıya varmıştır: "*Homo Neanderthalensis*'in *Homo sapiens*'lerden apayrı bir tür olduğu görüşünü reddederken, Hrdlička'nın herhangi bir geçerli neden göstermiş olduğunu sanmıyorum".

Spencer, 1920'lerle 1930'larda Avrupa ve Asya'da ortaya çıkarılan yeni fosiller "Neandertalleri neredeyse istinasız biçimde, arkaik ve tükenmiş bir tür olarak gösteren soyağaçlarının kapsamına alıyordu" demektedir. Spencere göre, Alman anatomicisi Franz Weidenreich bunların yanısıra diğer buluntuları, "ayrı ayrı *Neanderthaloid* aşamalarından *Homo sapiens*'lerin bugünkü coğrafi çeşitliliğine dek uzanan, Eskidünya'nın değişik bölgelerinde birbirlerine koşut olarak evrimleşmiş soyları kapsayan Hrdlička'nın Neandertal kuramını daha da geliştirmek" için kullanmıştır. Weidenreich, kendisini belki de doğrusal evrim kuramına yaklaştırmış olan bilimsel kariyerine 1899'da Strazburg Üniversitesi'nde Schwalb'in öğrencisi olarak başladı. Daha sonra, Zhoukoudian Pekin

1899'da Strazburg Üniversitesi'nde Gustav Schwalbe'in yönetiminde bilimsel çalışmalarına başlayan Alman anatomicisi Franz Weidenreich, Pithecanthropus'a daha sonra da Çin'de Pekin (Beijing) insanı fosil alanından çıkarılan Sinanthropus'a (aynı zamanda Homo erectus) ilişkin araştırmalarıyla ünlüdür.

insanı mağarasında sürmekte olan kazıları yönetmek üzere Pekin Union Tıp Fakültesi'nde görevliyken, o zamanlar *Sinanthropus* (*Pithecanthropus*'a eşit olup günümüzde *Homo erectus* olarak adlandırılmaktadır) diye bilinen Pekin insanı kalıntılarını inceleme ayrıcalığını elde etmiştir.

Neandertal vücut yapısının yanlış kurgulandığını ileri süren Weidenreich, "Evrimleşme sırasında Neandertal'in apayrı bir yol izlediğini kanıtlamak amacıyla, onun iskelet parçalarında 'özelleşme' olarak ilan edebilecekleri nitelikler aramak, önceki yıllarda bir araştırma grubu için adeta bir eğlence olmuştu" diye yakınıyordu. Weidenreich'e göre, vücut yapısının önyargısız olarak incelenmesi *Pithecanthropus*'ların, bugünkü insanın doğrudan atası olan Neandertallerin ortaya çıkmasına neden olduğunu göstermiştir. Bu genel çizgileriyle Gustav Schwalb'in 40 yıl önceki tezini ansıtan bir modeldir. Weidenreich'in önerisi bugünkü insanın kökenlerini simgeleyen bir şamdan örneği biçiminde algılanmaya başlandı; çizgisel olarak belirtmek gerekirse, bölgesel atalıkları temsil eden şamdanın uzun kolları bir dizi muma benzemektedir. 1940'larda geliştirilen Weidenreich'in kuramı güncel tartışmalardaki önemli görüşlerden birinin yönlendiricisi konumundadır.

Weidenreich biliyordu ki, bugünkü her bir coğrafi toplumun, kendi kökenine Neandertaller ve *Pithecanthropus*'lar yoluyla ulaşabileceğine ilişkin varsayımın sonucu olarak, bugünkü ırklar farklı türler biçiminde, ayrı ayrı kökenlerden gelmiş olarak nitelendirilebilirler. Weidenrich bu konuyla ilgili olarak, 1949'da şunları yazmış: "Düşündüğüm şey bu değildir. Şimdiye dek edinilebilen tüm belgeler gösteriyor ki, insan zaten sınırlı olanakları çerçevesinde sonradan değişik yönlere dallanan bir tek birime ayrılmıştır... Günümüz insanını da kapsamak üzere, tüm insansıların tek bir türün üyeleri olduğuna inanıyorum."

Ne var ki, 1962'de, Pensilvanya Üniversitesi antropoloğu Carleton Coon, Weidenreich'in ileri sürdüğü görüşün neredeyse tersini savunmaya başlamıştır. Coon, ırksal farklılıkların çok eskilere dek gitmesinden başka, kimi ırkların diğerlerinden daha kısa sürede *sapiens*'leştiğini düşünüyordu. Coon şöyle yazmış: "*Homo erectus*'tan *Homo sapiens*' e beş kez evrimleşme olmuştur, kendi toprağında yaşayan her bir alttür ya da ırk daha ilkel bir konumdan daha *sapiens*'imsi bir konuma doğru kritik bir eşikten geçmiştir". Yaşayan ırksal grupların en az bir milyon yıldır genetik açıdan farklı olduğu, kimilerinin de çok yakın geçmişte evrimleşiği varsayımı, ırklar arasında derin biyolojik farklılıklar olduğu sonucunun çıkarılmasına çok elverişlidir.

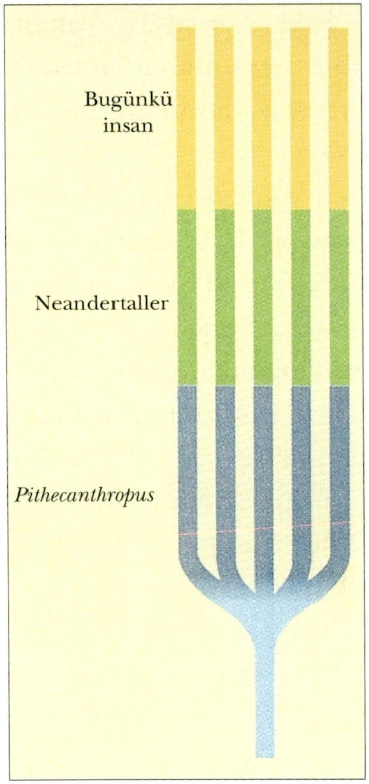

1940'larda, Franz Weidenreich bugünkü insanın kökenleriyle ilgili olarak "şamdan" modelini geliştirdi. Buna göre, Pithecanthropus*'ta* (Homo erectus) *karar kılan coğrafi toplumların her biri, bugünkü* Homo sapiens*'lere, Neandertal aşamasından geçerek gelmiştir.*

Yeni Sentezin Etkisi

Weidenreich'in çabalarına karşın, doğrusal evrimi savunan görüşün yeniden gündeme gelişi çok yavaştı. Ancak sonuçta, yeni birtakım olaylar, hep birlikte, *sapiens* - öncesi kuramın egemenliğine son verdi; onun yerini biri doğrusal evrim modeli olmak üzere birkaç rakip kuram aldı. Bu olaylardan ilki sentetik evrim kuramının gelişmesi; ikincisi, Piltdown "fosilleri"nin yanıltıcı biçimde ortaya çıkması; üçüncüsü, La Chapelle-aux-Saints iskeletinin yeniden değerlendirilmesiydi.

1930'ların sonlarıyla 1940'ların başlarında, evrim konusundaki çalışmalar, genetik, toplum biyolojisi ve geleneksel morfoloji gibi ayrı bilim dallarını kimi zaman yeni Darwincilik (neo-Darwinism) ya da sentetik kuram olarak nitelendirilen evrimsel bir yaklaşımda birleştiren devrimsel bir değişikliğe uğruyordu. Thomas Henry Huxley'in torunu Julian Huxley, 1942'de çok önemli yapıtı *Evolution: The Modern Synthesis*'i (Evrim: Modern Sentez) yayımladı. Devrimi kotaranlar arasında Theodosius Dobzhansky, Ernst Mayr ve George Gaylord Simpson da vardı. Paleoantropoloji, geleneksel olarak betimleyici, tiplemeci (tipolojik) bir etkinliği yeğlerken, sentetik kuram daha evrimsel, topluma dönük bir yaklaşımı benimsiyordu. Bu yaklaşım herhangi bir bireyin sergileyebileceği anatomik özelliklerden çok, toplumların bünyesindeki anatomik farklılıkları öne çıkarır. 1950'de New York, Cold Spring Harbor'da "Origin and Evolution of Man" (İnsanın Kökeni ve Evrimi) adlı toplantıda sentetik kuramla paleoantropoloji birlikteliği sağlanmış oldu.

Bu yeni görüşün sonuçlarından biri, ilkin 1920'lerde ortaya atılmış olmasına karşın ancak 1950'lerde tam olarak geliştirilebilen, Neandertal-öncesi kuramıydı. İtalyan antropolog Sergio Sergi (Giuseppe Sergi'nin oğlu)ile Amerikalı antropolog Clark Howell evrimsel bir çerçevede tüm Neandertalleri bir kümede toplamanın doğru olmadığını ayrı ayrı belirtmişlerdir. Buluntuların giderek çoğalmasıyla Batı Avrupa'daki Neandertal toplumlarının anatomisinin Doğulularınkine göre daha çok abartılmış olduğu anlaşılmışsa da, birinci gruptakilere genellikle "klasik" Neandertaller denilmektedir. Sergi ve Howell'in varsayımına göre, çok aşırı uçta yer almayan kimi Avrupalı ve Yakın Doğulu örnekler belki de hem "klasik" Neandertallerin hem de bugünkü insanın ataları olan toplumları temsil ediyorlardı. Bu varsayımsal Neandertal-öncesi döneme ait buluntular Swanscombe, Steinheim, Fontechevade, kaprina, Deşik Taş, Tabun ve Skhul gibi ünlü fosil alanlarından çıkarılmıştır. Sonuç olarak, Neandertal-öncesi kuramı, kimi Neandertal-benzeri toplumları karanlıktan gün ışığına çıkarırken, Klasik Neandertalleri karanlıkta bırakmıştır.

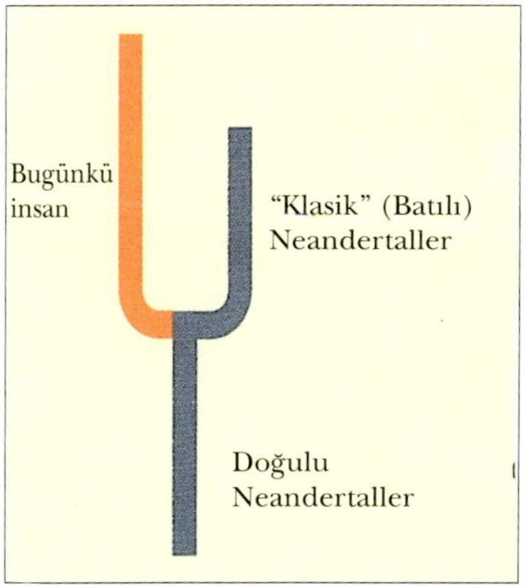

1950'lerde İtalyan antropolog Sergio Sergi (Giuseppe Sergi'nin oğlu) ile Amerikalı antropolog Clark Howell tarafından birbirlerinden bağımsız olarak geliştirilen Neandertal-öncesi kuramı, tüm Neandertallerin bir küme biçiminde ele alınmaması gerektiğini savunuyordu. Bu kurama göre, Neandertal-benzeri bir yaratık hem bugünkü insanın, hem de klasik Batı Avrupa Neandertali'nin atası olabilirdi.

Düzmecilik Ortada, Düzmeci Belli Değil

Piltdown fosilleri 1912'de antropologlarca ilk kez incelediğinde, bunlar erken tarihöncesi dönemde yaşamış modern bir bireye ilişkin kimi ipuçları taşıyor, dolayısıyla da yüzyılın başlarındaki güncel kuramı doğruluyor görünüyordu. Bu fosillerin incelenmesiyle geliştirilen *sapiens*-öncesi kuramı varlığını korumuşsa da, somut bir dayanaktan yoksundu. 1915'te bulunan ikinci bir Piltdown fosili, ilk fosilin kimliği konusundaki kuşkuları bir ölçüde de olsa giderebilmişti ama tarihöncesi insana ilişkin başka fosiller bulunamamıştı.

Zamanla, Piltdown fosilleri, soyutlanmış, diğer verilerle tutarlı olmayan bir bilmece gibi görülmeye başlandı. 1950'lerde, birçok *Pithecanthropus* (*Homo erectus*) fosili bulundu; bunlar Piltdown insanından daha ilkel ama daha gençti. Ayrıca Güney Afrika'da *Australopit-*

hecus fosilleri bulunmuştu. İnsan ailesinin ilk üyeleri olarak kabul edilen *Australopithecus*'ların birçok bakımdan insansı mayunmalara benzemesine karşın, Piltdown insanından azıcık daha yaşlı olduğu düşünülüyordu; bu oldukça modern bir türdü. 1953'te, Oxford Üniversitesi'nde anatomici Joseph Weiner'in, Piltdown fosillerinin düzmece olduğunu kanıtlamasıyla, bilmece çözüldü. Sonradan görüldüğü gibi, kafatası parçalarının görece modern olmasına karşın, çene fosili bir orangutana aitti.

Boule'un Gerekçelerine Bir Bakış

1950'lerin başında Piltdown insanının, *sapiens* - öncesi kurama dayanak olmaktan çıkmasına karşın, bu kuramın ikinci temel direğini oluşturan çarpık Neandertal vücut yapısı yine de ayaktaydı. Frank Spencer'in belirttiği gibi, antropologlar, "Avrupa Neandertallerinin insan soyağacının özelleşmiş ama tükenmiş bir dalı olduğu" görüşünü desteklemeyi sürdürdüler. "1950'lerde, *sapiens* - öncesi kuramı büyük ölçüde Henri Vallois'nın (Paris'te İnsan Tarihi Müzesi ve İnsan Paleontolojisi Enstitüsü'nde Boule'un ardılı) çabalarıyla gelişmişti. Louis Leakey (Arthur Keith'in öğrencisi) de o zaman bu kuramı desteklemiş ve 1972'de ölünceye kadar da desteklemeyi sürdürmüştü. Ancak 1950'lerden başlayarak, *sapiens* - öncesi kuramın bu ikinci direği de bel vermeye başladı.

Boule'un Neandertalleri bükük dizli, eğri kalçalı, kamburlaşarak yürüyen mağara adamları olarak tanımlamasının güncelliğini yine de koruduğu 1950'lerde, Johns Hopkins Üniversitesi anatomicilerinden William Straus ile Londra'da St. Bartholomew Tıp Fakültesi Hastanesi anatomicilerinden A.J.E. Cave, La Chapelle-aux-Saints iskeletini yeniden incelediler ve bu Neandertal'in olasılıkla kamburlaşarak yürüdüğünü, bunun da omurgadaki şiddetli iltihaplanmadan (arteritten) kaynaklandığını gördüler. İskeletin boyun omurgaları ve leğen kuşağı (pelvis), Boule'un savının tersine, şempanzeninkine benzemediği gibi, ayaklarda da nesneleri tutup kavramaya yönelik kıvrılabilme özelliğine ilişkin hiçbir iz yoktu.

Cave ve Straus iskeletin bugünkü insana benzemesinden o denli etkilenmişlerdi ki, onu yeniden incelemelerine ilişkin 1957 tarihli bildirilerinde "Canlandırılıp da (aynı zamanda traş edilip giydirilerek) New York metrosuna bindirilse diğer yurttaşlardan daha çok ilgi çekeceği kuşkuludur" demişlerdir. Burada her iki bilim adamı da biraz abartılı konuşuyorlar; çünkü Neandertaller birçok yönden bugünkü insana benzeyebilirler ama olağandışı güçlü kuvvetli vücut yapıları ve çarpıcı biçimde çıkıntılı orta yüz çizgileriyle elbet ilgi çekerlerdi.

Neandertal'i yeniden yaşama döndüren Loring Brace olmuştur. Bu bilim adamı 1964 tarihli "Klasik Neandertallerin Yazgısı" adlı geniş ölçüde etkili olmuş incelemesinde, "bu insansıya ilişkin fosil kaydın yorumu, başlıca kanıtların ortaya çıkarılışı sırasındaki güncel görüşle ister istemez gölgelenmiştir" demiştir; bu gözlemin doğruluğu bu kitapta birçok kez vurgulanmıştır. La Chapelle-aux- Saints iskeletini yeniden inceleyen Brace, Boule'un betimlemiş olduğu yapısal özelliklerin hiç de bulunmadığı sonucuna varmıştır: "Naendartallerin olağanüstü farklı büyük ayak parmakları olduğu ya da onların orangutanlar gibi ayaklarının dış kenarına basarak yürümek zorunda kaldıklarına, dizlerini tam olarak açamadıklarına, omurgalarının tam olarak dik duruşa elverişli dışbükeylilikten yoksun olduğuna, kendine özgü biçimde kısa ve kalın bir boyun üzerindeki başının öne doğru uzanmış olduğuna ve beyninin bugünkü insanınkine oranla nitelik açısından yetersiz olduğuna ilişkin hiçbir kanıt yoktu (Bu son gözlem, modern ve insansı fosil beyinleri üstüne dünyanın önde gelen uzmanlarından Kolombiya Üniversitesi'nden antropolog Ralph Holloway tarafından da büyük ölçüde doğrulanmıştır). 1984'te New York'ta yapılan bir antropoloji toplantısında Holloway, Neandertal beyninin varsayımsal ilkel özelliklerine ilişkin çalışmasının bu özelliklerin "hiçbirinin bulunmadığını" ortaya koyduğunu belirtmiştir.

Cave ile Straus'un önceki çalışmalarını destekleyip sürdüren Brace, ünlü anatomici Boule'un, hastalığın iskeletteki etkisini görünüşte gözardı ettiğini söylemiştir. Bu patolojik durum göz önüne alınsaydı modern insanın ayakta dik durmasını sağlayan almaşık kavislenmenin Neandertal'in omurgasında da bulunduğu açıkça görülürdü. Ne var ki, Boule söz konusu anatomik yapıyı Neandertalleri bugünkü insandan uzaklaştıracak biçimde tanımlayarak bu unsuru gözden çıkarmıştır. Michael Hammond ise bu konuda şöyle söylüyor; "Boule'un kendi araştırmasını saptırdığına ilişkin hiçbir bulguya hatta ipucuna rastlamış değilim, "Boule, bilimi, ona 'Gerçek aşkıyla yaklaşıldığı' zaman mutluluğun başlıca kaynaklarından biri' olarak görüyordu. La Chapelle-aux-Saints kalıntılarını yeniden kurgulamakla, bu arayışa önemli katkıda bulunmuştur, eldeki en yetkin bilimsel yöntemleri kullanmış olduğuna ve vardığı sonuçların kanıtlara dayandığına inanıyordu".

Boule yalancı ya da, budala değilse, onun bu yanlış tanımlaması nasıl açıklanabilir? Tüm diğer bilim insanları gibi Boule da dünyanın işleyişine ilişkin güncel kuramın etkisi altındaydı. Bu durumda onun görüşü, türlerin evrimsel geçmişi olgusuna dayanıyordu; bu

Bir Düzmecenin Anatomisi

Piltdown insanı, bilimsel düzmeciliğin en fütursuz örneklerinden biriydi. Teknik açıdan yetersiz bu fosil buluntuları, önde gelen çoğu antropologlarca, Alt Pleistosen dönemindeki modern insana ait olarak kabul edilmişti; Oysa Asya ve Afrika'da daha çok sayıda ilkel insan iskeleti ortaya çıkarıldıkça, salt insansı maymunlarınkine benzer bir çeneyle bağlantılı bir kafatası yapısıyla, bugünkü insan görüntüsü veren Piltdown insanı, tarihöncesi insana ilişkin kuramlarda git gide, anormal bir tür olarak değerlendirilmeye başlandı.

Sussex'te Piltdown köyü yakınlarındaki bir kum ocağında, insanınkine benzeyen beyin tasının sol yanının çoğu kesimini oluşturan dokuz kafatası parçası bulunmuştu. Ayrıca, insansı maymunlarınkini andırır bir çenenin sağ yanının bir parçası da ortaya çıkarılmıştı; bu parçada iki öğütücüdiş de vardı ama onun kafatasıyla bağlantısını sağlayan kesimi ortada yoktu. Çenede köpekdişinin yuvası belli olmakla birlikte dişin kendisi kayıptı (Sonradan tortul katmanı içinden, bu diş çukuruna denk gelen ve çenenin insansı maymun görüntüsünü daha da belirginleştiren bir köpekdişi bulunmuştur).

Bu fosil alanından aynı zamanda, erken Pleistosen'e ait kunduz, kızılgeyik ve at gibi memeli hayvan fosillerinin yanı sıra, kabaca yontulmuş kimi taş aletler de bulunmuştur. Charles Dawson, bu tortul katmanının erken Pleistosen'e ait, dolayısıyla da fosil-hayvanların yaşıyla tutarlı olduğunu söylemiştir. İnsan kalıntıları da erken Pleistosen'e ait olsalardı bunların, özellikle *Pithecanthropus* ve Neandertal insanı olmak üzere, o zaman bilinen herhangi bir insansıdan daha yaşlı olmaları gerekirdi. Üstelik, kafatasının bugünkü insanınkine benzer yapısı ve barındırdığı varsayılan iri beyin kütlesi bu fosillere oranla daha ileri bir aşamaya işaret ediyordu. Piltdown fosillerine *Eoanthropus dawsoni* (Dawson'un Şafak İnsanı) adının verildiği Aralık 1912'de antropoloji çevrelerine duyuruldu.

Piltdown fosillerine ilişkin farklı görüşlerin en önemlisi söz konusu kafatası ve çenenin aynı bireye ait fosiller mi, yoksa aynı tortul birikintisinde rastlantı sonucu biraraya gelmiş bir insanla bir insansı maymundan kalma ayrı ayrı fosiller mi olduğu ile ilgiliydi. İngiliz antropologların çoğunluğu bu fosillerin tek bir bireyi temsil ettiği görüşünü benimserken, Avrupa anakarasındaki ve ABD'li meslektaşları Piltdown insanının bir insanla bir insansı maymunun rastlantısal bireşimi olduğunu savunuyorlardı. 1915'te Dawson, Piltdown alanının üç kilometre ötesindeki ikinci bir fosil yatağında iki kafatası parçası ve bir köpekdişi daha bulduğunu duyurmasıyla, İngiliz görüşü güçlenmiş oluyordu; buna göre, kafatasıyla dişin biçimi tıpa tıp ilk Piltdown buluntularına benziyordu.

Giz perdesi, Pildown fosillerinin yaşına yönelik sorularla yavaş yavaş kalktı. 1935'te görüldü ki Dawson, Piltdown tortul katmanını yanlışlıkla erken Pleistosen'e bağlamıştı; oysa bu alan geç Pleistosen'e aitti. Bu durumda Piltdown insanı sanıldığından daha genç, ve insansı maymunlarınkine benzeyen çenesi bir yana, güncel kuramlarla tutarlı oluyordu. Ancak açıklığa kavuşturulması gereken başka noktalar vardı: Tortul katmanı gerçekten geç Plelistosen'e aitse, bu durumda erken Pleistosen fosil-hayvan kaydı (fosil faunası) nasıl açıklanabilirdi? Belli ki bunlar başka bir yerden gelmiş olmalıydı; o zaman da insanınkine benzer kafatasıyla insansı maymunlarınkine benzer çenenin nasıl olup da biraraya gelebildiği sorusu yeniden gündeme gelebilecekti.

British Museum'un Doğa Tarihi Bölümü'nde antropolog Kenneth Oakley (1911-1981), fosillerin yaşını saptamayı amaçlayan bir araştırmaya girişmişti. Bu doğrultuda, fosillerin flüorür içeriğinden yararlanarak, yaşlarını belirlemeye yönelik bir yöntem geliştirdi. Fosiller gömülü oldukları toprakta ne kadar uzun süre kalırlarsa, o kadar çok flüorür biriktirirler. Oakley'in yöntemi kimyasal analiz gerektiriyordu; ayrıca, farklı toprakların farklı oranlarda flüorür içermesinin, fosillerin soğurabileceği mutlak flüorür miktarını etkilemesi nedeniyle, sorun daha da karmaşıklaşıyordu. Bu nedenle, değişik alanlardan fosilliren karşılaştırılması yanıltıcı sonuçlar verebiliyorken, aynı alana ilişkin karşılaştırmaların sonuçları tutarlı, geçerli oluyordu. 1940'ların sonlarına doğru Oakley bu yöntemin yeterince başarılı olduğu ve Piltdown fosillerine uygulanabileceği kanısına vararak ilk uygulamasını 1949'da gerçekleştirdi.

Uygulama sonuçları açıkça anlaşılıyordu. Kimi fosil faunası (%2,3'lük flüorur içeriğiyle) erken Pleistose'ne ait olduğu halde, Piltdown fosillerinin, onların evrimsel aşamasından anlaşıldığı kadarıyla, (% 0,2'lik flüorür içreğiyle) geç Pleistosen'le yakın dönem arasındaki bir evreye ait olduğu açıkça görülüyordu. Ne yazık ki, bu yöntem Piltdown insanına ait fosil parçaları arasındaki farkları gösterebilecek ölçüde duyarlı değildi. Oakley, kimyasal test için materyal örneği elde etmek amacıyla dişleri oyduğunda, koyu kahverengi fosil yüzeyinin altındaki kısmın tıpkı "toprağa yenice gömülmüş dişler gibi" bembeyaz olduğunu görmüştür. Kemikler ve dişler tortul katmanlarında kaldıkça lekelenir ama gerçek fosillerde bu renklenme doku içine işleyerek sürer.

Sorun, Wenner -Gren Vakfı'nın 1953'te Londra'da düzenlediği bir toplantıda antropologlarca yeniden ele alınıncaya dek askıda kaldı. Konu üzerinde, Oakley ve Joseph Weiner (1915-1982) arasında bir tartışma Weiner'in hiç akla gelmeyecek bir görüşü ortaya atmasına neden oldu. Buna göre, Piltdown fosillerinin bilimsel olarak açıklanamayışı, düzmece olmalarından ileri geliyordu. Ertesi gün meslektaşı Wilfrid Le Gros Clark (1895-1971) ile birlikte Piltdown fosillerini incelediğinde, bunların düzmeceliğini gösteren kanıtları saptamakta gecikmedi. Bu kanıtlar dişlerin yıpranması biçiminde kendini gösteriyordu. Doğal olarak ilk öğütücüdişin ikincisinden daha çok aşınmış olması gerekirdi; oysa her ikisi de aynı oranda aşınmışlardı. Her iki öğütücünün de doğal olarak düz bir yüzey oluşturması gerekirken, bunların düzeyleri birbirinden farklıydı. Mikroskopla incelendiklerinde bu dişler zımparalanmış gibi görünüyorlardı. Bu şaşırtıcı izler bu denli belirgin olduğu halde, şimdiye değin neden hiç farkedilmemişlerdi? Le Gros Clark bu soruyu şöyle yanıtlıyor: "Daha önce hiç kimse Piltdown çenesini olası bir düzmecilik, bilerek bir yakıştırma açısından incelememiştir de ondan".

Oakley, daha duyarlı bir flüorür yöntemi kullanarak, kafatası parçalarının geç Pleistosen'e, çene kemiklerinin ise görece yakın dönemlere ait olduğunu göstermiştir. "Fosillerin" renginin belki de Vandyke kahverengisi olan, boyamsı bir maddeden kaynaklandığı anlaşılmıştır. 1982'de San Fransisko'da Kaliforniya Üniversitesi'nde biyotıp uzmanı Jerrold Lowenstein söz konusu çenenin bir orangutana ait olduğunu kanıtlamak amacıyla duyarlı, bağışıklıksal testler uygulamıştır. Ne var ki, düzmeci(ler) şimdiye değin kesin biçimde saptanabilmiş değildir.

John Cooke'un, Piltdown insanlarını betimleyen ünlü resmi; ortada *beyaz gömlekli olan Arthur Keith;* solundakiler, *(oturanlar) William Plane Pycraft ve Edwin Ray Lankester;* sağındaki, *Arthur Swayne Underwood*'dur. Arka sıradakilerse *(soldan sağa) Frank Orwell Barlow, Grafton Elliot Smith, Charles Dawson ve Arthur Smith Woodward'dur.*

görüş, öğretmeni, dostu ve Doğa Tarihi Müzesi'nin kurucusu Albert Gaudry ile birlikte çalışması sonucu doğmuştu. 1902'de, Boule, bu müzede paleontoloji profesörü olarak, Gaudry'nin yerine geçti. Çok sayıda fosil-memeliler üzerinde ortaklaşa gerçekleştirdikleri çalışmalarda bu iki bilgin, çoğu türlerin kısa sürede tükenerek soylarını sürdüremedikleri anlamına gelen, evrimsel dallanma olgularını birçok kez saptamışlardır. Hammond, "La Chapelle-aux-Saints üstüne yürütülen çalışmalar, insanın soyağacında önceleri insanın ataları olarak kabul edilen Naendertaller gibi türlerin gerçekte başka başka kollara ayrıldığını göstermiştir. Bu kolların her biri çıkmaz bir yolu simgeliyordu" demektedir. Başka bir deyişle, diğer memeliler üstüne çalışmalarından edindiği deneyimler doğrultusunda, insanla ilgili olarak ağaca benzer bir evrimsel gelişim biçimi bulmayı ummuştur; bulmuştur da.

Evrimsel olgular konusunda Gaudry tarafından geliştirilen ve Boule tarafından izlenen kavramsal yaklaşım özellikle Gabriel de Mortillet'in (1821-1898) desteklediği güncel, doğrusal evrim kuramıyla çelişiyordu. Ünlü bir arkeolog ve paleontolog olan Mortillet, Naendertal insanının bugünkü insana evrimsel dönüşümünü tek bir büyük Buzul Çağı'nın etkisine bağlamakla kalmayarak, bu doğrultuda aynı dönem için bir kültürel evrimleşme süreci tasarlamıştır. Ne var ki, bu yaklaşımların her ikisi de konuyu fazlasıyla basite indirgemekten öteye gidememiştir; ve Boule bu tür jeolojik, arkeolojik ve antropolojik değerlendirmeleri sert bir biçimde eleştirmiştir.

Hammond, Mortillet'in buzul kuramının 1888'de Boule tarafından şiddetle eleştirilişini şöyle dile getiriyor: "ve sonraki yıllarda o, Mortillet'in kuramsal modelini 'düşsel bir kuram', 'onu bilimsel eleştiriden korumak için, her gün yeni sargılarla sarıp sarmaladığı bir mumya' olarak değerlendirmiştir". Mortillet bir yıl sonra öldü. Boule, arkadaşı Rahip Breuil'le birlikte, ölmüş düşmanının arkeolojiye ilişkin kuramını sistemli bir biçimde parçaladılar. "Bu, 1908'lerde Mortillet'in sınıflandırmasından geriye çizgisel paleontolojik bir merdivenden başka bir şeyin kalmadığı anlamına geliyordu ki onu da Boule yıkmıştı". Boule'a göre, evrimsel değişim "bilimsel etkinliklerin başlangıcında, sanıldığı kadar yalın bir biçimde gerçekleşmemiştir; doğrusal süreçler git gide daha ender olarak karşımıza çıkıyor; varsa bile onları herhangi bir zaman süresince bulup izlemek son derece güçtür".

Böylece Boule'un, Neandertalleri insan soyundan dışlaması, geç 19. yüzyıl Fransası'nda oldukça etkili bir evrimsel araştırma programının yıkılışının bir parçası, aynı zamanda, Brace'in belirttiği gibi, kuramsal önyargıların, kanıtların yorumlanışına nasıl gölge düşürebileceğinin somut bir örneğiydi (Tüm bilimlere özgü ama özellikle paleoantropolojide sık görülen bir olgu).

Tek Tür Kuramının Sonu

1960'ların sonlarına doğru Neandertal insanı çoğu kimselerin gözünde haklı olarak bugünkü insanın doğrudan atası konumuna oturtuldu. Doğrusal evrim kuramı, Neandertal - öncesi kuramı ve *sapiens* - öncesi kuramın değişik bir biçimi gibi rakip kuramlar arasındaki yerini sonuçta almış oluyordu. Kuşkusuz, Loring Brace'in " 'Klasik' Naendertallerin Yazgısı" adlı incelemesinin bunda payı çok büyüktü. Burada Brace, "Bugünkü insanın doğuşunun nedeni olmak ve bu değişen dünyada yaşlı kuşaktan bireylerin sık sık başlarına geldiği gibi, kendi çocukları *Homo sapiens*'lerce alaya alınıp dışlanmak sanırım Neandertal insanının da yazgısıydı" sonucuna varmıştır. Yüzyılımızın ilk yarısında Avrupa ve Asya'da bulunan fosiller, Brace ve doğrusal evrim kuramı bağlamında onu destekleyenlerce Avrupa'nın birçok yöresinde *Homo sapiens*'lere yönelik evrimleşmenin bir kanıtı olarak değerlendirilmiştir.

Brace, insanın yaşamsal uyum konumunun "kültürel bir konum" olduğunu belirterek, diğer bilim insanları, "insan üzerinde etkili olan doğal seçilimin değerlendirilmesinde temel etkenin iklimden çok, kültür olduğu gerçeğini görememişlerdir" demiştir. Frank Spencer'e göre, Brace'in kuramı, besinleri çiğneme işlevindeki değişikliklerin, insan kafatasının işlevine ilişkin sonraki oluşumların ayrılmaz bir süreci olduğunu öne süren Hrdlička'nın varsayımının özenle biçimlendirilmiş bir yinelenmesidir... Önceleri ön dişler yardımıyla görülen işleri yapabilmek için Orta ve Üst Paleolitik dönemlerde daha özel amaçlı aletlerin geliştirilmesiyle, bugünkü kafatası biçiminin oluşumunu haber veren bir dizi yapısal (morfolojik) değişikliğe bağlı olarak kafatası - yüz yapısında oluşan stresin şiddetinde giderek artan bir gevşeme, rahatlama söz konusuydu". Başka bir deyişle, daha ileri bir teknolojinin yaygın olarak benimsenmesiyle, Eskidünya'nın tüm toplumlarında benzer türden bir anatomik yenileşme süreci işliyordu. Böylesine ortak teknolojik bir çevrede anatomik değişim önceki önemini bir ölçüde yitirir.

Brace'in " Tek Tür" olarak anılan kuramına göre, insan evriminin herhangi bir döneminde tek bir insansı türü var olmuştur; bu değerlendirme sonuçta doğrusal evrim kuramı anlamına geliyordu. Brace, şimdi *Australopithecus*'lar, *Pithecanthropus*'lar, Neandertaller ve bugünkü insan biçiminde sıralanan Schwalb'in ilk üç aşamalı modeline yeni bir aşama daha eklemiş oluyordu. Yine Michigan'da görevli Milford Wolpoff da Brace'in bu kuramının ateşli savunucularından biri olmuştur. Her iki bilim adamı da tarihöncesi dönemin her bir evresinden fosil topluluklarında görülen anatomik farklılığın derecesinin, insan evriminin başlangıcından bugüne değin süren türler-arası değişim çerçevesine sığdırılabileceğini ileri sürmüşlerdir.

Brace, geç tarihöncesi dönemde doğrusal bir evrimsel sürecinin egemen olduğunu birçoklarına kabul ettirmişse de, bu görüşü tüm evrimsel süreç bağlamında benimseyenlerin sayısı pek azdı. Çoğu antropologlar, fosil kayıtlarda kendini gösteren yapısal değişikliğin genişliğini birkaç türün birarada yaşamış olduğunun bir göstergesi biçiminde yorumlamışlardır. Örneğin, daha önce gördüğümüz gibi, iki milyon yıl kadar önce en az üç-hatta belki de bunun iki katı-insansı türü yaşıyordu. 1970'lerin ortasına doğru insan evriminin tümünü kapsayan "Tek Tür" kuramını Brace ve Volpoff dışında savunan hemen he-

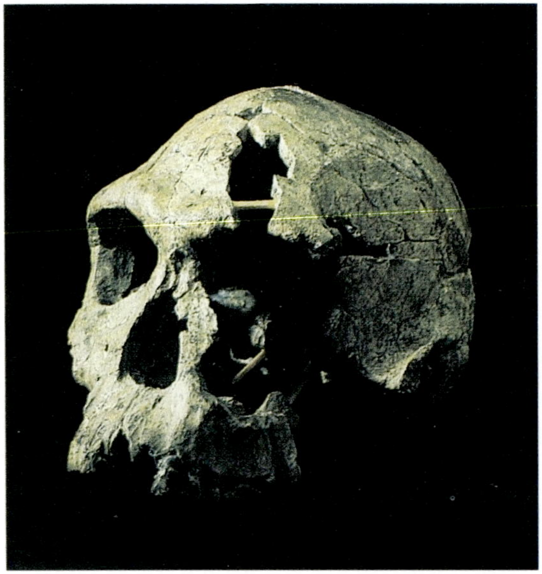

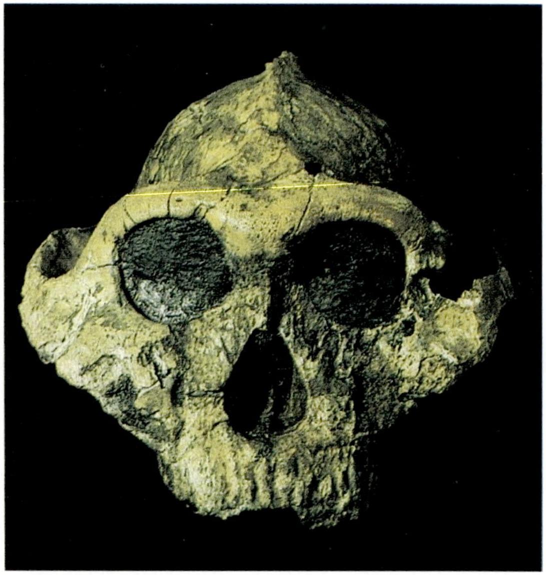

Solda: *KNMER 3733 Numaralı* Homo erectus *kafatasının 1975'te bulunmasıyla, Loring Brace ve Milford Wolpoff "Tek Tür" kuramını terk etmek durumunda kaldılar; Kafatası,* (sağda) *KNMER 406 Numaralı olanı, son derece iri yapılı* Australopithecus boisei *ile aynı yaştaydı. İkisi arasındaki anatomik farklılıklar "Tek Tür" kuramının dayandığı tür-içi (intraspecies) değişimiyle açıklanamayacak denli büyüktü.*

men kimse kalmamıştı. Ancak, 1975'te Kenya'nın Turkana Gölü bölgesinden bir *Homo sapiens* kafatasının ortaya çıkarılmasından sonra Michiganlı bu bilim adamları da kuramlarını terkettiler. Bu, kısa yüzlü, avurt dişleri küçük, iri bir kafatasıydı (Beyin sığası yaklaşık 900 cc). Aynı yaştaki (yaklaşık 1,5 milyon yıl) tortul katmanından iri yapılı bir *Australopithecus*'un de çıkarılması bunun bulunuşuyla ilgili idi. Bu sonuncusunun küçük beyni (yaklaşık 450 cc), çıkıntılı yüzü ve çok büyük avurt dişleri, onun *Homo erectus* kafatasından çarpıcı biçimde farklı olduğunu göstermiştir. Brace ve Wolpoff bu çapta bir değişikliğin tek bir türde oluşamayacağını en sonunda kabul etmek zorunda kaldılar.

........Ama Tümüyle Değil

Şimdi, bugünkü insanın kökenine ilişkin güncel kuramın önde gelen savunucularından biri durumuna gelen Wolpoff, yine de, doğrusal kuramın insanın tarihöncesi döneminin geç aşamaları için geçerli olduğu konusunda ısrar etmektedir. Böylece, Schaaffhausen, Schwalbe, Hrdlička, Weidenreich ve Brace gibi bilim insanlarının kişiliğinde bilimsel bir gelenek sürmektedir. Gelecek bölümde, bu geleneğin yeni biçiminin, Neandertallerle bugünkü insan arasındaki doğrudan atalık ilişkisini yadsıyan çağdaş görüşle nasıl boy ölçüştüğünü göreceğiz. Ayrıca, çağdaş görüşün bu üçüncü dönemeci tamamlamaya ne ölçüde yaklaştığına da tanık olacağız.

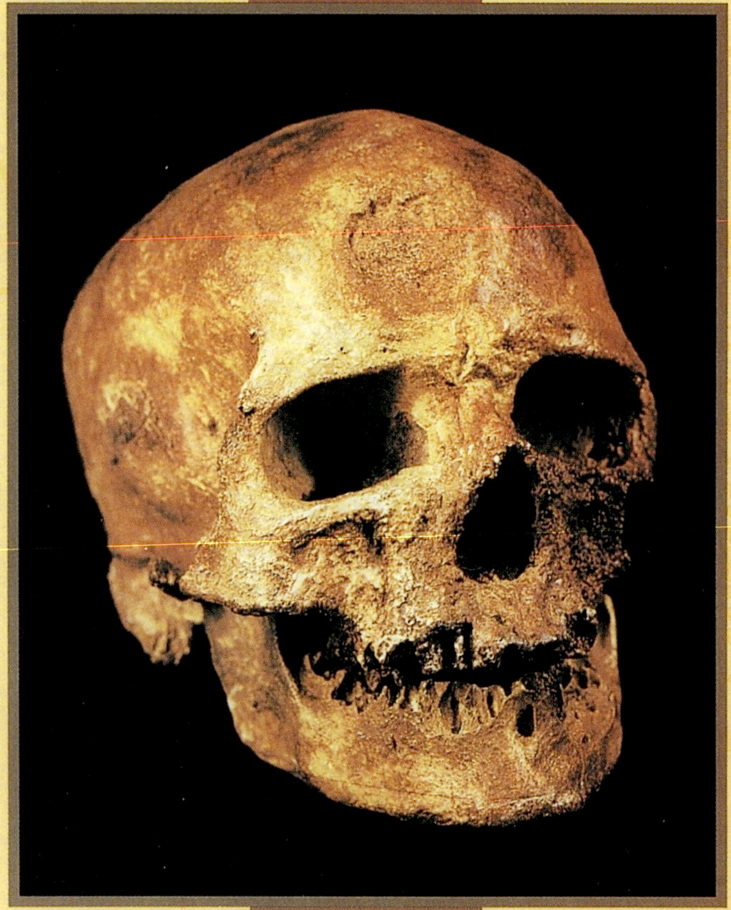

3

İKİ MODEL

Amerikan Bilimsel Gelişme Topluluğu'nun (American Association for the Advancement of Science-AAAS) 1990 tarihli yıllık toplantısı, nörobiyolojide en son buluşlar ve biyoçeşitliliğin yitirilmesi kaygılarından tutun da evrenin başlangıcının ve günümüz ekonomisinin gizlerine dek çok sayıda bilinmeyeni aydınlatmaya yönelik bilimsel etkinliklere her zaman olduğu gibi bu yıl da elverişli bir ortam yaratmıştır. Salonu tıka basa dolduran bir dinleyici kitlesi önünde gerçekleştirilen pazar günkü öğle oturumunda bilimin spotları, bugünkü insanın kökenleri konusunda antropologlarca (bu bağlamda olanakların sınırlılığının da bilincinde olarak) sunulan fosil belgeler üstüne çevrilmişti.

Toplantının gündemi, "karşıt tezleri çürütecek denli sağlam tek kanıt durumundaki fosil belgelerin dengeli biçimde değerlendirilmesi konusunda umut var görünüyor"du. Gerçekten, Michigan Üniversitesi'nden Milford Wolpoff'un ekibinde yer alan altı konuşmacı karşı tezin kendi kanıtları karşısında yerle bir olduğunu söyleyerek, hep aynı görüşü yineleyip durmuşlardır. Kuşkusuz,

1868'de Fransa'da, Les Eyzies'de bulunan ve 30 bin yaşında olduğu bildirilen bir Cro-Magnon kafatası (Cro-Magnon I).

Michigan Üniversitesi'nden Milford Wolpoff, Çokmerkezli Evrim kuramının güçlü savunucularından biridir.

bilimsel toplantılar herhangi bir konuda iki tarafa da eşit olanaklar sağlayacak diye kesin bir beklenti olamaz. Ancak, AAAS-toplantısı örneği, genel nitelikli bilimsel bir toplantıda tekyanlılık olağan değildir. Gerçekten de sonradan Wolpoff, *Discover* dergisi muhabirine "Bunun bir reklam olması amaçlandı, herşeyi önceden planladık, prova ettik ve söylenecekleri kesin olarak belirledik" diyerek bunu doğrulamıştır. Wolpoff kendi grubunun savunduğu Çokmerkezli Evrim kuramının karmaşık olduğunu dolayısıyla da geniş halk kitlelerine yeterince açıklıkla anlatılamadığını söylemiştir. Sempozyum bu eksikliği gidermek amacıyla düzenlenmiştir; yani güdülen amaç diğer antropologları ikna etmekten çok kamuoyunu aydınlatmaktı.

Eğer Londra'da yayımlanan *The Times* gazetesinin yanı sıra ertesi günkü düzinelerce gazetenin yazdıkları bir ölçüyse, Wolpoff ve arkadaşları amaçlarına ulaşmışlardı. Bu gazetelerden birinde şu satırlar yer alıyordu. "Fosiller konusunda uzman bir grubun söylediklerine göre, Asya ve Avrupa'da bulunan insansı yaratıkların kafatasları ile diğer kalıntılarına ilişkin çalışmalar Cennet Bahçesi kuramının yanlış olması gerektiğini göstermiştir" (Afrika'dan Çıkış tezi olarak da bilinen Cennet Bahçesi varsayımı, Wolpoff ve meslektaşlarının yoğun saldırısına uğrayan kuramın tanımlanmasında kullanılan deyimlerden biriydi). Başka bir yazıda da konuşmacılardan birinin, "Gerçek kanıtlar fosillerdir ve onlar bu varsayımı doğrulamıyor" dediğine yer verilmiştir. Yine başka bir yazıda ise, Cennet Bahçesi varsayımı ülkenin en üst düzeydeki yıllık bilimsel toplantısında topa tutuldu" tümcesi yer almıştır.

Bilimsel tartışmalar elbet kamuoyunun baskısıyla değil de çürütülemeyecek denli sağlam kanıtların birikimiyle çözülebilir. Ancak kimi konular geniş bir kitleye diğerlerinden, doğal olarak, daha ilginç gelir; sözgelimi bugünkü insanın kökenine yönelik tartışmaların ona ilginç gelmesi doğaldır, dahası tartışmalarda kullanılan dil, altta yatan duyguları da yansıtabilir; örneğin Cennet Bahçesi ve "Katil Afrikalılar Avrupa ve Asya'da kol geziyor" gibi değinmeler, gözlemcilere kuru, bilimsel gerçeklerden daha çok şeyin tehlikede olduğunu düşündürür. Bugünkü insanın kökenine ilişkin bir kuram sonuçta, yakın geçmişteki atalarımızın davranış biçimlerinin tanımlanmasıdır. Irklara, ırksal ayrımlara ilişkin sorunlar da burada örtük biçimde yer alır; dolayısıyla, tartışmalarda zaman zaman duygulara, sözcük oyunlarına yer verilmesi belki de kaçınılmazdır.

Önceki bölümlerde gördüğümüz gibi, son yıllarda, yeni yeni bilimsel kanıtlar ortaya çıkıyordu; bunların kimileri doğrudan fosiller, kimileri de insanın tarihöncesi döneminin geç aşamalarına ilgi duyan antropologlar için görece yeni bir inceleme alanı olan genetik konusu ile ilintilidir. Bilim yeni kanıtlarla beslenerek boy atar; ancak bunlar hiçbir zaman bir görüş birliği güvencesiyle birlikte gelmez. Bu durumda amaç, karşıt görüşleri, aradakilerini ayıklayarak, hem netleştirmek hem de iki kutupta toplamaktır. Bugünkü insanın kökenleri üstüne tartışma da işte bu bağlamda yer almaktadır. Aynı ölçüde dar kapsamlı iki ayrı görüş, yandaş beklentisi içindedir.

Bu görüşleri desteklemek ve sınamak üzere üç ayrı veri kaynağı oluşturulmuştur. İlke olarak, zaman ve mekan içinde evrimsel ilişkiler açısından yorumlanabilen anatomik özellikler taşıyan fosillerin kendileri bu bölümün konusunu oluşturuyor. Her birimizin genetik yapımıza yansıyan evrimsel geçmişimize ilişkin moleküler özellikler bundan sonraki bölümün kapsamına giriyor. 5. Bölümde ise, teknoloji üretimi, yaşam sağlamaya ilişkin ipuçları, değişik yaşam biçimleri gibi davranışsal bulgular ele alınacaktır. Böylece, temel ilgi alanımızı oluşturan "bugünkü insanın" ne anlama geldiğini açıklamanın ne denli güç olduğunu görmeye başlayacağız.

Londra'da Doğa Tarihi Müzesi'nden Christopher Stringer, Afrika'dan Çıkış kuramının güçlü savunucularındandır.

Dört Varsayım

Londra, Doğa Tarihi Müzesi'nde araştırmalarını sürdüren Christopher Stringer, "Yirmi yıl önce, doktora çalışmalarıma başladığım zaman bugünkü insanın kökeni konusunda bellibaşlı dört kuram vardı" demektedir. Bunlardan biri, önceki bölümden anımsayacağımız gibi, Loring Brace tarafından çok yakın geçmişte geliştirilmiş doğrusal (Unilinear) evrim temeline dayalı Neandertal döneme ilişkin kuramdı. Prizma (spectrum) modeli olarak bilinen ikincisi ise, değişik toplumlar arasında, bunların farklılıklarını belirsizleştiren karşılıklı bir etkileşimi varsayarak birinci kuramı değiştiren kuramdı. Üçüncüsü, Clark Howell ve Sergio Sergi'nin, sonuç olarak soyu tükenmiş Batı Avrupalı klasik Neandertallere ve bugünkü insana dönüşmek üzere yakın geçmişte ayrışmış ilkel bir Neandertal topluluğu ile ilgili Neandertal- öncesi kuramıydı. Dördüncü ise, Marcellin Boule' un geliştirdiği ancak yurttaşı Henry Vallois ve Louis Leakey'in sürdürdüğü sapiens-öncesi kuramıydı. Bu modelde, bugünkü insana yönelik gerçek *sapiens* soyçizgisi ile *Homo erectus* ve Neandertaller gibi başka gruplara yönelik soyçizgisi arasında çok öncelere giden eski bir ayrışma olduğu varsayılmaktadır.

Doktora çalışmasında Stringer'in değinmediği model, bugünkü insanın tekmerkezli bir kökenden evrimleşerek Eskidünya'nın başka yörelerine göç ettiği görüşü ile ilgili modeldi. Harvard Üniversitesi'nden William Howells, çoğunlukla fosil belge tarihlendirme yetersizliğinden ötürü, o zaman tam olarak geliştirilemeyen bu varsayımla en yakın ilişkisi olan bilim adamıydı. Ne var ki, yirmi yıl kadar sonra, en azından fosil belgeler açısından, Afrika'yı merkez çıkış yeri olarak gören Stringer'in de baş savunucusu olduğu bu varsayım, önde gelen iki kuramdan biri durumuna gelmiştir.

Stringer, o günlerin bu dört temel görüşünü, araştırmaları fosil kayıt yetersizliği ve belirsiz kronolojik veriler kadar kısıtlayan "deli gömlekleri" olarak nitelendirmiştir. Diğer bir deli gömleği de, "teknolojik değişikliğin, bugünkü insanın evriminin gerisindeki olası tek mekanizma olduğu yolunda çoğu araştırmacıların ortaklaşa taşıdığı kanı" idi. Bunu anlamak kolay, çünkü Avrupa'nın, fosil belgeleri bir ölçüde özenle koruması, ama bunun da ötesinde uzun inceleme, araştırma geleneğinden dolayı, insanın tarihöncesi evriminin geç evrelerine ilişkin arkeolojik belgelere çoktandır egemen durumdadır. Dahası, 5. Bölümde daha ayrıntılı biçimde göreceğimiz gibi, Avrupa'daki fosil belgeler, bugünkü insanın doğuşunun işaretini açık seçik biçimde veriyor görünüyordu: Orta Paleotolik'ten Üst Paleolitik'e geçiş süreciydi bu.

Afrika'dan Çıkış Kuramının Doğuşu

Yaklaşık 40 bin yıl önce, Orta Paleolitik'in çoktandır yerleşmiş, görece sınırlı düzeyde yonga üretme teknolojisi, yerini birden, hammadde olarak kemik ve geyik boynuzundan da yararlanan Üst Paleolitik'in hızla gelişen ince, alımlı dilgi (blade) teknolojisine bırakmıştı. Ayrıca, olağan kullanıma yönelik nesneler, mağara duvarlarına yapılan ve sanatsal anlatımlar olarak adlandırılan resimler ve bedensel süslemeler de görülmeye başlandı. Üst Paleolitik insanı (bugünkü insan), çarpıcı bir görünümle, birdenbire ortaya çıkmış ve kendisine göre daha ilkel görünen Orta Paleolitik soydaşlarını geride bırakmıştı. Avrupalı araştırmacılar doğal olarak bu belgelerin tümünü bugünkü insanın kökeni açısından değerlendirmişlerdir; ancak böyle bir olayın kendi anakaralarında gerçekleşmiş olması, bunların pek azına şaşırtıcı gelmiştir. Günümüzün bilimsel yaklaşımı farklıdır.

Kuzey, İllinois Üniversitesi'nde antropolog Fred Smith, "İlginizi çeken nokta bugünkü insanın *kökeni* ise, bu konuda Avrupa açıkçası bir ölü denizden farksızdır. Gittikçe netleşen bir şey varsa, o da gerçek etkinliğin başka yerde olduğudur" demektedir. Aynı doğrultuda, Arizona Üniversitesi'nden Arthur Jellinek, tarinöncesine ilişkin yaşam alanları bulmaya yönelik girişimleri değerlendirirken", Endüstri Devrimi ve onu izleyen bilimsel arayışlar Çin'de, Java'da ya da Hindistan'da ortaya çıkmış olsaydı elimizdeki, Batı Avrupa ölü denizinden kalma salt birkaç tanecik sapkın fosille, modern insanın evrimi konusunda nasıl bir görüş sergilemiş olabileceğimizi merak ediyorum" demiştir. Avrupa'daki 40 bin yıl öncesine ait arkeolojik işaretler sağlam ve açıktır, ama bunlar, neredeyse kesin bir biçimde, bugünkü insanın kökeninden çok, onun tarihindeki bir olayı yansıtmaktadır. Ancak tarihsel süreç işlemiş ve Avrupa-merkezci arkeolojik görüş ancak yakın geçmişte terk edilebilmiştir. Çarpıcı teknolojik değişiklik tutkusu, bugünkü insanın kökenini belirleyici bir tutum olarak, etkisini bir ölçüde sürdürmektedir.

Stringer'in şimdi savunduğu, bugünkü insanın Afrika'da tek bir kökenden geldiği görüşünün uzun bir geçmişi vardı. Konuya ilişkin geçmişteki çalışmalarını anlatırken Stringer şöyle yazıyor: "Brace'in, 1964 tarihli *Current Antropology*' de (Güncel Antropoloji) yayımlanan polemik içeren yazısından etkilenerek, daha önceki araştırmalarda Neandertallere haksızlık edildiği duygusuna kapılmıştım. Bu nedenle o, bir dizi fosilsel özelliklere ilişkin çok sayıda ölçümlerin irdelenmesine dayalı anatomik karşılaştırmalar yapmaya, ilişkiler kurmaya yönelik istatistiksel bir yaklaşımı içeren çok değişkenli analizlere girişmiştir. Bu yaklaşım, istatistiksel yöntemin, salt doğrudan gözleme dayalı anatomik benzerliklerin değerlendirilmesinden daha etkili, nesnel, bilimsel bir yöntem görüntüsü taşıması nedeniyle o günlerde geçerliydi. Stringer yazısını şöyle sürdürüyor: "Birçokları gibi ben de, çok değişkenli analizlerin, aramakta olduğumuz nesnelliği bize sağlayacağını sanıyordum. Yapmam gereken tek şey, verileri bilgisayara yüklemekti, böylece yanıtları çabucak elde edecektim!"

Stinger, bilgisayarına vereceği bilgileri toplamak üzere 1971'de Avrupa çapında üç aylık bir geziye çıktı. Avrupa, Yakın Doğu, ve Kuzey Afrika'dan toplanan kafatasları amaçladığı belgelerdi. Şöyle yazıyor Stringer:"Statümün belirsiz olmasına ve olağandışı kılığıma karşın, çoğu yerlerde incelikle karşılandım. Ne var ki aradığım kimi önemli belgelere hiç ulaşamadım". Bu durum, örneklerin, inceleme amacıyla başkalarına ödünç verilmiş olduğu gibi, çoğu kez geçerli nedenlere dayanıyordu. Fakat büyük müzelerden birinde, müze müdürü, incelemek istediği önemli bir örneğin geçici olarak başka bir laboratuvara gönderildiği gerekçesiyle, Stringer'in onu görmesine engel olmak istemiştir. Bunun doğru olmadığını bilen Stringer, söz konusu örneği ancak aldatmaca yoluyla ve aynı kuruluştaki yardımsever bir araştırmacının yardımıyla inceleyebilmiştir. Antropolojinin olağandışılığı bu tür olaylardan kaynaklanıyor.

Stringer'in bilgisayarla incelemeleri kesin sonuçlar vermedi. Batı Avrupa Neandertallerinin vücutlarının değişik kesimleri aşırı biçimde gelişmiştir; ancak istatistiksel veriler,

Yakın Doğu'daki kimi Neandertal'imsi örneklerde de benzer aşırıklara işaret etmektedir, İsrail'de bulunan Amud gibi. Skhul Mağarası'ndan çıkarılan Yakın Doğu kaynaklı diğer örnekler, Avrupa'daki Üst Paleolitik insanına daha çok benziyordu. Bununla birlikte, Neandertallerle Üst Paleolitik insan arasındaki yapısal uçuruma ilişkin açık seçik bir işaret de vardı. Sonuç olarak Stringer, Neandertallerin Üst Paleolitik insana evrimleştiği görüşüne dayalı Brace'in yalın, doğrusal kuramını dışlayabileceğini düşündü. Dahası, İngiltere'den Swanscombe ve Fransa'dan Fontechevade gibi Neandertal- öncesi örnekleri incelediğinde, bunların, Vallois ile Leakey'in *sapiens*-öncesi kuramıyla bağdaşmayacak denli eski ya da Neandertal benzeri olduğunu görmüştür. Bu kurama göre, erken döneme ait kayıtlarda, modern formların var olması gerekiyordu, ancak Stringer bunların hiçbirine rastlamamıştı. Böylece, doğrusal kuram ve *sapiens*-öncesi kuramın saf dışı edilmesiyle, prizma kuramı ile Neandertal-öncesi kuramı iki değişik olasılık olarak gündemde kaldı.

Sağlıklı Tarihlendirmenin Önemi

Otuz yıl kadar sonra Stringer, "Doktora tezimi yeniden gözden geçirdiğim zaman, evrimsel sorunları çözmeye yönelik çok-değişkenli yöntemlerin yetkinliği konusunda tezimin fazla iyimser olduğunu gördüm" demektedir. Antropologlarca yine de kullanılmasına ve sınırlı düzeyde doğrudan yapısal karşılaştırmalar için yararlı görülmesine karşın, çok değişkenli analizin ayrıntılı yapısal olgulara yönelik araştırmalarda, beklendiği ölçüde yeterli olmadığı ortaya çıkmıştır. Ancak Stringer'in baş etmek zorunda olduğu, çoğu yetersiz, sağlıklı değerlendirilmemiş fosil kalıntıları da vardı; ama sonradan işi bir ölçüde kolaylaştıran, hem daha yeni hem de daha iyi tarihlendirilmiş fosil örnekleri ortaya çıktı. Bu arada, anatomik karşılaştırmalara yarayan yeni yöntemlerin geliştirilmiş olması da o ölçüde önemliydi.

Birkaç yıldır, küçük bir biyoloji topluluğu, önemli yapısal benzerlikleri önemsizlerinden ayıklayarak türler arasındaki ilişkileri belirlemeye yönelik yetkin bir yöntem geliştirmeye çalışıyorlardı: kladistik yöntem. Bu yöntem, birbirleriyle evrimsel olarak ilişkili bireyleri bir grupta toplayan yapısal özelliklerin saptanmasına dayanmaktadır. Evrimleşme sürecinde zaman zaman beklenmedik gelişmeler ortaya çıkar. Yeni özelliğin ortaya çıktığı tür ve ondan gelen tüm diğer türler bu yeni özelliği paylaşarak, klad diye bilinen bir grubu oluştururlar.

Sözgelimi primatların, onları tek bir ortak atanın dölleri olarak birleştirici bir özellik olan tırnaklara sahip olmaları, klad kavramını açıklayabilir. Böylece, primatların tanımlanmasında karakterin yararı ortaya çıkmış oluyor, ama tüm primatlar tırnaklı olduğuna göre, bu özellik anthropoidler ve prosimiyenler gibi grupları birbirinden ayırt edemez. Primatların gözleri üstündeki kemiksi çıkıntılar (kaş kemerleri) gibi yeni bir özellik, tüm hominidlerin (insansı maymunlarla ve insan) primat kladındaki ortak bir atadan gelmiş olduklarının bir göstergesidir. Aynı şekilde, insansıların iki ayak üstünde devinebilmeleri, bunların insansı kladındaki tek bir atadan gelmiş olduklarını kanıtlıyor. 1970'lerde antropologlar, insansı fosil örnekleri arasındaki ilişkileri belirlemek amacıyla kladistik yaklaşımı kullanmaya başlamışlardı.

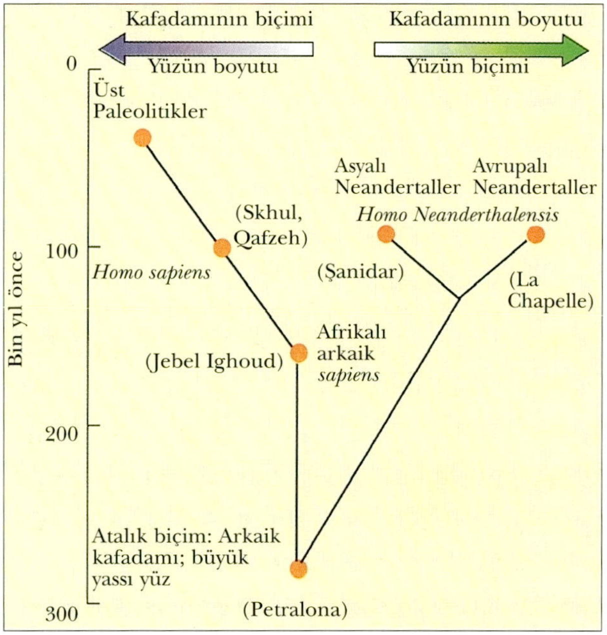

Kafatası biçiminin evrimi insanın tarihöncesi döneminin geç evrelerinde üç ayrı gelişmeye yol açmıştır. Neandertal insanı bugünkü insandan ayrı yönde gelişerek, aralarında bir atalık ilişkisi olasılığını ortadan kaldırmıştır.

Stringer ,"Peter Andrews, Eric Delson, Jeff Schwartz gibi araştırmacılarla ilişki kurmakla, kladistik yaklaşımın, incelemeye çalıştığım verileri anlamamı kolaylaştırabileceğini görmeye başladım" demektedir. Sonuç olarak, fosil örnekleri kendiliğinden, açıkça belirgin üç grupta toplanmaya başladı: Bunlardan biri hem erken hem de geç dönemlerden kalma Asyalı ve Avrupalı Neandertallerdi. İkincisi, Üst Paleolitik insanı da kapsamak üzere, ikisi İsrail'den (Skhul ve Oafzeh) biri de Afrika'dan (Etiyopya'dan Omo 1 kafatası) gelme fosillerden oluşan modern bir gruptu. Yunanistan'dan Petralona, Zambiya'dan Broken Hill, Fransa'dan da Arago kafataslarını kapsayan üçüncü grup daha ilkeldi. Ancak hepsinden önemlisi, kafataslarının biçiminde ve yüz çizgilerinde değişiklikler görülmeye başlanmış olmasıydı.

Güney Afrika'da Border Mağarası kimi en yaşlı, yapıca bugünkü insan fosillerinin (kafatası parçalarının) bulunduğu yerdir. Bu fosiller 80 bin yaşında ya da daha yaşlı olabilir.

500 bin yılı aşkın bir süre önce, başın genel biçimi hep aynı görünümdeydi: Kafadamı (kafatası kubbesi) biraz uzun, geniş, basık ve küçük hacimli; yüz ise geniş ve ablaktı. Bu görünüm atasal bir özellik biçiminde değerlendirilebilir. 500bin-50bin yıl önce, üç ayrı örüntü (pattern) ortaya çıktı: Bugünkü insana yönelik birincisinde, kafadamı görece yüksek, dar ve kısa iken; yüz kesimi, küçük çapta olmak üzere genel biçimini korudu. Neandertallerde ise, bu süreç tersine işledi; kafatasının biçimi, oylumunun küçülmüş olmasına karşın, ilkel yapısını korurken, yüz yapısı, yukarı kesimde daralıp orta kesimde belirgin biçimde öne çıkarak değişti. Genel ilkel biçimini sürdüren üçüncü grup, Kuzey Afrika'da Jebel Ighoud kaynaklı ünlü bir fosilden oluşuyordu. Stringer'in vardığı sonuca göre, Skhul/Qafzeh örneği ile Asya Neandertalleri farklı yönlere sapmış görünüyordu: Değişik evrimsel yazgılarıyla birincisi insanlara, ikincisi ise Avrupa Neandertallerine doğru.

Avrupa ve Yakın Doğu'da, Neandertelleri de kapsayan arkaik toplumlarla, sonuçta orada yerleşmiş bugünkü insan arasında genetik açıdan bir süreklilik olmamış görünü-

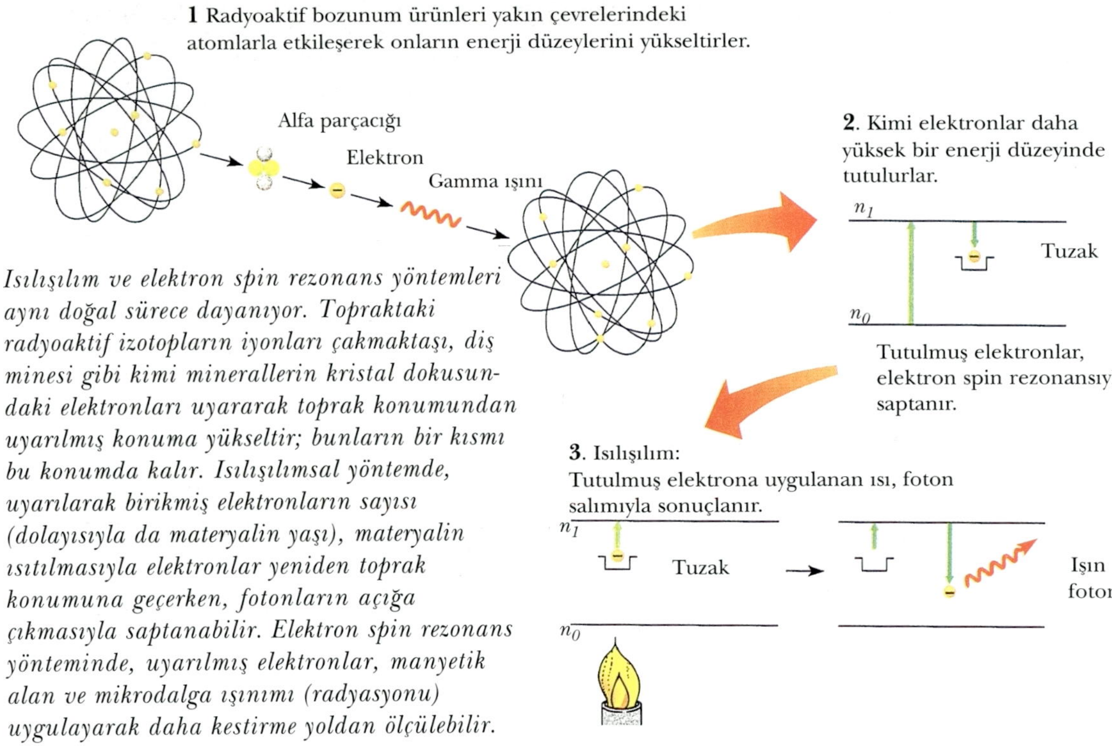

Isılışılım ve elektron spin rezonans yöntemleri aynı doğal sürece dayanıyor. Topraktaki radyoaktif izotopların iyonları çakmaktaşı, diş minesi gibi kimi minerallerin kristal dokusundaki elektronları uyararak toprak konumundan uyarılmış konuma yükseltir; bunların bir kısmı bu konumda kalır. Isılışılımsal yöntemde, uyarılarak birikmiş elektronların sayısı (dolayısıyla da materyalin yaşı), materyalin ısıtılmasıyla elektronlar yeniden toprak konumuna geçerken, fotonların açığa çıkmasıyla saptanabilir. Elektron spin rezonans yönteminde, uyarılmış elektronlar, manyetik alan ve mikrodalga ışınımı (radyasyonu) uygulayarak daha kestirme yoldan ölçülebilir.

yor. Başka bir deyişle, dünyanın bu bölgesindeki ilk insanlar oraya sonradan yerleşmiş olanların ataları değildiler. Ya diğer bölgelerdekilerin?

Avrupa dışındaki fosil buluntuları seyrektir, var olanlarda da Stringer, eski toplumlardan modern toplumlara (Afrika'dakiler dışında) doğru herhangi bir süreklilik izine rastlamamıştı. Açıkça görüldüğü kadarıyla, Afrika'da bugünkü insan özellikleri taşıyan kimi örnekler (Güney Afrika'daki Klasies Irmak Ağzı Mağarası ve Border Mağarası'ndan fosil parçalarının oluşturduğu Omo 1 örneği gibi) yeryüzündeki en yaşlı örneklerden biri, belki de en yaşlısı idi.

Bu örneklerin tarihlendirilmesindeki belirsizlikler, onların yorumlanmasını yıllarca engellemiştir. Ancak son zamanlarda geliştirilen ısılışılım (thermoluminescence) ve elektron spin rezonans gibi yeni tarihlendirme yöntemleri, bir ölçüde başarıyla uygulanmıştır. Her iki yöntem de materyallerdeki çakmaktaşı ya da diş minesi gibi "hedef" elektronları, daha yüksek enerji düzeylerine yükselten, topraktaki doğal radyoaktiviteden yararlanır. Materyal, toprakta ne denli uzun süre gömülü kalırsa, yapısında o denli çok sayıda uyarılmış elektron birikir. Böylece materyalin toprakta gömülü kaldığı süre, bu birikimden yararlanarak ölçülebilir. Isılışılımsal yöntem, yüksek enerjili elektronların, teste tutulan materyalin ısıtılması sonucu salınan fotonlara göre ölçülmesine dayanır. Aynı ölçüm, elektron spin rezonans yöntemiyle daha kestirme yoldan gerçekleştirilebilir. Bu yöntemlere dayalı tarihlendirmelerin bir sonucu olarak, Güney Afrika'dan kimi erken, anatomik anlamda insan örneklerinin yaklaşık 100 bin yaşında, dolayısıyla da Avrupa ve Asya'daki Neandertallerin çağdaşları olduğu anlaşılıyor.

10 yıl kadar önce Stringer, değerlendirmelerini büyük ölçüde belirsiz, Afrika kaynaklı tarihlendirmelere dayandırmak zorunda kalmıştı. 1982'de, Nice'te yapılan önemli bir antropolojik toplantıda Afrikalı köken varsayımını ilk kez sunmuştur. Stringer'in varsayımının üç dayanağı vardı: İlki, anatomik açıdan bugünkü insanın Afrika'da ilk ortaya çıkışıyla ilgili kanıtların (belirsizliklerine karşın) varlığı. İkincisi, Avrupa ve Asya bağlamında, benzer kanıtların neredeyse hiç bulunmayışı. Üçüncüsü, yakın Doğu kaynaklı Skhul/ Qafzeh fosillerinin görece yakın bir geçmişe ait, dolayısıyla da en çok 50 bin yaşında olduğu düşüncesi. Bu varsayım 1982 yılının sonunda, *Current Antropology* (Güncel Antropoloji) dergisinde yayımlanmıştır.

Bu sırada, aynı genel çizgiler doğrultusunda düşünen başkaları da vardı; ama bu düşüncelerden hiçbiri, Stringer'in görüşü kadar açık ve sınırlayıcı değildi. Desmond Clark, Reiner Protch, Peter Beaumont, Philip Rightmire ve Gunter Bräuer gibi araştırmacıların tümü, bugünkü insanın kökeni olarak hep Afrika'yı göstermişlerse de, bunların her biri, diğer bölgelerle ilgili bulgulara da önemli ölçüde yer vermişti. Stringer, bugünkü insanın Afrika'dan dünyanın diğer bölgelerine göç ederek, bugünkü insanöncesi toplumların yerini tümüyle aldığını ileri sürmemiştir. Bu tür bir görüş, daha sonra genetikçilerce gündeme getirilecekti. Ancak Stringer, yeni gelenlerle, yerleşik toplumlar arasındaki melezleşmenin sınırlı düzeyde gerçekleşmiş olduğunu söylemiştir. Her neyse, Afrika'dan Çıkış olarak bilinen kuram tutmuştu; başka bir deyişle anatomik yönden bugünkü insanın Sahra-altı Afrika'da bir yerde ortaya çıkışının ardından, Eskidünya'nın diğer yörelerine göç ederek, oralarda zaten var olan arkaik *sapiens* toplumlarıyla melezleşmesi sonucu bir ölçüde gen akışının gerçekleşmiş olabileceği görüşü güncelleşmişti.

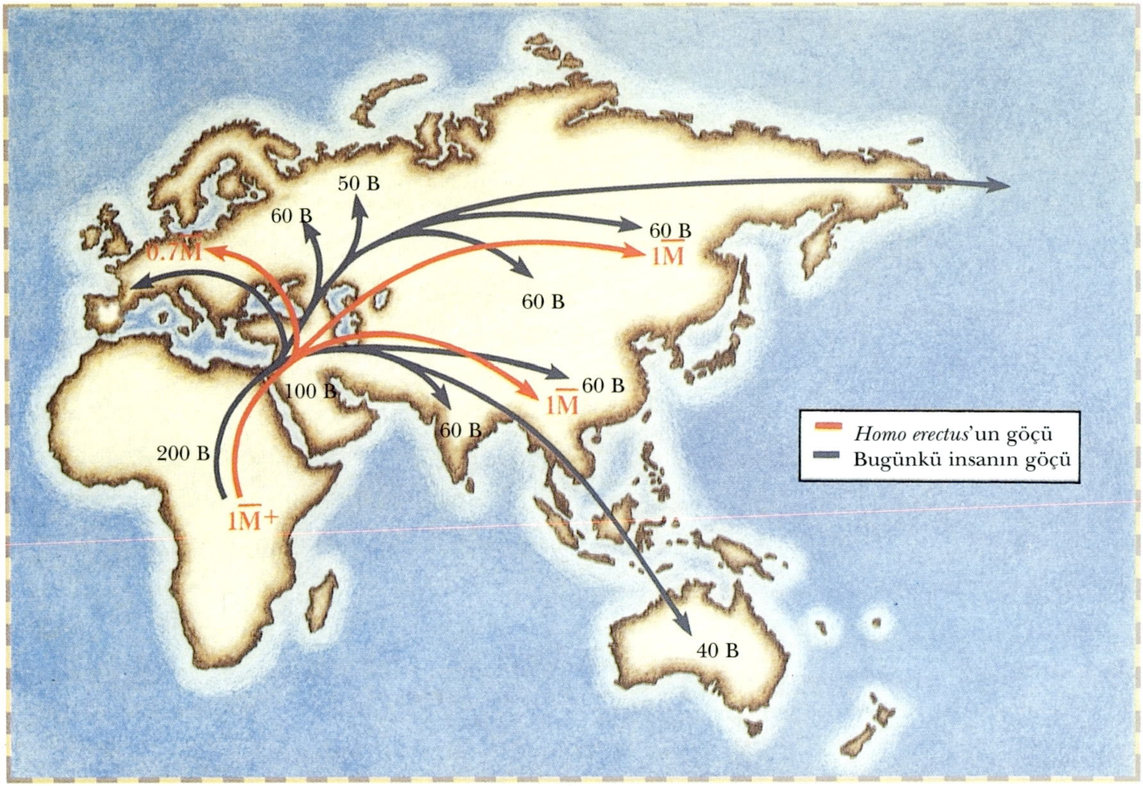

Eskidünya'nın değişik yörelerinde bulunan fosillerin yaşlarına dayanarak, Afrika dışına yönelik göçleri yansıtan bir harita çizilebilir. Birincisi, yaklaşık, 1 milyon yıl önce Homo erectus*'un göçü, ikincisi de 100 bin yıl önce başlayan bugünkü insanın göçü olmak üzere, iki ayrı göç olayının yaşanmış olduğu sonucu çıkarılabilir (Haritadaki B'ler bini M'ler milyonu işaret etmektedir).*

Afrika'dan Çıkış modelinin, salt tür olgusuyla ilgili olduğu, süreç ya da biyoloji konusuna değinmediği görüşünde direnen Stringer, "Bir türleşme (speciation) sürecinin gerçekleşmiş olması olasılığı bana hayli yüksek görünüyor, ama bu, modelin olmazsa olmaz koşulu değildir" diyor. Anatomik anlamda bugünkü insan ilk kez yaklaşık 100 bin yıl önce Afrika'da ortaya çıkmış görünüyor. Bunu sonraki 70 bin yıllık dönemde arkaik türlerin yok olması ve bu modern türlerin dünyanın diğer bölgelerine yerleşmesi izlemiştir. Bu değişikliğe, yenice gelişmiş dilin mi, üstün teknolojinin mi, yeni toplumsal kurumlaşmanın mı, yoksa *Homo sapiens*'lere, diğer arkaik *sapiens*'lerin üzerinde bir kimlik kazandıran daha gelişmiş zihinsel yeteneğinin mi yol açtığı sorularına, Afrika'dan Çıkış kuramı yanıt vermiyor; ama geçerliliğini korumak için bu kuramın bu tür unsurları irdelemesi de gerekmez. Stringer bu soruna şöyle yaklaşıyor: "Değişikliğin oluşmasına neyin yol açtığını, yayılma olgusunun ardında ne gibi etkenlerin bulunduğunu merak edenler onun gerçekten oluşmuş olduğunu kabul etmezden önce, yanlış sorular yöneltiyorlar". Yüzyılı aşkın bir süredir bilim adamları, dinazorların hızla tükendikleri görüşünü -ki bunun gerçek nedenleri yeni yeni anlaşılmaya başlıyor- benimsemişlerdir. Benzer biçimde, iki ayakla yürümenin, insansılarda 4 milyon yıldan fazla bir süre önce başlamış olduğunu, bunun nasılı, nedeni konusunda açık seçik bir görüşümüz olmaksızın, benimsiyoruz.

Gen Akışının Olabilirliği

Ne var ki, kimi eleştirmenler, nelerin olmuş olması gerektiği ya da olmuş olamayacağı konusunda varsayımlar ortaya atıyorlar. Örneğin, İllionis Üniversitesi'nden Geoffrey Pope, 1990 tarihli AAAS toplantısında, eğer Afrikalı bugünkü insan Asya'yı "işgal" etmiş olsaydı, o zaman arkeolojik kayıtta ansızın "Rambo benzeri bir teknolojinin" ortaya çıkmış olacağını söylüyordu. Pope'a göre, "Pleistosen Avrupası ve Afrikası'nda .... herhangi bir yeni araç türünün birden ortaya çıkışına ilişkin hiçbir belirti yoktur. Eğer işgalci, anatomik açıdan modern *Homo sapiens*'ler, yanlarında yeni teknolojik yenilikler getirmişlerse bile, işgal ettikleri yerlerin arkeolojik kaydında bunlardan hiçbir iz kalmamıştır". Aynı şekilde, yakın geçmişte, Arizona Eyalet Üniversitesi'nden Geoffrey Clark da, "Halkların fiziksel anlamda göçlerinin, insanın makro-evriminde önemli bir işlevi olduğuna hiç inanmıyorum" diyerek kitlesel göç olayına ilişkin görüşe karşı çıkmıştır. Doğrusu, 'göç' sözcüğü bu bağlamda sıkça kullandığı gibi, insanların yeni, uzak topraklarda yerleşmek amacıyla yola çıkmaları anlamında algılandığı sürece belki de yanıltıcıdır. Daha büyük bir olasılıkla, toplumların genişleyip yayılmaları, tıpkı diğer türlerde birçok kez olduğu gibi, ekolojik olanaklardan yararlanarak, yavaş yavaş ve uyumlu biçimde gerçekleşmiştir. Kuşak başına 32 km'lik bir "göç" olayının, bir toplumu Sahra-altı Afrika'dan Batı Avrupa'ya 10 bin yıl gibi bir sürede götürebileceğini belirtmekte yarar var.

Milford Wolpoff, neler olmuş "olması gerektiği" konusunda varsayımlarda da bulunmuş ve bunları, olasılıkları hesaptan düşmek için kullanmıştır. *Discover* dergisinin bir muhabirine, "bir insan topluluğunun başka herkesin yerini alıp, onların genlerini silip süpürmesinin, şiddet dışında, bir yolu yoktur. 'Yerini almaktan' söz edenler ne söylediklerini bilmek zorundadırlar" demiştir. Daha sonra göreceğimiz gibi, şiddet ne tek olasılık, ne de en olası durumdur.

Wolpoff ve meslektaşları, Afrika'dan Çıkış modeline karşı durmaktan daha fazlasını yapıyorlar elbet. Bunlar, Çokmerkezli Evrim modeli olarak anılan önemli seçeneğin coşkulu savunucularıdır. Bu yaklaşım, yüzyılın sonunda Schwalbe'in geliştirdiği doğrusal evrim kuramına, ama bunun da ötesinde özellikle bu modelin 1940'larda Weidenberg tarafından değiştirilmiş biçimine ve 1960'larda da Brace tarafından yeniden gündeme getirilmesine dek gidiyordu. Onun modern biçiminin kesin olarak belirlenmesi, Wolpoff, Pekin'de, Paleontoloji ve Paleontropoloji Enstitüsü'nden Wu Xin Zhi ve Canberra'da Avusturalya Ulusal Üniversitesi'nden Alan Thorne tarafından yayımlanan 1984 tarihli bir bildiriyle gerçekleşmiştir. Örüntü, süreç ve biyoloji açısından bu yaklaşım, Afrika'dan Çıkış modelinden olabildiğince farklıdır. Afrika'dan Çıkış modelinde önerildiği gibi, belirli bir bölgede ortaya çıkmak yerine, *Homo sapiens*'lerin, giderek evrimsel değişim yoluyla Eskidünya'nın her tarafında, arkaik toplumların bir ürünü olarak ortaya çıkmış olduklari söylenmektedir. Hiçbir önemli toplum hareketine çağrı çıkarılmadığı gibi, evrimsel anlamda ileri toplumların, başka toplumların yerini alması diye bir durum da söz konusu değildir.

Bununla birlikte, Wolpoff-Wu-Thorne modeli, geçmişleri bir milyon yıl öncesine dek uzanan, coğrafi açıdan tam anlamıyla yalıtılmış farklı grupların varlığını öngören doğrusal evrim varsayımının (Carleton Cooon'un, yaşayan ırklar arasında derin genetik bölünmeler olduğunu varsayan modeli) kimi ilk çeşitlemeleri kadar aşırı gitmiyor. Güncel model, değişik toplumlar arasındaki gen akışını hızlandıran ve yine aralarındaki evrimsel ilişkiler ağını -önemli kavramsal bir unsur- etkin biçimde sürdüren, farklı toplumlar arasında bir ölçüde ilişkiye dayalı bir modeli belirlemektedir. Herhangi bir türün geniş coğrafi dağılımı söz konusu olunca, insanın geçmişinde bu bağlamda olduğu gibi, farklı yörelerdeki toplumlar sıradağlar, ırmaklar ya da başka doğal engellerle birbirlerinden ayrılırlar. Böylece, bu toplumlar arasındaki gen alışverişi durarak genetik başkalaşımlara yol açar.

ABD'nin güneydoğusunda, gerek şimdiki gerekse geçmişteki doğal engeller yüzünden belirgin biçimde yalıtılmış Atlantik ve Körfez kıyısı canlı varlık topluluklarının kimi türlerinde böylesine bir ayrışma vardır. Georgia Eyalet Üniversitesi'nden John Avi-

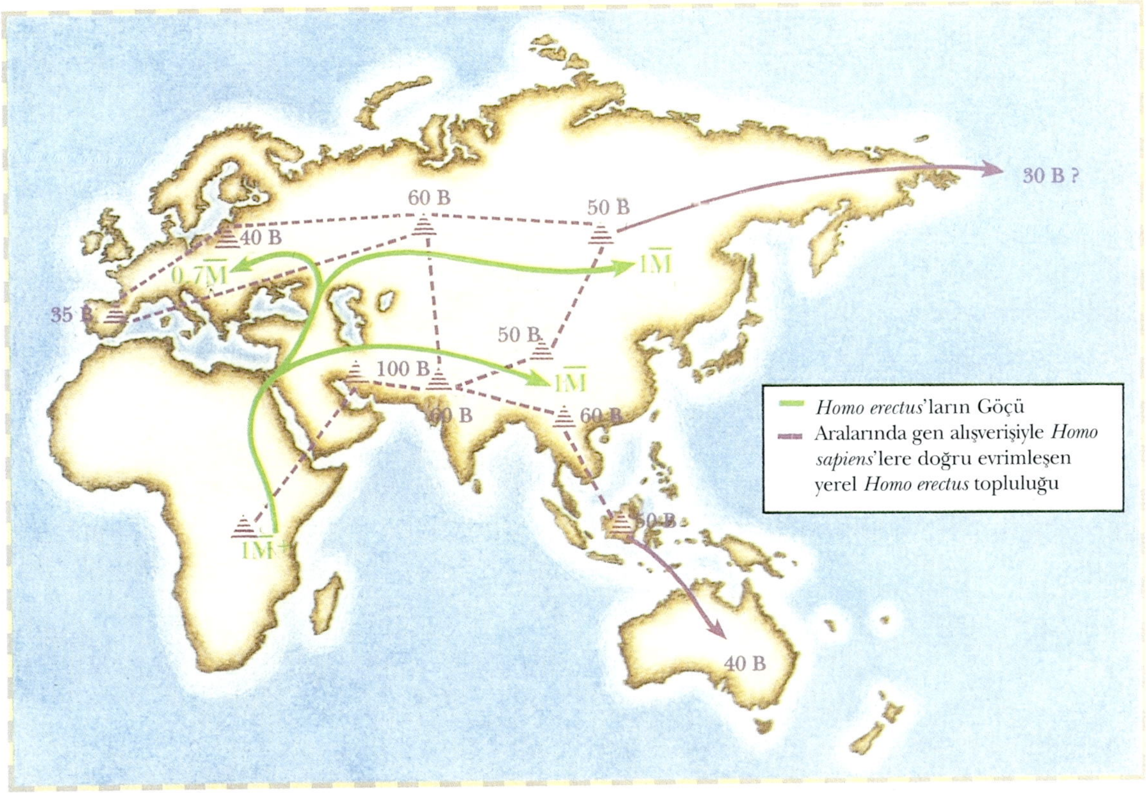

Homo erectus *toplulukları erken dönemde Afrika'dan çıkarak, Çokmerkezli Evrim kuramına göre, aralarında önemli ölçüde gen alışverişiyle coğrafi anlamda,* Homo sapiens *doğrultusunda evrimleşmişlerdir.*

se ve arkadaşları, Levrek, deniz serçesi, Amerika midyesi ve atnalıyengecini (horseshoe crab) kapsayan 19 tatlısu, kıyı ve deniz canlılarının Mitokondriyal DNA'ları üzerine yenilerde bir araştırma yapmışlardır. Hemen hepsinin Mitokondriyal DNA'ları Atlantik ve Körfez kıyısı organizma toplulukları arasında derin bir farklılığı ortaya koymuştur. Buradan Avise ve arkadaşları, "Şimdi açıkça görülüyor ki çoğu türler tekörnek (monotypic) varlıklar olarak değil, daha çok, başarılı biçimde üreyebilen (ve aralarında melezleşebilen) "coğrafi anlamda farklı topluluklar dizisi olarak algılanmalıdır"sonucuna varmışlardır. *Homo erectus* gibi birkaç anakara üzerine dağılmış bir tür için gen akışını kısıtlayıcı, doğal engeller, Avise'in araştırmasında sergilenenlerden daha da ciddi boyutlarda olurdu.

Ancak, Wolpoff, Wu, Thorne üçlüsünce savunulan evrim modeline göre, coğrafyaca farklı insan toplumlarının kimi yerel özellikler geliştirmiş olmalarına karşın, aralarında, kusursuz olmayabilirse de, uyum içinde evrimleşmelerine yetecek ölçüde -özellikle eş değişimi biçiminde kendini gösteren- ilişkiler söz konusuydu. Son zamanlarda Wolpoff ve Thorne, "Çokmerkezli Evrim modeli, hem yerel genetik süreklilige hem de gen alışverişine bir işlev yüklemiştir. Çokmerkezli Evrim, Asyalılar, Avustralya yerlileri ya da Avrupalılar gibi başlıca insan gruplarını belirleyen kimi özelliklerin, büyük ölçüde, onların bugün bulundukları yörelerde uzun bir sürede gelişmiş olduğu varsayımıyla başlar" demişlerdir. Wolpoff ve Thorne, tüm grupların Afrika'dan kaynaklandığını söylüyorlar ama bu durum en az bir milyon yıl önce *Homo erectus* topluluklarının Afrika dışına yayılmalarıyla ilintilidir. Bölgesel farklılıklar, Afrika, Asya ve Avrupa'nın her yerinde, toplumların yayıldığı uç noktalarda gelişmeye başlamış ve bugün bilinen ırksal özelliklerin temelini atmıştır.

Homo erectus'tan arkaik *sapiens*'e, *Homo sapiens*'e geçişin toplumlar arasında kabaca eşzamanlı bir birlikteliği sürdürmeye yetecek denli karşılıklı etkileşimle, Eskidünya'nın her tarafında gerçekleştiği gözleniyor. Daha somut bir anlatımla, Wolpoff ile Thorne, bir zamanlar Richard Leakey ve bu satırların yazarınca ileri sürülen bir örneği yineliyor: "Elinizdeki bir avuç çakıl taşını birer birer bir gölete ya da göle attığınızı düşünün. Her bir çakıl taşı, diğer çakıl taşlarının başlattığı git gide genişleyen halkalarla er ya da geç buluşan benzer türden halkalar oluşturur. Burada göl, Eskidünya'yı ve onun temel *sapiens* toplumunu simgeler". Wolpoff ve Thorne, bu benzetmede her bir çakıl taşının düştüğü yerin, bugünkü insanın birçok özelliğinden birinin başlangıç noktasını temsil ettiğini belirttikten sonra şunları ekliyorlar: "Halkalar, bugünkü insan özelliklerinin yayılışını simgeler; halkaların buluştuğu yerlerde de, toplumların yerel anlamda zaten var olan belirgin özelliklerine katkıda bulunan özgün, karşılıklı-etkileşimsel örüntüler oluşur. Çakıl taşlarını fırlatmayı sürdürürseniz, bugünkü insanın ortaya çıkışını, kuşkuya yer bırakmayacak biçimde gösteren işaretlerin ortadan yok olduğu izlenimini yaratan, git gide daha çok sayıda bugünkü insan özelliği en sonunda birbiriyle kaynaşır.

Anılan araştırmacıların savına göre bu süreç, anatomik özelliklerin gelişimini biyolojik zorlamalardan kurtaran teknolojiden giderek artan ölçüde yararlanılması sonucu, Eskidünya'nın her tarafında işlemiştir. Bu durumda, doğaya karşı savaşımda, vücudun güçlü kaslara ve iri dişlere sahip olmasını gerektiren yaşam sağlamaya yönelik bedensel becerilerden çok, aletler ve bunların kullanımı önem kazandı. Sonuç olarak her yerde, teknolojiye git gide daha bağımlılaşan arkaik insanlar, bugünkü insan doğrultusunda ilerlerken, kabalıkları yavaş yavaş törpülenerek küçülen vücutlarında, *Homo sapiens*'lere özgü bir yığın özellik gelişti. Bölgesel özelliklerin, bir dereceye kadar yalıtılma yoluyla sürmesine karşın, dünya çapında genetik kaynaşma bir ölçüde gen alışverişi sonucu gerçekleşmiştir. Bu modelde, Afrika'dan Çıkış kuramında öngörüldüğü gibi, büyük bir yenilik oluşturan önemli bir mutasyon yoktur. Tersine, Wolpoff ve arkadaşları, evrimsel değişikliği, ana etken kültürün öncülüğünde, *sapiens*'liğe doğru bir anlamda umursamaz bir kararlılıkla ilerleyen toplumlar arasındaki gen-alışverişi ya da genetik kaynaşma sonucu zamanla ortaya çıkan bir olgu biçiminde tanımlıyorlar.

Vücut Yapısı Üstüne Tartışmalar

Öyleyse bu iki model, günümüzde konuyu aydınlatmaya yönelik görüşlerin başında gelmektedir. Örüntü ve süreç açısından farklı olmalarına karşın, bu kuramlar, insanın tarihöncesi dönemine ilişkin fosil belgelerde nelerin bulunması gerektiği konusunda farklı yaklaşımlar önermektedir. Afrika'dan Çıkış modeli doğruysa, şu üç temel beklentinin geçerli olması gerekir: Birincisi, anatomik açıdan bugünkü insanın bir coğrafi bölgede (Afrika'da) diğer bölgelerde olduğundan çok daha erken ortaya çıkmış olması; ikincisi, arkaik vücut yapısından, bugünküsü doğrultusunda dönüşüme ilişkin fosillerin salt Afrika'da bulunması; üçüncüsü, Afrika dışında, eski toplumlardan günümüzdekilere doğru anatomik açıdan bölgesel bir sürekliliğin olmaması gerekir. Çokmerkezli Evrim kuramında bu noktalara ilişkin beklentiler şunlardır: Birincisi, anatomik açıdan bugünkü insanın, büyük ölçüde benzer bir dönemde Eskidünya'nın her yerinde ortaya çıkmış olması; ikincisi, arkaikten bugünkü vücut yapısına dönüşümü sergileyen fosillerin Eskidünya'nın her yerinde bulunması; üçüncüsü, Eskidünya'nın her bölgesinde, eski toplumlardan bugünkülere yönelik yapısal sürekliliğin belirgin olması gerekir.

Stringer'in Modern *Homo sapiens*'lerin Afrika'da ilk ortaya çıkışını saptaması, Afrika dışında, bugünkü insan özelliklerine dönüşümü yansıtan fosiller bulamaması ve eski yapısal özelliklerden günümüzdekilere doğru bir sürekliliğe rastlayamaması sonucu, Afrika'dan Çıkış varsayımına nasıl sürüklendiğini daha önce görmüştük. Afrika'daki ilk modern topluluklara ilişkin olarak, yakın geçmişte yapılan tarihlendirmeler (100 bin yıl

İnsansal Çeşitlilik

Homo sapiens'ler çok geniş bir alana yayılmışlar ve onbinlerce yıldır bu durumlarını korumaktadırlar. Benzer tüm türlerde olduğu gibi, coğrafi çeşitlilik, vücut yapısı ve genetik yapı düzeylerinde oluşmuş ama son derece sınırlı boyutlarda kalmıştır. Coğrafi bölge kökenli bu çeşitlenişler geleneksel olarak ırklar diye adlandırılır ve antropolojide, çoğu kez toplumsal nedenlerden dolayı, tartışmalı ve karmaşık bir konuyu oluşturur.

Genellikle başarı ve moral değerler açısından, kimi ırkların diğerlerinden üstün olduğu varsayımı geçmişte antropologlarca açıkça desteklenmiştir. Örneğin, Amerikan Doğa Tarihi Müzesi'nden Henry Fairfield Osborn 1926'da şunları yazmış: "İnsanın evrimi... tropikal ve sub-tropikal bölgelerde durmuş ya da gerilemekte, bozulmaktadır". Yine aynı müzede görevli Roy Chapman Andrews de 1948'de, "Değişik ırkların -evrim yoluyla- gelişmesi eşit düzeyde olmamıştır.... Kimileri inanılmaz bir hızla gelişerek dünyanın efendisi oldular" diyerek aynı görüşe arka çıkmıştır.

Yüzyılımızın ilk yarısında, antropolojik yazında sık sık yer alan bu tür açıktan ırkçı söylemler, çoğu kez ırkın kendisinin de sorgulandığı görüşlerin doğmasına yol açmıştır. Arı, seçkin gruplar demeye gelen görece geçmişteki "tipler" varsayımı, kuşaklar boyunca sürekli başkalaşım görüşünden yana terk edilmiştir. Coğrafi toplumlar özgün anatomik ya da fizyolojik özellikleriyle tanımlanabilirler ama bu özellikler başka toplumlarda da görülür. Tarih ve tarihöncesi dönemlerde yaşanan toplum hareketleri yerel gruplar arasındaki sınırları buğulandıran başlıca etkenlerdir.

Coğrafi özelliklerin evrimi, var olan özel koşullara yaşamsal uyumun, ya da daha ender olarak, genetik sürüklenişin sonucu olarak görülür. Böylesine uyum sağlama, coğrafi anlamda yaygın hayvan ve bitki türlerinin varlığı ile geniş biçimde belgelenmiştir, fakat yerel olarak gelişmiş özelliklerle yerel koşullar arasında bağ kurmak her zaman olanaklı değildir. İnsanda, belirgin, değişken özelliklerden biri, ultraviyole (UV) yoğunluğunun yüksek olduğu yörelerde vücudu bu ışınlara karşı koruma, düşük olduğu yörelerde de vücudun gereksindiği D vitaminini üretme görevini üstlenecek biçimde, güneş ışınlarına uyum sağladığı varsayılan derinin rengidir. Ne var ki, Harvard Üniversitesi'nde genetikçi Richard Lewontin'e göre, koyu ve açık renkli cildin değişik enlemlerdeki yaşamsal değerleri şimdiye değin hiç sınanmadığından, bu varsayımsal yararlar yine birer varsayım olarak kalmak durumundadır.

Çok genel çevresel koşullardan kaynaklanan iki unsurun hayvan vücut yapısını etkilemiş olduğu, 19. yüzyılda saptanmıştır. Bergmann kuralı olarak bilinen birincisi; herhangi bir türün yaşam alanının görece soğuk kesimlerindeki bireylerin iri yapılı olduğu ile ilgilidir. İkincisi (Allen kuralı) ise, görece soğuk yörelerde kollar, bacaklar parmaklar ve kulaklar gibi vücut uzantılarının daha kısa olduğunu belirtmektedir. Elbet soğuğa uyum sağlama sonucu gelişen bu yapısal unsurlar ısı kaybını azaltır ve bu bağlamda insanla hayvanların ortak bir özelliğini oluşturur. Sayısız kuşaklar boyu, Afrika'nın doğusunda yaşayan Maasailer gibi, sıcak ve kuru iklim koşulları altında yaşayagelen toplumlarda vücut yapısı ince, kol ve bacaklarsa uzun yapılı olma eğilimindedir. Öte yandan, binlerce yıldır çok soğuk iklim koşullarına uyum sağlayabilmiş eskimolarsa, kolları bacakları kısa, iri bir vücut yapısına sahiptir.

Irksal özellikler olduğu sanılan birçok anatomik özelliği, yaşamsal uyuma bağlayarak açıklamaya çalışmak aşırı kolaycılık olur. Saç dokusu buna bir örnektir; ayrıca, üst gözkapağının üzerinde epikantik kıvrımın (Asyalı toplumlarda ortak bir özellik) bulunup bulunmaması, dudakların biçimi, ve meme uçlarının yapısı gibi başka örnekler de verilebilir. Coğrafi toplumların değişmez özelliği durumuna gelen bu tür anatomik özelliklerin tümü, aynı ölçüde, doğal seçilim açısından farklılık göstermeyen genlerin coğrafi toplumlarda rastgele egemen olması sonucu ortaya çıkabilir.

Irksal gruplar arasındaki anatomik farklılıklar yadsınamaz ama davranış farklılıkları, özellikle zihinsel yeteneklere ilişkin ayrılıklar, tarihsel açıdan tartışmaya, çekişmeye çok daha açık konulardır. Sorun kültürel açıdan yanlı değerlendirmeler ve katıksız önyargılarla uzun süre o denli bulandırılmıştır ki, açık seçik bir yanıt bulmak olanaksızdır. Bir yeteneği bir başkasına yeğleyen koşullara uyma sonucu ilke olarak, zihinsel yeteneklerde farklılık söz konusu olabilir. Ancak şimdiye değin, bölgesel ırklar arasında, özellikle IQ olarak simgelenen zekâ düzeyinde, genel olarak benimsenmiş, önemli eşitsizlikler ortaya konabilmiş değildir.

Bugünkü insanın kökenine ilişkin bu iki güncel model, ırksal farklılıkların ortaya çıkışı konusunda değişik yaklaşımlar sergiliyor. Çokmerkezli modele göre, yerel toplumlar bir milyon yıl kadar önce oluşmuştur; bu nedenle, gen alışverişine karşın, zamanla önemli ölçüde ırksal farklılık birikimi olabilir. Bugünkü coğrafi toplumların uzak geçmişteki ataları bağlamında fosil buluntuların anlamı konusunda, antropologlar arasında önemli görüş ayrılıkları vardır. Afrika'da ortaya çıkan *Homo sapiens*'lerden gelen toplumları, günümüz toplumlarının yakın geçmişteki ataları olarak değerlendiren Afrika'dan Çıkış modeli pek derin olmayan ırksal kökler ileri sürmektedir.

Bugünkü toplumlar arasındaki başkalaşım, yaklaşık 250 bin yıl önceki arkaik *sapiens* toplumları arasındakinden daha azdır; dahası en olası durum açısından değerlendirildiğinde, bunun, yakın geçmişte tek bir atasal toplumdan türemiş bugünkü toplumlarla da tutarlı olduğu görülür.

Bugünkü insanın dolayısıyla da bugünkü coğrafi toplumların, yakın geçmişteki bir atasal toplumdan gelmiş oldukları temel genetik bulgularla da doğrulanmaktadır. Bugünkü insan toplumlarının Mitokondriyal DNA'larındaki genetik çeşitliliğin genel kapsamı, insansı maymun topluluklarındakinden daha dardır. İnsanla insansı maymunların 5 milyon yıl kadar önce ayrıştığını varsayalım. Eğer bugünkü insan grupları 1 milyon yıl önce oluşmuşsa, insanın Mitokondriyal DNA'sındaki değişikliğin insansı maymunlarınkinin beşte biri kadar olması gerekir. Gerçekte bu, onda birden daha fazladır.

Dahası, 20 yıl kadar önce Lewontin'in saptadığı gibi, bugünkü coğrafi toplumlar genetik açıdan birbirlerine son derece benzerler. Lewontin, 7 temel coğrafi grupta, kan grupları ve çeşitli enzimler de dahil, 17 gendeki değişiklikleri incelemiştir: Kafkasyalılar, Siyah Afrikalılar, Mongoloidler, Güney Asya Yerlileri, Amerika Yerlileri, Okyanusyalılar ve Avustralya Yerlileri. O zaman sürpriz olarak değerlendirilen ama somut biçimde kalan sonuç, genetik değişimin büyük çoğunluğunun (%85), olduğudur. Irklar arasındaki farklılıklar tüm değişkenliğin çok küçük bir kısımını oluşturur.

dolaylarında), bu değerlendirmede Stringer açısından önemli idi- diğer araştırmacılar açısından olduğu gibi. Bu konuda Fred Smith şunları söylüyor: "Birkaç yıl önce bugünkü insan vücut yapısının, dünya çapında aşağı yukarı aynı zamanda ortaya çıkmış göründüğü düşüncesindeydim. Bugünkü anatomik yapının ilk ortaya çıktığı yer anlamında bir köken alanının varlığına ilişkin hiçbir sağlıklı dayanak olmadığını savunuyordum. Şimdi kabul etmek zorundayız ki, bugünkü insan vücut yapısının Afrika'da, Avrupa'da olduğundan daha erken ortaya çıktığına ilişkin oldukça geçerli kanıtlar var". Ancak Smith, ilk modern toplumlar Afrika dışına yayıldıkça, Eskidünya'nın çoğu yörelerinde yoğun biçimde bir toplum kaynaşması olduğunu söylüyor. Fakat, yeni toplumların eski toplumların yerini almasının, klasik Neandertallerin ülkesi Batı Avrupa'da gerçekleştiği konusunda Stringer'in görüşüne katılmaktadır.

Böylece Smith'in kuramı, Afrika'dan Çıkış modeliyle Çokmerkezli model arasında, bunların her ikisini uzlaştıran bir konumda yer almaktadır. New Mexico Üniversitesi'nden, bugünkü insanın kökeni üstüne çalışmalarıyla ünlü Erik Trinkaus da aynı konumu paylaşmaktadır. Ancak konuya ilişkin tartışmaların büyük ölçüde elektriklenip kutuplaştığı günümüzde bu kavramsal ortayol modeli pek ilgi görmüyor.

Milford Wolpoff'un fosil kayıtlara ilişkin değerlendirmesi Stringer, Smith ve Trinkaus'unkilerden farklıydı elbet. Çokmerkezli kuramın katı yandaşları yalnızca Afrika'daki varsayımsal ilk modern fosillerin değerlendirilişini ve tarihlendirilişini sorgulamakla kalmıyor, aynı zamanda Eskidünya'nın her yerindeki doğrusal evrime ilişkin kanıtlara da işaret ediyorlar. Wolpoff, "Her yerde süreklilik görüyorum; hatta Batı Avrupa'da bile Neandertallerle bugünkü insan arasında bir ölçüde melezleşme olduğunu sanıyorum. Çünkü modern insanda kimi Neandertal özellikler görürsünüz" diyor. Bu özellikler burnun biçimi ve büyüklüğü gibi apaçık yapısal özelliklerden, kafatasının pek göze görünmeyen ayrıntılarına dek sıralanır. Örneğin Wolpoff, Neandertallerin yarısında, mandibüler sinirin geçtiği altçenedeki kanalın özgün bir biçimi olduğunu söylüyor. Bu bölgedeki ilk modern insanların yarısında, gittikçe küçülüp önemsizleşmesine karşın, aynı yapının gözlendiğini belirttikten sonra, Afrika kaynaklı, 100 bin-200 bin yıllık (bugünkü insanın kökenine ilişkin varsayımsal tarih) çene fosillerinde ise bu yapıya neredeyse hiç rastlanmadığını söylemektedir.

Wolpoff ve Alan Thorne, "Sonuçlar ortadadır" diyorlar. Eğer Afrika kökenli ilk modern toplumlar, Avrupa'daki arkaik toplumların yerini almışsa, " o zaman bu özelliğin iki kez gelişmiş olması gerekir (İlkin Neandertaller arasında daha sonra da -Afrikalı modern'in- soyağacının Avrupa kolunda). Wolpoff ve Thorne'a göre, bunun daha akla yatkın bir açıklaması, "Neandertallerin diğer toplumlarla melezleşerek, sonraki Avrupalı toplumlara genetik açıdan katkıda bulunduğu"dur. Anatomik özelliklerin bölgesel sürekliliği varsayımına ilişkin pek çok örnekten biridir bu; Wolpoff ve Thorne, açıklamalarını şöyle sürdürüyorlar: "Dünyanın her bir bölgesinde yaşayan toplumları, kalıntıları, söz konusu bölgenin fosil yataklarında korunmuş yerel atalarına bağlayan kanıtlar bulduk". İncelenen bu alanların içinde, "en inandırıcı kanıtlar Asya'dan gelmektedir".

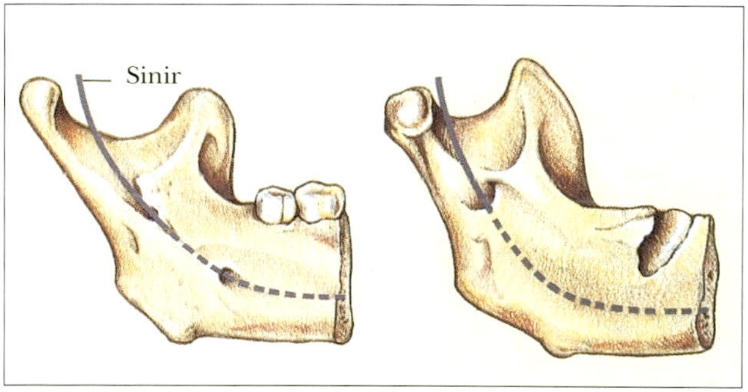

Neandertallerle Avrupalı bugünkü toplumlar arasında olası bir bağ, çene yapısında kendini gösterebilir. Çokmerkezli Evrim kuramının savunucuları, yaşayan insanlarla fosillerin çoğunda mandibüler sinirin geçtiği kanal ağzının oluklu (soldaki) *olmasına karşın, Neanderthallerde bu kanal, kemiksi bir sırtla çevrelenmiştir* (sağdaki). *Kimi sonraki toplumlarda da görülen bu Neandertal özellik, sınırlı düzeyde de olsa, genetik sürekliliğe işaret etmektedir.*

Sözgelimi, Çokmerkezcilere göre, Kuzey Asya'da kafatasının çeşitli özellikleri (yüzün, elmacıkkemiklerinin biçimi ve kürek şeklindeki kesicidişler), Çin'de Zoukoudian Mağarası'nda bulunan ünlü Pekin insanına ait 750 bin yıllık fosil örnekleri aracılığıyla, günümüz Çin toplumlarına dek izlenebilir. Ancak üzerinde en çok durulan fosil örneği Avustralya kaynaklıdır. Bu konuda Wolpoff ve Thorne şunları söylüyorlar: "Endonezya kaynaklı fosillerde, Afrika'dan göçenlerin herhangi bir zamanda araya girdiğine ilişkin hiçbir iz taşımayan anatomik bir süreklilik izlenebilir. Bu süreklilik yaklaşık bir milyon yıl önce, Java insanının -1891'de bulunan insansı türü Homo erectus'un bir temsilcisi - kalıntıları ile başlar, aşağı yukarı 10 bin yıl önceki Avustralyalıların kalıntılarıyla sona erer". Bu iki bilim adamına göre, ilk Java Homo erectus toplumunda, ablak çıkıntılı yüzler, iri, yuvarlak elmacıkkemikleri ve iri dişler gibi, gerek yapı (morfoloji), gerekse ayrıntı bağlamında bugünkü toplumlara dek izlenebilen yapısal özellikler vardı.

Kow Bataklığı (yaklaşık 10 bin yaşında)

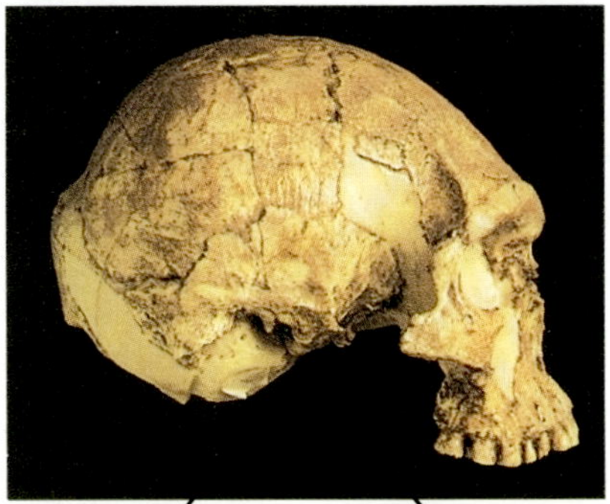

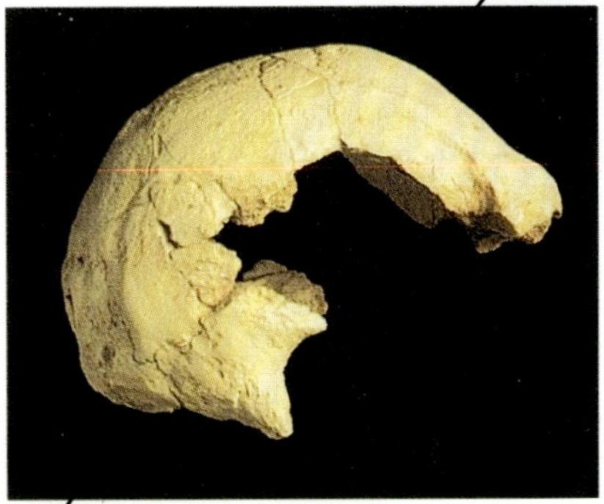

Willandra Gölleri (Üst Pleistosen)

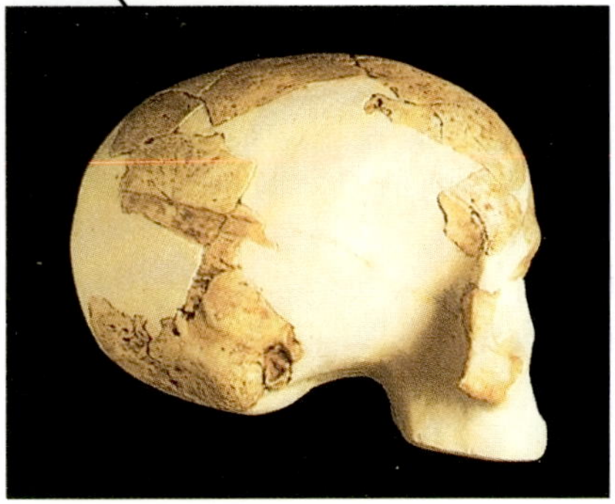

Border Mağarası (Üst Pleistosen)

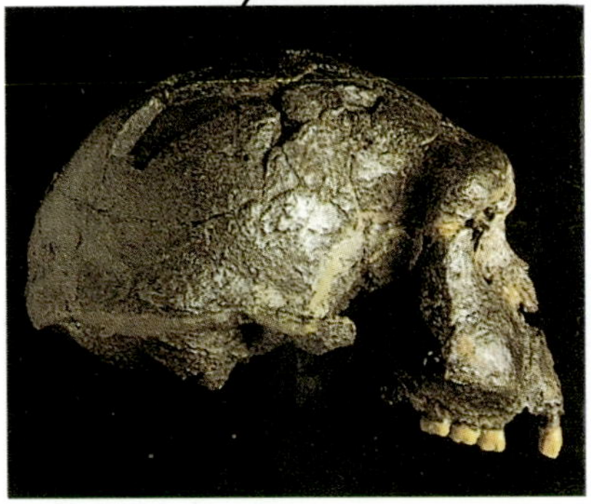

Sangiran (Orta Pleistosen)

Çokmerkezli Evrim varsayımını desteklemek için onu savunanlarca gösterilen kanıtlar: Avustralya'daki fosil yataklarından (Sangiran, Willandra Gölleri, ve Kow Bataklığı) kafataslarında süren değişiklikler, coğrafi açıdan bugünkü insanın Avustralya'da yüz binlerce yıl önce gelişmiş olduğunu düşündürüyor. Güney Afrika'daki Border Mağarası'ndan çıkarılan kafatasının yapısal özellikleri yakın geçmişteki Avustralya toplumu için Afrikalı bir ata yakıştırmasını çürütmüştür.

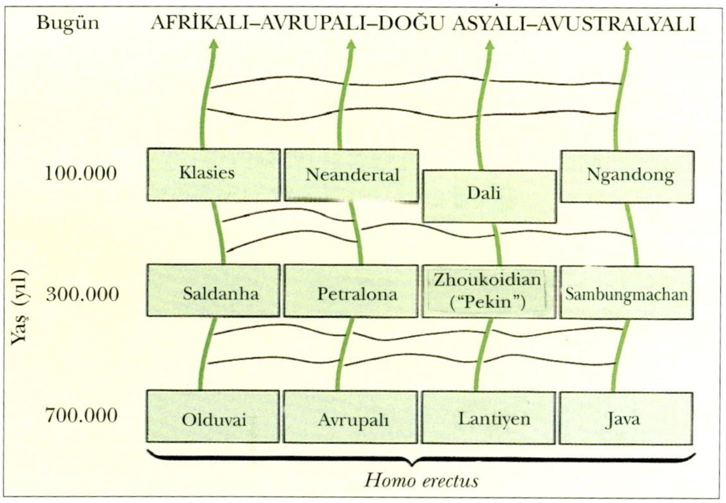

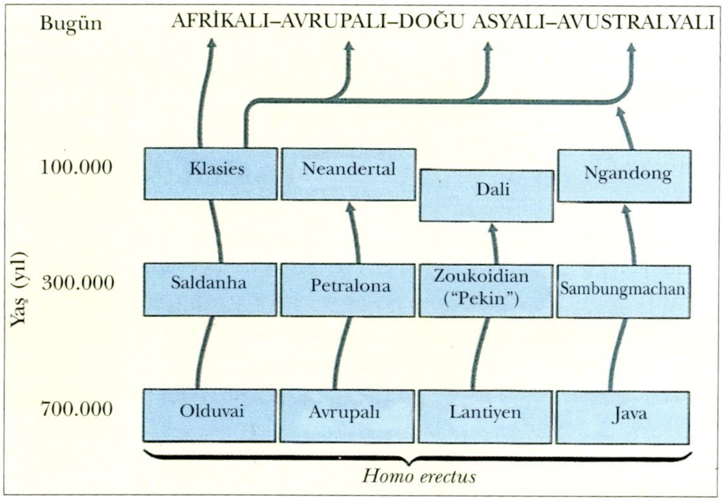

Evrimsel modellere ilişkin bir karşılaştırma. Çokmerkezli Evrim modelinde (üstte), *bugünkü bölgesel özelliklerin aynı bölgelerdeki eski toplumlardan geldiği belirtiliyor; tüm bugünkü toplumların özdeşliğinin, çağdaş toplumlar arasındaki gen alışverişinin sonucu olduğu söyleniyor* (yatay çizgiler). *Afrika'dan Çıkış modeline göre, bugünkü bölgesel farklılıklar Afrika kökenli toplumlarda yakın geçmişte ortaya çıkmıştır; Avrupa, Asya ve Avustralya'da o zamanlar yaşayan toplumların yerini bu sonradan gelen Afrikalı toplumlar almıştır.*

Bunların tümü vücut yapısında bölgesel sürekliliğin sağlıklı göstergeleri olabilir. Ancak Stringer'e göre, anılan yapısal unsurların birçoğu ilkel niteliklerdir. Başka bir deyişle, bunlar eski toplumların birçoğunda görüldüğünden, belirli coğrafi bölgelere yönelik ayırt edici ipuçları olarak değerlendirilemez. Bu konuda Stringer, "yeryüzünde, kürek biçiminde kesicidişlere yaygın olarak Asyalı modern toplumlarda rastlandığı doğrudur" dedikten sonra, şu örneği veriyor: " Ve Pekin insanının fosillerine bakarsanız bu dişlerin hepsi kürek biçimindedir; bu sağlıklı bir süreklilik gibi görünüyor. Ama Neandertallerinkine bakarsanız, aşırı öl-

Tarihlendirmede Devrim

İnsan fosillerinin ve insanın üretmiş olduğu aletlerin, nesnelerin yaşlarının antropologlarca, arkeologlarca saptanması kaçınılmazdır; tersi durumda evrim süreci boyunca oluşan anatomik ve davranışsal değişiklikleri izlemek olanaksızlaşırdı. Bu bölümde göreceğimiz gibi, Paleoantropoloji alanında son zamanlarda geliştirilen iki tarihlendirme yöntemi, insanın kökenleri bağlamında bugünkü Yakın Doğu'daki evrimsel sürekliliğin değerlendirilmesinde devrim yaratmıştır.

Araştırmacıların elinde, fosillerin ya da aletlerin yaşının belirlenmesinde yararlanabilecekleri iki yöntem vardır: Doğrudan yöntem ve dolaylı yöntem. Doğrudan yöntem, nesnelerin yaşının dolaysız biçimde saptanmasına yarar; bu nedenle, eninde sonunda yeğlenen seçenektir. Ancak burada iki ayrı sorun var: Birincisi, çok eski fosillerle, taş araç ve gereçlerin doğrudan tarihlendirilmesine yönelik bir yöntem şimdilik yoktur. İkincisi, karbon-14 ve elektron spin rezonans gibi kimi yöntemler salt dişlere ya da genç fosillere, kayadibi sığınakları ve mağara duvarlarındaki resimlerin boyalarına doğrudan uygulanabilmektedir. Eski, toprak kap kacaklarla çakmaktaşı araç gereçlerin tarihlendirilmesinde ısılışılımsal (thermoluminescent) yöntemden yararlanılmaktadır.

Dolaylı tarihlendirme yönteminde özgün bir yaklaşım söz konusudur: Burada, bir fosil ya da nesnenin yaşı, birlikte bulunduğu ya da ilintili olduğu bir nesnenin tarihlendirilmesiyle belirlenir. Örneğin, aynı tortul katmanında yer alıp da insana ait olmayan dişler elektron spin rezonans yöntemiyle doğrudan tarihlendirilebilir. Aynı şekilde, insan fosilleriyle birlikte bulunan çakmaktaşı aletlerin yaşı ısılışılımsal yöntemle belirlenebilir. Böylece, fosillerin ya da el ürünü nesnelerin yaşları, onlara eşlik eden ama insana ait olmayan fosillerin evrimsel aşamalarına ilişkin bilgiler, "faunal korelasyon" adı verilen bir yöntemle dolaylı olarak saptanabilir.

Koşullar elverdiği sürece en yaygın biçimde kullanılan dolaylı yaklaşım, incelenmesi amaçlanan nesnenin üstündeki ve altındaki tortul katmanların (stratigrafik katmanlar) tarihlendirilmesine dayanır. Bu katmanlar aşağıdan yukarıya doğru oluştuğundan, altta yer alanlar en yaşlı, üsttekilerse en genç katmanlardır. 1,2 milyon yıllık bir katmanla 1,3 milyon yıllık bir katman arasında yer alan bir nesnenin yaşı, bu iki sayının ortalaması alınarak belirlenir.

Günümüzde antropologlar, radyoizotopların çoğu kez düzenli, sürekli bozunumuna dayalı bir dizi tarihlendirme yönteminden yararlanırlar. Bunların en yaygın olarak kullanılanı, izotop potasyum 40'ın sabit izotop argon-40'a bozunumuna dayanan potasyum-argon yöntemidir. Potasyum içeren mineraller, geçen zaman süresinin hesaplanmasına olanak sağlayan argon -40'ı sürekli olarak biriktirir. Ancak, bu yaklaşımların tümünde temel unsur, saatin bir noktada sıfırlanmasının gerektiği ile ilgiliydi. Bu durum, volkanik patlamalar sırasında püskürtülen potasyum içerikli minerallerde oluşur: Kristal dokusundaki argon-40 izotopu, yüksek ısının etkisiyle açığa çıkar. Böylece, volkanik küllerde bulunan argon -40, volkanik püskürmeden bu yana sürekli biçimde birikmektedir. Bu nedenle, fosillerin dolaylı olarak tarihlendirilmesinde, volkanik kül katmanlarıyla örtülü alanlar özellikle yeğlenir.

Antropoloji alanında, potasyum-argon tarihlendirme yöntemi ilkin 1960'larda, Olduvai Gorge'da Mary Leakey tarafından bulunan ünlü Zinjanthropus kafatasının tarihlendirildiği zaman kullanılmıştır. Sonuçta bu kafatasının diğer yöntemlerle belirlendiği gibi 0,75 milyon yıllık değil, 1,75 milyon yıllıktan fazla olduğu anlaşılmıştır. Tarihlendirmede bir devrim demekti bu.

Antropologların daha önceleri kullandığı tarihlendirme yöntemleri, onları moral bozucu bir sorunla yüz yüze getirmişti: Radyokarbonla tarihlendirme, 30 bin-40 bin yıl arası bir dönemi kapsayabiliyordu; buna karşın, potasyum-argon yöntemi, yaklaşık bir milyon yıl öncesine dek geçerli olabiliyordu. Bugünkü insanın kökeni de bu süre içinde bir yere düşmektedir. Isılışılım ve elektron spin rezonans yöntemleri bu süreyi kapsayabildiğinden, bunların 1980 ortalarında kullanıma girmesiyle, tarihlendirmede başka bir devrim olasılığı gündeme gelmişti.

Her iki yöntem de, diş minesi ya da çakmaktaşı gibi, inceleme konusu nesnenin kristal yapısının doğal biçimde ışınlanmasına dayanır. Işın kaynağını toprakta ve incelenen nesnenin içinde oluşan uranyum, toryum ve potasyum izotopları oluşturur. Işınlamanın etkisiyle, elektronlar kimi zaman doğal taban konumundan, yüksek, uyarılmış bir konuma yükselirler. Bunların çoğu gerisingeri taban konumuna düşerken, kimileri, kristal dokusundaki kusurlardan ya da yabancı maddelerden dolayı yüksek konumda iken tutulurlar. Zamanla, uyarılmış elektronlar, argon-40'ın volkanik kül içindeki potasyum-içerikli minerallerde biriktiği biçimde birikir. Tıpkı potasyum-argon saatinin volkanik püskürme sırasındaki ısının etkisiyle yeniden sıfırlanmasında (işlemeye başlamasında) olduğu gibi, ısı etkisiyle uyarılmış-elektron saati de aynı şekilde sıfırlanır. Bu yöntemle tarihlendirilen nesneler arasında, pişirilmiş toprak kap kacaklarla, kullanıldıkları sırada rastlantı sonucu ocak ateşinden etkilenmiş nesneler yer almaktadır. Diş minesinin kristal dokusu, oluşmaya başlarken sıfırlanır.

Isılışılım ve elektron spin rezonans yöntemleri, tutulmuş, uyarılmış elektron miktarını saptama yordamları bakımından farklılık gösterirler. İlkinde, inceleme konusu materyal ısıtılarak, elektronlar uyarılmış düzeyden taban konumuna düşürülür; böylece, elektron başına bir fotondan oluşan ışın açığa çıkar. Salınan ışın miktarı uyarılmış konumda biriken elektron sayısını ve bunların birikim süresini gösterir.

Uyarılmış konumda iken tutulan elektronlar, paramanyetik alanlar oluşturarak elektron spin rezonans (ESR) diye bilinen özgün sinyaller üretirler. Bu sinyaller, örneği dış kaynaklı değişken bir manyetik alana ve mikrodalgalara tutarak elde edilir; manyetik alanın kritik bir düzeyinde, mikrodalgalar, tutulmuş elektron sayısınca belirlenebilecek ölçüde emilirler. ESR sinyallerinin gücü, böylece, incelenen materyalin sıfırlanışından beri geçen süreyi gösterir.

Her iki yöntemde de, materyalin hem içine hem de dışına yönelik ışın yoğunluğunun belirlenmesi gerekir; bu da örneğin kendisinin yanı sıra, çevresindeki toprağın da ilgili radyoizotoplar açısından incelenmesiyle sağlanır. Burada önemli bir sorun, uranyumun toprağın içindeki diş mineraline işleyerek onun radyasyon içeriğinin dozunu değiştirme eğiliminde olmasıdır. Gerçi bu durum, hesaplama sırasında göz önünde tutulabilir ama elektron spin rezonansla (ESR) tarihlendirmelere gölge düşürebilir. Şimdiye değin, bir ölçüde, diş dokusuna göre daha çok uranyum emmesi, ama aynı zamanda mineral içeriğinin, diş minesinin yüzde 96'lık oranına karşılık yüzde 40-60 arasında olması nedeniyle, kemiğin bu tarihlendirme yöntemine elverişli olmadığı görülmüştür. Mineralin içinde süren değişikliklerin karmaşık oluşu ve fosilleşme sürecindeki kemiğin şekilsiz (amorf) aşamaları, ESR değerlendirmelerinin güvenirliğini ortadan kaldırır.

Isılışılımsal tarihlendirme yöntemi diş minesine uygulanamaz, çünkü ısıyla yaratılan kimyasal değişiklikler aynı zamanda ışık enerjisi de saldığı için, ölçümler yanıltıcı sonuçlar verebilir. Çakmaktaşı ve toprak kap kacağın içindeki kristal dokuların, tutulmuş, uyarılmış elektronlar yardımıyla net ESR sinyali üretimine elvermeyecek denli yetersiz düzenlenişi nedeniyle, elektron spin rezonans yöntemini bu materyallere uygulama olanağı yoktur.

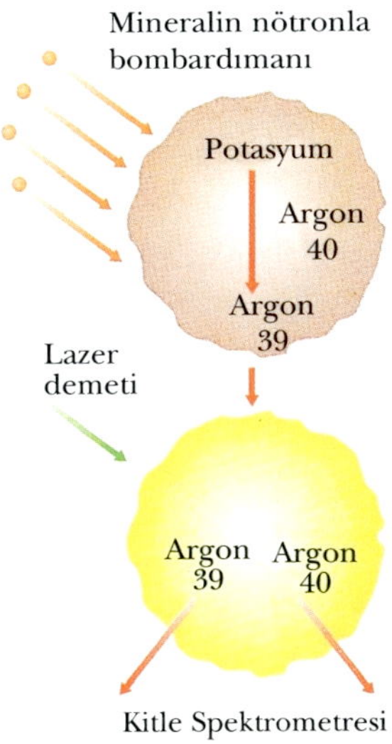

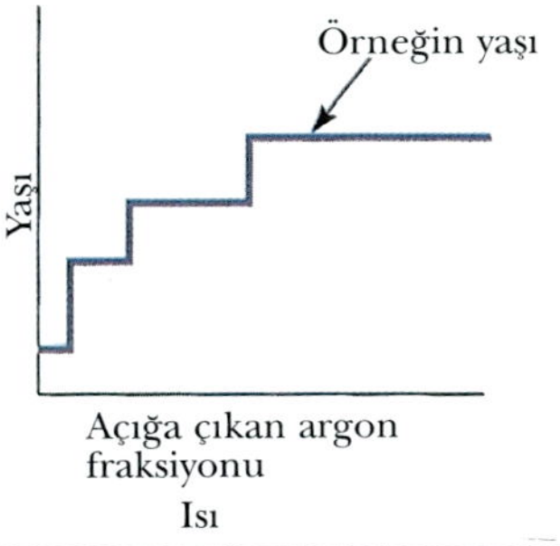

Potasyum/argon tarihlendirme yöntemi, ender izotop potasyum -40'ın süreduran (inert) bir gaz olan argon 40'a yavaş yavaş radyoaktif bozunumuna dayanır. Bir mineral örneğindeki argon-40 birikimini ölçerek, mutlak potasyum miktarının da bilinmesi koşuluyla, mineralin yaşı hesaplanabilir (Doğal minerallerde, bol, sabit potasyum -39 izotopunun radyoaktif potasyum-40'a oranı değişmez). Örneği, nötron ışınlarına tutarak potasyum-39, argon -39'a dönüştürülür. Örnek, yüksek derecede ısıtılırsa, biri potasyum içeriğine ilişkin bir taban-çizgisi oluşturmak, diğeri de örneğin yaşını göstermek üzere argon izotoplarının her ikisi de açığa çıkar. Örnek, gittikçe artan oranlarda aşama aşama ısıtılabilir. Argon, ilkin, mineral taneciklerinin dış katmanlarından açığa çıkar. Söz konusu örnek, yaşamı süresince doğal ısıdan etkilenmemişse, bu yöntem, örneğin yaşını simgeleyen yatay bir çizgi oluşturur. Öte yandan, doğal ısıdan etkilenmiş bir örnek, birikmiş argon 40'ın bir kısmını yitirmiş olabileceğinden, gazsızlaşmış dış katmanların yaşını yapay olarak genç gösterecektir. Sonuç olarak, örneğin gerçek yaşı, merkezinden salınan gazın oluşturduğu bir plato biçiminde ortaya çıkar.

çüde aşınmamış olan kesicidişlerinin, kürek biçimini koruduğu görülebilir. Bunları Avrupa'da Neandertal-öncesi dönemde, Afrika'da ise *Homo erectus*'ta görürsünüz. Öyleyse, bu Asyalı toplumların ne ölçüde bir özelliği olabiliyor? Olamaz." Stringer, aynı savını, Asyalı ve diğer toplumlardaki bölgesel sürekliliği gösterdiği söylenen birçok özellik için de öne sürebilirdi.

Ne var ki, fosil buluntuların büyük ölçüde seyrek oluşundan ötürü, Avustralasya ayrı bir konudur: Wolpoff ile Thorne'un "Afrika'dan göç edenlerin araya girdiğine ilişkin hiçbir iz taşımayan anatomik bir süreklilik" ten söz etmelerine karşın, gerçekte ancak seyrek, benek benek bir yerleşim biçimine dayalı bir süreklilik söz konusudur. Bu süreklilik yaklaşık 700 bin yıl önce, Java insanı ile başlayarak aşağı yukarı 100 bin yıl önceki Ngandong örneklerine, oradan da 30 bin yıl kadar önce başlayan Avustralya fosil belgelerine sıçrıyor. Bu anatomik süreklilikte çok sayıda kopukluk var, ama Java insanına özgü kimi yapısal özellikler tarihsel Avustralya toplumlarına yansımış görünüyor. En erken dönemlerde yaşamış Avustralyalı toplumlarla, yaklaşık 10 bin yıl öncekiler arasındaki pek çok yapısal çeşitlilik sorunun başka bir karmaşık yanıdır. Kimi toplumların son derece iri vücut yapısına, kalın kemikli kafatasına ve belirgin biçimde çıkıntılı kaşlara sahip olmalarına karşın, diğerlerinde bu özellikler o denli belirgin değildir. Ancak zamanla vücut yapısındaki kabalıklar törpülenmiştir. Yoksa Avustralya'ya biri iri yapılı diğeri ise daha ince yapılı toplumlarca olmak üzere iki kez mi yerleşilmişti? Ya da burada ortaya çıkan ilk toplumda olağandışı boyutlarda anatomik bir çeşitlilik mi söz konusuydu?

Çokmerkezciler için yanıt çok açık ve yalın: Bu özellik eski bir soydan gelmedir; bir zamanlar Wolpoff'un dediği gibi, "Eski Java'nın izleri". Stringer, bu özelliklerin yerel olarak evrimleşmesinin büyük ölçüde mümkün olduğunu ileri sürüyor ama öte yandan, bu coğrafi bölgenin evrimsel tarihini tam olarak açıklayamadığını da kabul ediyor.

Bugünkü insanın kökenlerine ilişkin görüşlerin biçimlenmesine özellikle katkıda bulunan başka bir bölge de, başta İsrail olmak üzere, Ortadoğu'dur. Karmel Dağı'ndaki (Nazareth kenti yakınlarında bir yerleşim alanı) bir dizi mağaradan ve Galilee Denizi* kıyısındaki bir başkasından 1930'lardan beri araştırmacılarca fosil birey parçaları çıkarılmaktadır. Kimilerinin gömülü durumda olduğu bu fosillerin tümü, bugünkü insa-

*Galilee Denizi: Celile Denizi (Taberiye Gölü). (ç.n.)

nın kökenini de içine alan bu ilginç dönemden gelmektedir. Tabun, Amud ve Kebara'da bulunan kimi fosiller, Neandertal insanına çok benziyor. Skhul ve Qafzeh'de bulunanlarsa, görece iri gövdeli olmalarına karşın, daha çok bugünkü insanı andırıyor. Yakın geçmişe dek, bu değişik bireylere ilişkin değerlendirmeler, doğrusal evrim kuramıyla tam olarak uyum içindeydi: Tabun, Amud Kebara insanları, modern insan toplumlarına yani Skhul ve Qafzeh insanlarına evrimleşen toplumların üyeleri olarak kabul edilmiştir. 1980'li yılların sonlarında, bu fosillerin birkaçına ilişkin yeni tarihlendirmelerin, Neandertallerden modern insana doğru bir evrimleşmenin olanaksızlığını ortaya koymasıyla bu tablo param parça oldu.

Daha Çok Kanıt

Bu yöredeki Neandertallerin 50 bin yaşın üzerinde olduğu düşünülüyordu; bu görüş Paris'te, Gif-sur-Yvette, Düşük Radyoaktivite Merkezi'nden Héléna Valladas ve arkadaşlarınca 1987'de doğrulanmıştı. Bu araştırmacılar, Kebara Neandertal'i kalıntılarının yanı sıra bulunan çakmaktaşı alet ve nesnelere ısılışılım testi uygulayarak bunların yaklaşık 60 bin yaşında olduğunu saptamışlardır. Ertesi yıl aynı laboratuvarın, Qafzeh'deki modern *sapiens* fosillerinin yaşını 92 bin yıl olarak saptaması çok şaşırtıcı olmuştur. Stringer, yayımlanan sonuçları, "Bu tarihler kimi modern *Homo sapiens*'lerin bu bölgedeki Neandertalleri öncelediğini ortaya koymakla, geleneksel evrim kuramını tepetaklak etmiş oluyor" biçiminde yorumlamıştır. Eğer Ortadoğu'da bugünkü İnsan Neandertallerden önce yaşamışsa, Neandertaller onun atası olamazdı. Dolayısıyla, doğrusal evrim varsayımı, bu kanıtlar karşısında gündemden düşmüş oluyor (Elbet söz konusu tarihler doğruysa).

1989'da, bu kez Skhul'a (ilk modernlere) ve Tabun'a (Neandertallere) ilişkin, sırasıyla 100 bin ve 120 bin yıllık yeni yaşlar belirlendi. Bu tarihler, belki de Avrupalı göçmenler olarak Neandertallerin bölgede daha önce yaşamış olduğunu gösteriyordu. İlk bugünkü insanın 20 bin yıl kadar sonra ortaya çıkmasına karşın, Neandertallerle bugünkü insan arasında bir ata torun ilişkisi olası değildir. 60 bin yıl önce Kebara'da bir Neandertal örneğine rastlanması, bu yargının en güçlü kanıtıdır. Çokmerkezli Evrim varsayımında öngörüldüğü gibi, Neandertaller bölgedeki bugünkü insana evrimleşmiş ol-

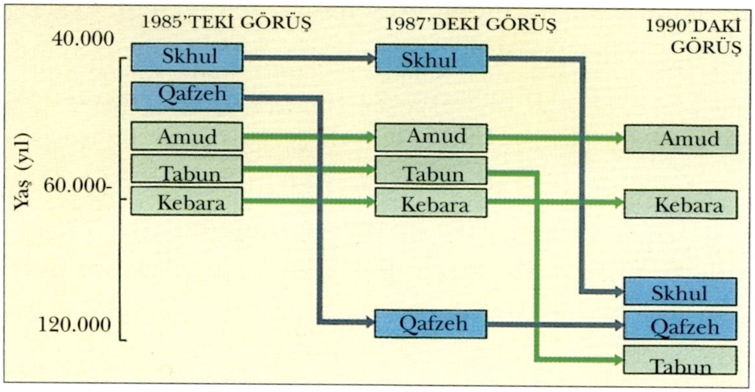

Değişen tarihlerle birlikte varsayımlar da değişiyor: 1980'li yılların ortalarına değin, Ortadoğu'daki Neandertallerin (yeşil kutular) bu bölgedeki modern toplumları öncelediği, dolayısıyla da bunların ataları olduğu sanılıyordu (solda). *1987'de (ısılışılım ve elektron spin rezonans-ESR) yöntemleriyle elde edilen yeni tarihler, Neandertallerden önce kimi modern toplumların varlığını ortaya koyarak, bu varsayımsal atalık ilişkisini* (ortadaki) *sorgulamıştır. Daha sonraki tarihlendirmeler modernlerle Neandertallerin erken bir çağdaşlığını akla getirmektedir ki bu da atalık ilişkisini sorgulamaktadır* (sağda).

salardı, o zaman bugünkü insanın ortaya çıkışını Neandertallerin izlemesi hiçbir biçim de beklenemezdi. Kebara örneği Skhul'dan 40 bin yıl daha yaşlıdır.

Afrika'dan Çıkış kuramının, bu fosillere ve onların yaşlarına ilişkin değerlendirmesine göre, Neandertaller Yakın Doğu'ya 120 bin yıl önce Avrupa'dan göç etmişlerdir. Yapıca bugünkü insan, bu bölgeye 100 bin yıl önce gelmiştir. Bu iki toplum daha sonra aşağı yukarı 40 bin yıl birlikte yaşamışlardır. Kebara örneğinin vücut yapısı tipik olarak Neandertal olup, anatomik açıdan bugünkü insanla melezleşme konusunda herhangi bir iz taşımamaktadır. Aynı şekilde, 30 bin-40 bin yıllık olduğu saptanan İsrail ve Lübnan kaynaklı ilk modern fosillerde de, Neandertallerle melezleşmeye bağlanabilecek hiçbir özelliğe rastlanmamaktadır.

Neandertallerle bugünkü insanın, birincisinin Avrupa'da, ikincisinin bir olasılıkla Afrika'da olmak üzere, ayrı ayrı evrimleşmiş olmaları Stringer için yeterli kanıttı. Ancak, Skhul ve Qafzeh fosilleri gerçekten yaklaşık 100 bin yaşındalarsa, bu, onları zaman açısından, Güney Afrika'da bulunan ilk bugünkü insan fosillerine yakın bir konuma yerleştirir. Bu, bugünkü insanın (Afrika'dan Çıkış modelinde varsayıldığı gibi) Sahra-altı Afrika'da değil de, Doğu ya da Kuzey Afrika'da evrimleşmiş olabileceği anlamına mı geliyor? Benimsenmiş güncel tarihlere bakılırsa, evet. Bu, aynı zamanda Ortadoğu'nun da olası bir köken yeri olarak düşünülmesi gerektiği anlamını taşıyor. Bununla birlikte, evrim olgusuna ilişkin değerlendirmelerin, fosillerin doğru tarihlendirilmesine ne denli sıkı sıkıya bağlı olduğu gözden kaçırılmamalıdır.

Bu arada, Çokmerkezciler bu yorumları inandırıcı bulmuyorlardı. Yakın geçmişte yapılan bir bilimsel toplantıda Wolpoff, "Bu fosillerin tümünü inceledim; bunlar bana aynı zamana ait bir topluluğun bireyleri gibi geldi" dedikten sonra konuşmasını şöyle

İsrail'de Kebara Mağarası, başta Neandertal fosilleri olmak üzere, önemli bir insan fosili kaynağıdır.

sürdürmüştür." Evet, kimi anatomik farklılıklar var, ama benim önerim Detroit örneğinin incelenmesidir. Detroit'i incelerseniz, onda Avrupalı vücut yapısını, Afrikalı vücut yapısını, Ortadoğulu vücut yapısını, kısacası yapısal değişikliklerin tümünü görürsünüz. Tıpkı Detroit'in, dünyanın her tarafından insanları çektiği gibi, Levant da o zaman insanları kendine çeken bir yerdi. Burası, Avrupa ile Afrika arasında bir yol kavşağı durumundaydı". Wolpoff'un değerlendirmesi, "tek tür" varsayımının temel ilkelerinden birini içeriyordu; buna göre, özellikle bir dönem süresince, herhangi bir soy çizgisinde pek çok yapısal değişiklik gerçekleşebilir. Ancak, Wolpoff'un dinleyicilerinden çoğu bu görüşe katılmamışlardı.

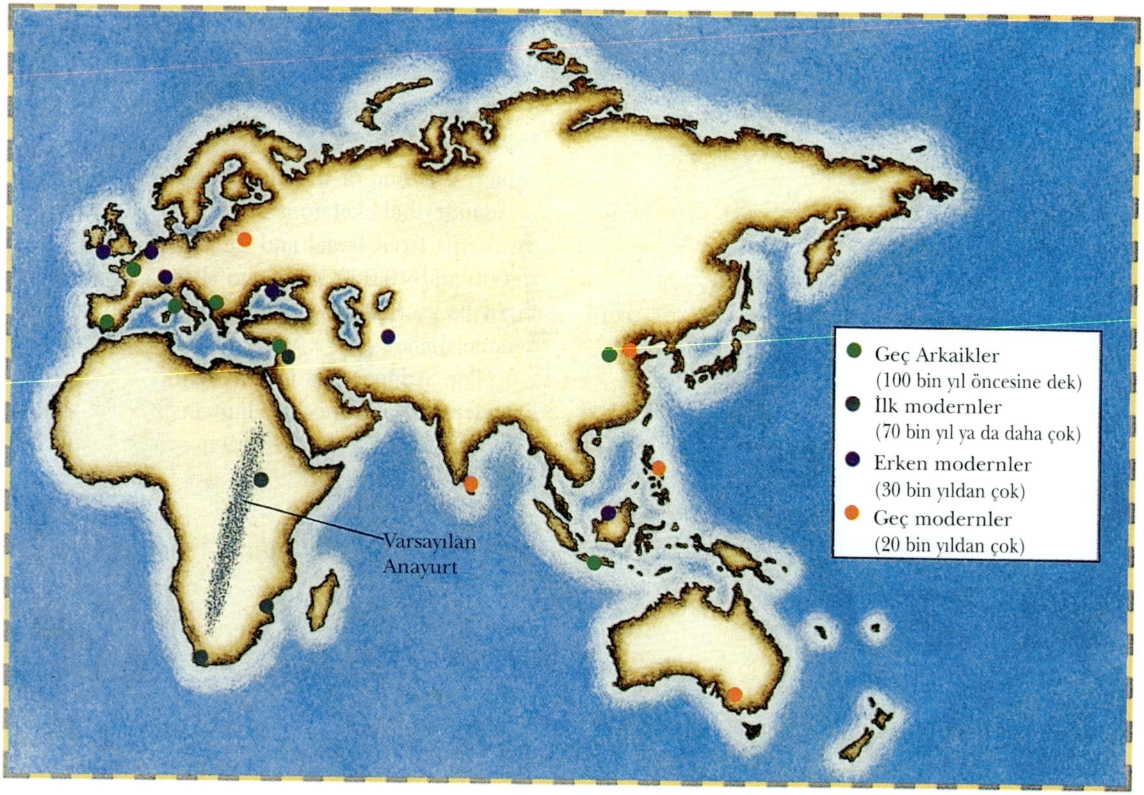

Fosil dağılımı, evrimin tam anlamıyla bugünkü insan doğrultusunda gelişmesi sırasındaki eski toplumların dağılımını gösteriyor.

Gerek bu sonucun, gerekse daha önceki bölümlerde yapılan geçmişe yönelik değerlendirmelerin ortaya koyduğu gibi, fosil yapısına ilişkin değerlendirmeler yalın, nesnel bir ölçütten yoksundur. Stringer, "Bu, fosil materyali kimin incelediğine ve onda ne görmek istediğine bağlıdır" biçiminde yorumluyor bunu. 140 yıldır, fosilleri inceleyen antropologlar, önyargılarla yönlendirilmiş birçok şeye tanık olmuşlardır. Anlaşma kolay sağlanacak gibi görünmüyor. Böyle durumlarda, çoğu kez, aynı konuya yönelik yeni kanıtlar aranır. 1980'lerin sonlarında Mitokondriyal Havva diye adlandırılan fosil birey ve diğer genetik verilerin ortaya çıkmasıyla oluşan da, tam tamına bu idi.

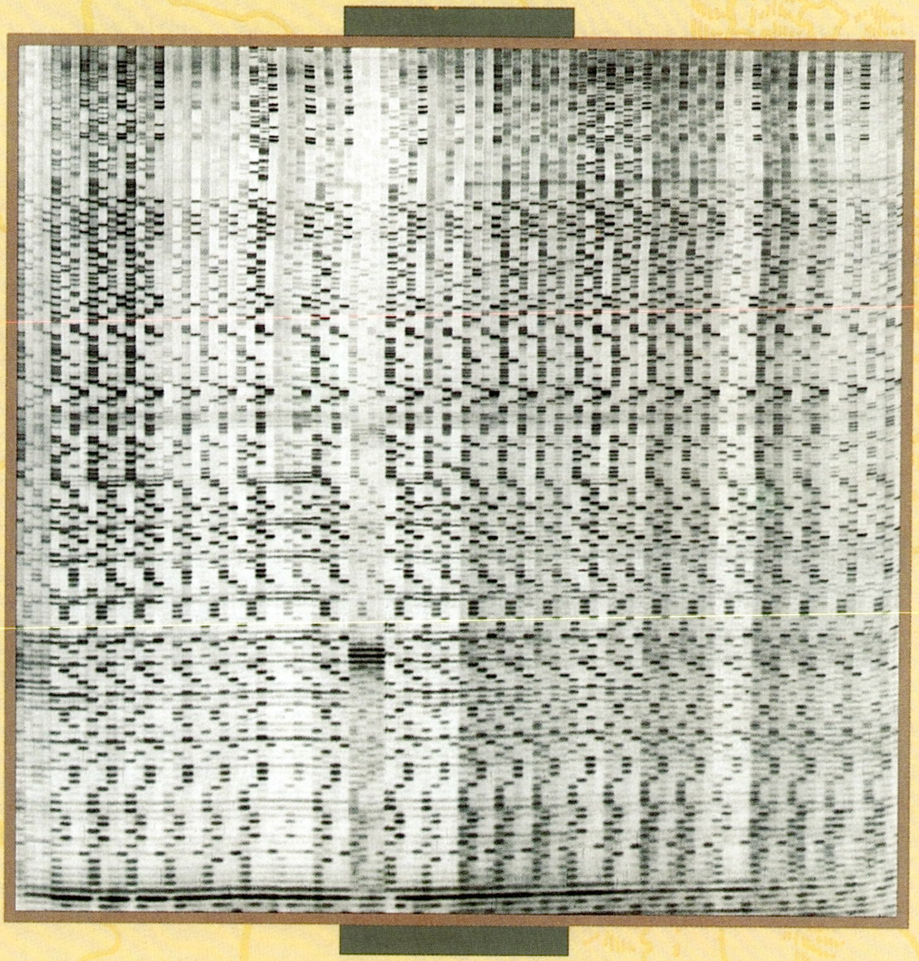

4

MİTOKONDRİYAL HAVVA

Ocak 1987'de Allan Wilson ve Kaliforniya Üniversitesi, Berkeley'den meslektaşları Rebecca Cann ve Mark Stoneking, *Nature* dergisinde "Mitokondriyal DNA ve İnsanın Evrimi" başlıklı bir inceleme yayımladılar. Bu biyokimyacılara göre, yaşayan tüm insanların genetik özelliklerinin bir kısmı, yaklaşık 200 bin yıl önce Afrika'da yaşamış bir dişi bireye dek izlenebilir. Bu incelemeyle ilgili olarak, bir gazetede "Hepimizin Anası-Bir Bilim Adamının İddiası" başlığıyla çıkan bir yazıda İncil'deki Havva'ya gönderme yapıldığından, haber hem bilim çevrelerini hem de bilim-dışı çevreleri aynı ölçüde sarsmıştı. Böylece, bugünkü insanın kökenlerine ilişkin tartışmalarda önemli bir yer tutan "Mitokondriyal Havva" doğmuş oldu.

Az ilerde değineceğimiz nedenlerle, Wilson, arkadaşları ve diğerleri, bugünkü insanın evrimindeki gizi çözebilmek umuduyla, insan hücresinde enerji üretimini üstlenen mitokondrilerdeki DNA'nın yapısını inceliyorlardı.

Buradaki gibi, elektroforetik jeller, DNA dizisinin incelenmesinde kullanılmalarının yanı sıra, Mitokondriyal Havva'nın baş köşede yer aldığı, moleküler antropolojinin de önemli araçlarından biri durumuna gelmiştir.

Havai Üniversitesi'nden Rebecca Cann, DNA dizilimi belirleme (DNA molekülünde nükleotit ya da baz dizisini belirleme). jellerini incelerken görülüyor. Cann, Mitokondriyal Havva kuramını ortaya atan 1987 tarihli Nature *bildirisini yazanlardan biridir.*

Dünyanın her tarafından 147 insana ilişkin bilgiler içeren bu çalışmada, bugünkü insanın kökenleri sorunun çözüldüğü ileri sürülmüştür. Wilson ve arkadaşlarına göre, Mitokondriyal DNA (mtDNA) verileri, "arkaik toplumların modern *Homo sapiens*'lere dönüşümünün yaklaşık 100 bin-140 bin yıl önce ilkin Afrika'da gerçekleştiğini ve günümüzdeki tüm insanların bu Afrikalı toplumdan geldiğini" ortaya koymuştur. Başka bir deyişle, bu veriler, çok geçmeden, Mitokondriyal Havva varsayımı olarak da anılacak olan Afrika'dan Çıkış modelini de destekliyordu. *Nature* dergisinin aynı sayısında çıkan bir yorumunda Oxford, Radcliffe Kliniği'nden Jim Wainscoat, Berkeley'de gerçekleştirilen bu çalışmayı, "bu Afrikalı toplumun -bugünkü insanın- atası olduğundan yana, şimdiye kadarki en güçlü moleküler kanıt" olarak değerlendirmiştir.

Bugünkü insanın kökenleri sorununa mtDNA verileri kullanarak yaklaşan ilk bilim insanlarının, Berkeley ekibini oluşturanlar olmadığını pek az kimse biliyordu. 1983'te Stanford Üniversitesi'nde, şimdi ise Emory Üniversitesi'nde çalışmalarını sürdüren Douglas ve arkadaşları, Wilson'unkilerle temelde aynı sonuçları veren bir inceleme yayımlamışlardı. Berkeley ekibinin incelemelerinin geniş ilgi görmesinin (ilk çalışma ilgi uyandırmamıştı) nedeni, sonuçlarının iddialı biçimde sunulmasında yatıyordu. Öte yandan, mtDNA sonuçları, konuya ilişkin tartışmaları çözüme bağlamaktan çok, tarafları daha da uç noktalara taşıdı. Genetik bulguların geçerliliği konusunda çok farklı görüşleri savunan antropologlarla biyologlar karşı karşıya geldiler. Buna karşılık, bugünkü insanın kökenleri sorununun "temel olarak çözüldüğünü" ileri süren Wilson, bu tartışmaları yoksayarak kendisini eleştirenler hakkında,"bunlar ya verileri anlamıyorlar ya da onları özenle incelemeyi göze alamıyorlar" demiştir. 1992 başlarında mtDNA testlerine ilişkin kimi sonuçların yeterli olmadığının anlaşılması üzerine tartışmalar doruğa tırmandı. Mitokondriyal Havva modeline karşı olanlar, bu varsayımın geçersiz olduğunu ilan etmekte gecikmediler; modelin yanında yer alanlarsa, onun sapasağlam ayakta durduğunu savunuyorlardı.

Emory Üniversitesi'nden Douglas Wallace, bugünkü insanın kökenine yönelik çalışmalarda mitokondriyal DNA'dan yararlanılmasına öncülük etmiştir.

Saatin Tik-takları Hızlanıyor

Özellikle insanın kökenleri bağlamında çelişkili görüşlerin varlığı, Wilson'un alışık olmadığı bir durum değildi. Berkeley Üniversitesi'ndeki meslektaşı Vincent Sarich'le birlikte, insansıların kökenlerinin örüntüsü ve zamanına ilişkin önerileri ile ilgili olarak, antropolojik çevrelere karşı 20 yıl kadar önce girdikleri on beş yıllık savaşım, sorunu tartışan her iki tarafta da kuşku ve öfke yaratmıştır. Wilson ve Sarich'in savları, kan serumunda çözünmüş albüminler, proteinler arasındaki farklılıkların basit, bağışıklıksal ölçülerine dayanıyordu. Çağdaş moleküler biyolojide kullanılan araçlar, genleri DNA dizisinin temel düzeyinde analiz edebilir. Wilson ve Sarich'in yararlandığı, proteinin bağışıklıksal tepkisine ilişkin veriler, yüzeysel bir ölçüydü. DNA dizisindeki çoğu farklılıklar, bağışıklıksal olarak

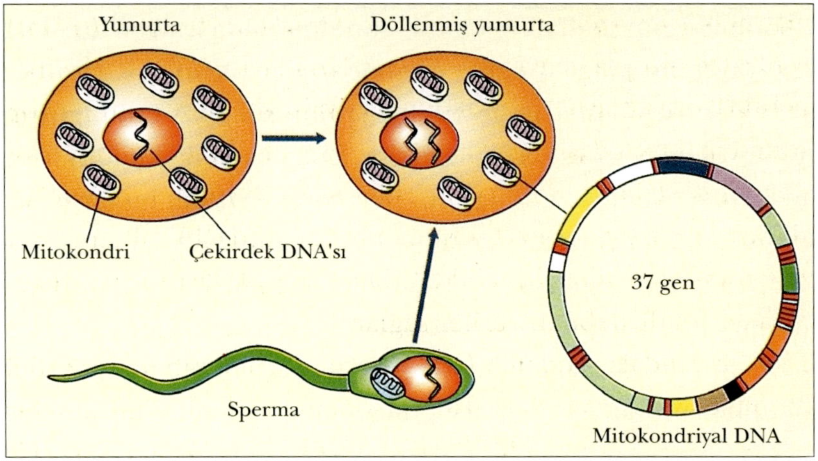

Bir sperma ile bir yumurta eşleştiğinde, her biri çekirdek DNA'sına eşit ölçüde katkı yapar. Ancak, mitokondrideki dairesel DNA molekülüne yalnızca yumurta katkıda bulunduğu için, bu DNA salt anneden kalıtılır.

saptanabilen protein yapısındaki farklılıklara yansımaz; bu nedenle daha önceki yöntem, farklı proteinler arasındaki evrimsel ilişki konusunda ortaya koyabileceği veriler bakımından sınırlıdır. Bununla birlikte, çeşitli genlerin DNA dizilerinin incelenmesini de kapsamak üzere, evrimsel geçmişi irdelemeye yönelik yeni moleküler yöntemlerin geliştirilmesini amaçlayan çalışmalarda, Wilson'un labaratuvarı hep ön cephede yer almıştır. İki ayrı türe ait bir genin DNA dizisinin karşılaştırılması, bunların evrimsel geçmişini izleyebilme olanağının üst sınırını temsil eder. Sonuç olarak Wilson, insan mtDNA'sını incelemeye iki nedenle karar vermiştir. Birincisi, bireyin anneden de babadan da aldığı çekirdeksel DNA'nın (kalıtsal bilgi) tersine, mtDNA yalnızca anne eşem hücresinden geçer. Bunun nedeni, mitokondrinin çekirdek-dışı protoplazmada yer almasıdır. Erkek ve dişi eşem hücreleri (Sperma ve yumurta) memelilere özgü döllenme sırasında birleştikle-

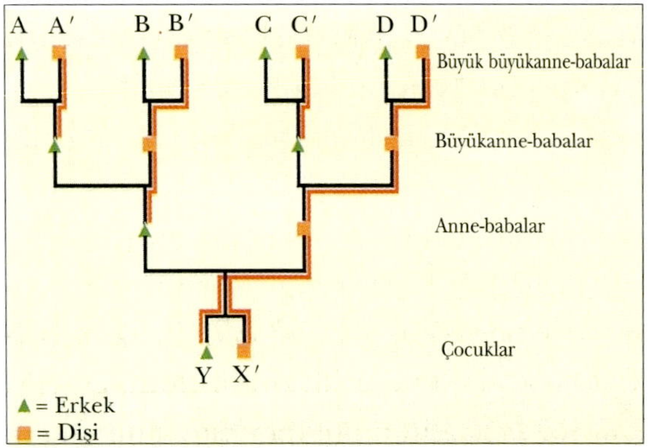

Mitokondriyal DNA'nın anneden kalıtılışı: Erkek (Y), ve dişi (X) yavrular burada sekiz büyük büyükanne-babanın hepsinden çekirdeksel gen alırlar, ama bunların mitokondriyal genomu yalnızca bir büyük-büyükanneden (D′) gelir.

rinde, sperma, yeni oluşmuş zigota yalnızca kromozomlarını verirken, yumurta (ovum), onları çevreleyen kromozonları ve sitoplazmayı verir. Bu nedenle, cinsiyeti hangi yönde gelişirse gelişsin, büyüyen embriyoya aktarılan mitokondriler yalnızca yumurtanın sitoplazmasından, dolayısıyla anneden kaynaklanır. Çekirdek DNA'sı yoluyla soyağaçları oluşturmaya çalışan genetikçiler, anne ve baba genlerinin her bireyde kaynaşmasından kaynaklanan karmaşık sorunlarla yüz yüze gelirler, bununla birlikte, mtDNA salt anneden büyük anneye, büyük büyükanneye...doğru izlenebildiğinden, soyağaçlarının oluşturulması açısından daha kolay değerlendirilebilen veriler sağlar.

İkincisi mtDNA, bireyler arasındaki genetik farklılıkların ölçülmesinde, çekirdek DNA'sından daha duyarlı bir moleküler saat olabilir. Her iki toplum ne denli uzun süre birbirinden ayrı kalırlarsa, aralarında birikecek genetik farklılık da o denli büyük olur. Bu çekirdek DNA'sında görece yavaş bir süreçtir. Ne var ki, mtDNA'nın küçük, dairesel molekülü, çekirdek DNA'sının uzun, çizgisel moleküllerinden 5-10 kat daha hızlı biçimde mutasyon biriktirir: Her milyon yılda bir, 100 nükleotitte 1-2 nükleotit değişikliği. Sonuç olarak, mtDNA'daki mutasyonlar, görece kısa evrimsel süreleri (birkaç yüz bin yıl) kaydetmek için kullanılır.

Bunların tümünün altında yatan varsayım, ortalama olarak, mutasyonların düzenli bir hızla biriktiğidir: Öyleyse belirli miktarlardaki mutasyon birikimiyle, geçen belirli zaman dönemleri arasında bir ilişki kurulabilir. Bu nedenle, mutasyonların düzenli, kararlı birikimi, saatin düzenli tik-taklarına denktir, çünkü türler arasındaki genetik farklılık, bunların birbirinden ayrışmalarından bu yana geçen evrimsel süreyle denkleşir.

Sınanan Öngörüler

Wallace ve Wilson ekibi, DNA'yı çözümlemek için başlangıçta, DNA iplikçiğini parçalayarak haritalama olarak adlandırılan bir yöntem kullanmışlardır. Bu yöntem, DNA'yı restriksiyon enzimlerine tabi tutarak, bu enzimlerce belirlenen noktalardan yine bu enzimlerce kesilip parçalanmasına dayanır. DNA'nın bu tür bir işlemden geçirilmesiyle farklı boyutlarda parça örüntüleri oluşur. İki bireyin DNA'ları özdeşse, enzimle parçalanma sonucu özdeş parçalar oluşur. Ancak bir kesi yerindeki dizilim, restriksiyon enzimin artık onu tanıyamayacağı ölçüde mutasyona uğramışsa, farklı parça örüntüleri oluşur. Enzimle parçalama yöntemi yalnızca kesi yerlerindeki DNA dizisine ilişkin bilgiler

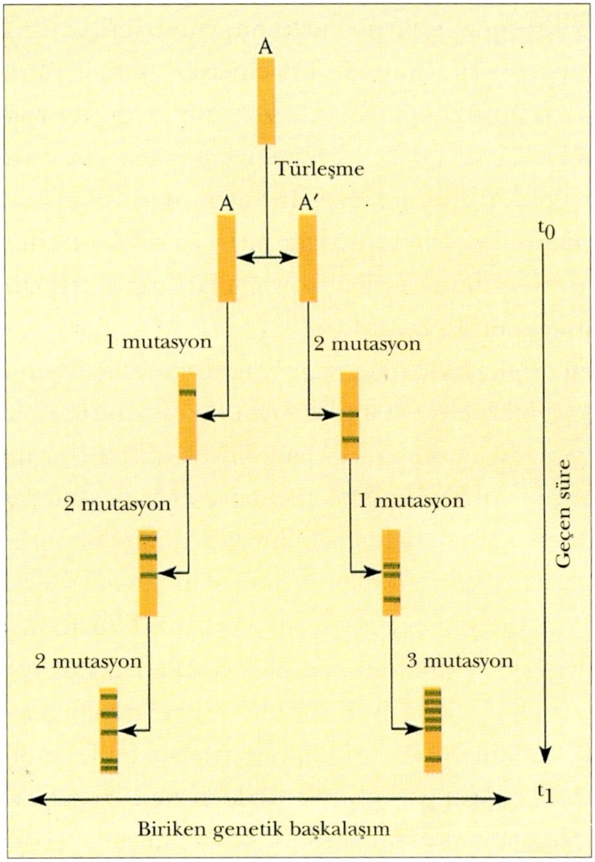

Genetik başkalaşımın birikimi: A, iki ayrı tür oluşturan bir türdeki bir geni simgeliyor. İlkin A, (A ve A′ biçiminde belirtilen) iki türle özdeştir. Daha sonra mutasyonlar zamanla, kabaca kararlı bir hızla birikir. Bu şemada, A geni beş mutasyon, A′geni ise altı mutasyon biriktirir. Bu nedenle, mutasyon oranı her (t_1) yılı için ortalama 5,5′tir: İki soyçizgisi arasındaki toplam farklılaşma oranı her (t_1) yılı için 11′dir.

verdiği için, incelenmekte olan DNA kesiminin (segmentinin) yalnızca sınırlı bir parçasını örnekler. Wilson ve Wallace'ın labaratuvarlarında yapılan deneylerde bu sayı, insan Mitokondriyal DNA'sını oluşturan 16,569 nükleotit'lik dizinin yaklaşık % 9'u idi (Tam dizilimi şimdi artık bilinen insan Mitokondriyal genomu, en küçük mtDNA moleküllerinden biri olup 37 geni kodlar. Buna karşılık, insan genomu-çekirdeksel DNA'nın tümü- 3 milyar nükleotit çiftine dek varır ve 100 bin geni kodlar; fakat bu dizilimin çok küçük bir kesimi bilinmektedir).

Enzimle parçalayarak haritalama yöntemiyle az sayıda toplum örneği incelense bile, büyük ölçüde bilgi elde edilebilir. İlke olarak, toplumların enzimle parçalanmış mtDNA'larından iki çeşit bilgi sağlanabilir. Birincisi, tüm coğrafi toplumlar arasındaki DNA farklılığının kapsamı, bu toplumların birbirleriyle karşılaştırılmasıyla, bugünkü insanın geçmişi konusunda genel bilgiler verir. Bu bilgiler bugünkü insanın kökeninin yanı sıra, bu toplumlardan, hangisinin en uzun süre ayakta kaldığı -eğer kaldıysa- ile ilgilidir. İkincisi, toplumların farklı mtDNA örneklerinin ayrıntılı biçimde karşılaştırılması, modern insan toplumlarının evrimsel geçmişini kusursuz olarak sergileyecek bir soyağacını yaratabilir.

Bugünkü insanın kökenlerine ilişkin iki güncel kuram bağlamında, mtDNA verileri çok farklı olurdu. Çokmerkezli Evrim modeli, bugünkü toplumlarda kapsamlı mtDNA değişiklikleri olduğunu, dolayısıyla da bunların en az bir milyon yıl önce Afrika'dan göç eden *Homo erectus*'larla ortak bir kökenden geldiklerini yansıtırdı. Dahası, tüm bugünkü insan toplumlarında da aynı ölçüde çeşitlilik gözlenirdi. Öte yandan Afrika'dan Çıkış kuramı, bugünkü insan toplumlarında pek az mtDNA değişikliği olduğunu, bu nedenle de bunların yakın geçmişte ortaya çıktığını, en kapsamlı değişikliklerinse Afrikalılar arasında oluştuğunu ortaya koyardı.

Wilson ve Wallace'ın ayrı ayrı yürüttüğü çalışmalar, modern toplumlar arasında, Afrikalı insansı maymunlar arasında görülenin ancak onda biri oranında mtDNA çeşitliliği göstermektedir. Bu veriler modern insanın kökeninin yakın bir geçmişi olduğunu gösterir niteliktedir (Aynı zamanda modern toplumların hücresel genomlarındaki çeşitlilik pek azdır; yine Afrikalı insansı maymunlarınkinin yaklaşık onda biri. Bu durum mtDNA verilerini doğrulayan bir kanıt olarak yorumlanabilir). Wilson'la Wallace'ın ekipleri, Afrikalı toplumda diğer herhangi bir toplumda sergilenenden çok daha fazla farklılık bulunduğu konusunda da görüş birliği içindeydiler. Berkeley ekibi bu durumu modern insanın Afrika'da ortaya çıktığının ve diğer coğrafi toplumların ataları olduğunun bir göstergesi olarak değerlendirdi. Wilson ve arkadaşlarına göre ise, bu veriler, bugünkü insanın Afrika'da yakın geçmişte ortaya çıktığını göstermiştir; bu görüş, Mitokondriyal Havva varsayımının temelini oluşturuyordu.

Wallace'la arkadaşları bu verileri ilkin kuşkuyla karşıladılar, çünkü öyle görünüyordu ki, mutasyonlar tüm toplumlarda benzer bir oranda birikseydi, 220 bin yıllık bir Afrika kökeni gerçekten söz konusu olabilirdi. Ancak bunlar, Afrikalılar arasındaki çok sayıda mtDNA farklılığının, daha uzak geçmişteki bir atalıktan değil, görece yüksek orandaki mutasyondan kaynaklandığını, bu durumda da köken yerinin Asya olarak belirdiği sonucuna vardılar. Bu kanıyı doğuran nedenlerden biri, insandışı primatlarda da bulunan "8.Tip" adlı bir değişikliğin, Asyalı toplumlarda saptanmış olmasıydı. Söz konusu 8. Tip değişikli-

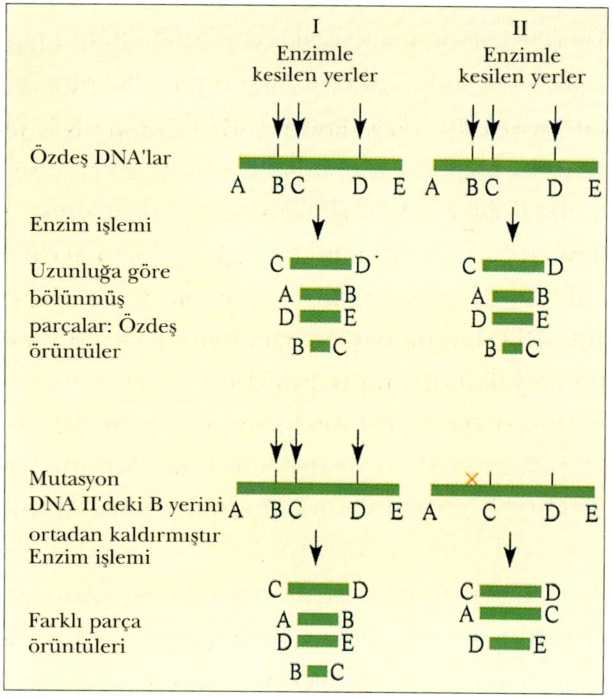

DNA'yı enzimle parçalayarak haritalama yöntemi: DNA iplikçilerini, enzimle belirli noktalardan keserek, karakteristik boyutlu parça örüntüleri oluşturulur. Özdeş DNA'lı bireylerde, özdeş parça örüntüleri oluşur (üstte). *Mutasyon sonucu, enzimle kesme yeri değişikliğe uğrarsa, parça örüntüsü de değişir* (altta).

ğinin insan-dışı primatlarla paylaşılması, Asyalıların, atalık konumuna daha yakın olduğunu ve bunlardan türeyen kuşakların bu değişik özelliği yitirdiğini ortaya koyar görünüyordu; başka bir deyişle, Asyalılar en eski modern toplumlar olarak görünüyorlardı.

1983 tarihli incelemelerinde, Wallace ve meslekdaşları, köken olarak Afrika'nın da Asya'nın da, kuşkuya yer bırakmayacak biçimde desteklenemeyeceğini, çünkü her iki değerlendirmenin güçlü noktalarının yanı sıra zayıf noktalarının da bulunduğunu belirtmişlerdir. Bundan on yıl sonra Wallace, farklı coğrafi toplumlar arasında farklı mutasyon oranlarına ilişkin hiçbir kanıtın bulunmadığını söylüyor. Bunu sınamanın yöntemlerinden biri, değişik coğrafi toplumlara özgü mtDNA dizisini şempanzelerdeki dengiyle karşılaştırmaktan geçiyordu. Bir insan toplumundaki mutasyon hızı diğerlerininkinden farklı olsaydı, bunun dizilimi şempanzelerdeki dizilimden önemli ölçüde farklı yönde gelişirdi. Gerçekte bugüne dek sınanan tüm insan DNA'sı dizileri, şempanzelerinkinden eşit uzaklıkta olup, tüm insan toplumlarında denk bir mutasyon hızının varlığını göstermiştir. Bu ve buna benzer diğer test sonuçlarına dayanarak, Wallace şu sonuca varıyor: Başkalaşım konusunda, günümüzde 3065 insanı kapsayan, kendi bulguları ve Wilson'un sağladığı sonuçlar (ki bunlar da büyük ölçüde genişletilmiştir), bugünkü insanın yakın geçmişte Afrika'dan kaynaklandığını açık bir biçimde göstermektedir.

mtDNA verilerini çözümlemenin ikinci yönü, yani soyağacı oluşturmakla ilgili olanı daha da dolambaçlı olup, ilerde değinileceği gibi, son zamanlarda derin görüş ayrılıklarına yol açmıştır. Sorun, örneklemdeki her bireyin DNA dizisi konusunda bilinenleri irdelemek ve dizideki benzerliklerle farklılıklara bakarak, birbirleri arasında nasıl bir evrimsel ilişki bulunduğunu belirlemektir. Sonuçta, ortak bir atadan bugünkü çeşitliliğe dek çağlar boyu sürüp giden bir mutasyon çizgisini izleyerek, modern insan toplumlarını simgeleyen bir soyağacı oluşturulur. Gerçi tarihöncesi dönemde yalnızca bir soyağacı oluşmuştur ama eldeki mtDNA dizisi verilerinin çözümlenmesiyle, birçok başka ağacın gerçekleştirilmesi olasıdır. Sorun, gerçek soyağacını ya da ona en yakın olanını bulmaktır.

1980'lerin başlarında, Champaign, İllinois Doğa Tarihi Araştırma Kurumu'nda sistematist David Sworfford, en az sayıda mutasyondan yararlanarak en olası soyağacını oluşturmayı amaçlayan bir yöntem PAUP (Phylogenetic Analyisis Using Parsimony= Kestirme Yoldan Filojenetik Analiz) geliştirmiştir. Uygulamada, bu tür bir çalışma yılgınlık yaratacak denli güç olabilir; çünkü tüm Mitokondriyal genomu enzimle parçalayarak haritalamakla edinilen verilere, ya da son zamanlarda olduğu gibi, onun bir parçasına ilişkin dizi verilerinden yararlanarak, 100-200 bireyi kapsayan bir örnekleme göre oluşturulacak olası soyağaçlarının sayısı birkaç yüz bini, hatta belki de milyonları bulabilir. Bu soyağaçlarından kimilerinin gerçekleşme olasılığının diğerlerinden yüksek olmasına karşın, bu denli çok sayıda olası ağaç arasından en olası olanı belirlemenin kesin bir yöntemi yoktur. Araştırmacılar, oluşturmak istedikleri ağaçların sayısı ve genel biçimi konusunda karar vermek durumundadırlar.

1987'de, 147 birey üstüne enzimle parçalayarak haritalama verilerine dayanarak, en olası evrimsel ağaç olacağına inandıkları bir soyağacı oluşturmayı amaçlayan Berkeley ekibi, biri yalnızca Afrikalı türleri, diğeri ise tüm türlerin bir karışımını kapsayan iki belirgin dalın yer aldığı, günümüzde ünlü at nalı biçiminde, bir şema oluşturmuşlardır. Bu araştırmacılar, "En kısa boylu ağaçtan çıkardığımız sonuca göre, insan Mitokondriyal gen havuzunun olası kaynağı Afrika'dır." demişlerdi. Başka bir deyişle, PAUP yöntemiyle gerçekleştirilen genetik çözümleme sonuçları, genetik çeşitliliğe dayalı görüşü destekliyordu. Sorun, Afrika'daki mtDNA havuzunun, yani ilk bugünkü insanın, ne zaman oluştuğu noktasında düğümleniyordu.

Wilson'la meslektaşlarına göre, bu evrimleşme 140 bin-290 bin yıl önce gerçekleşmişti (Bu sonuç ayrı ayrı evrimleşen iki grubun Mitokondriyal DNA'ları arasında gözlenen % 2-4 oranındaki başkalaşımlara dayanıyor; grupların her birindeki basit mutasyon hızının iki katı. Wilson, bu başkalaşım oranını insansı maymunlar, atlar, gergedanlar, sıçanlar, fareler, kuşlar, balıklar ve insanlara ilişkin bilgilere göre yapmıştı. Wallace ve arkadaşları da, ayrılma oranına yönelik testlerinin sonucunda % 2-4'lük orana ulaşmışlardı). Gerek çeşitliliğe, gerekse soyağacının biçimine dayalı mtDNA verileri, bugünkü insanın görece yakın geçmişte Afrika'dan kaynaklandığı görünüşünden yana açık seçik sonuçlar ortaya koyuyordu. Çokmerkezli Evrim modelinde öngörüldüğü gibi , (geniş ölçüde çeşitlenmiş mtDNA türleri biçiminde) derin genetik köklere işaret eden hiçbir bulguya rastlanmamaktadır.

Havva Üstüne Yanıltıcı Öykü

Afrika'dan Çıkış kuramının baş savunucusu Christopher Stringer, bu mtDNA verilerini doğal olarak sevinçle karşılamıştı. Doğa Tarihi Müzesi okulundan arkadaşı Peter Andrews'le birlikte, Mart 1988 tarihli *Science* dergisinde yayımladıkları bir yazıda şu satırlara yer vermişlerdir: "İnsansıların kökenlerine yönelik çalışmada olduğu gibi, insan toplumlarının akrabalığı üstüne gittikçe çoğalan genetik kanıtları gözardı eden paleoantropologlar, kendi görüşlerine zarar verme pahasına böyle davranmayı sürdüreceklerdir". Buna karşılık, Çokmerkezli Evrim modelinin ateşli yandaşlarından Milford Wolpoff'un, Wilson'un ortaya koyduğu sonuçlara karşı çıkması da aynı ölçüde doğaldır. Wolpoff ve arkadaşları, yine *Science* dergisinde, "Gittikçe çoğalan paleoantropolojik verileri, kendi görüşlerine zarar verme pahasına yok sayan paleoantropologların böyle davranmayı sürdüreceklerini belirtmek yerinde olacaktır" diye yazarak Stringer ve Andrews'e nazire yapmışlardır. Bu karşılıklı atışmalar, antropoloji ile genetik alanındaki eski anlaşmazlığın sürmekte olduğunu göstermektedir.

Mitokondriyal Havva'yı yaratan genetik veriler ortaya çıkar çıkmaz, birkaç yönden eleştiri yağmuruna tutuldu. Wilson ve arkadaşlarının yararlandığı, mutasyonların birikim ritminin (moleküler saatin tik-taklarının), aşırı ölçüde hızlı olduğu ileri sürüldüğü gibi, soyağacının kökeninde "ortak bir ata"nın bulunduğu savı da eleştirilmiştir. Bu konuda Wilson, "Ta başından beri, söylediklerimiz üzerine bir anlaşmazlık vardı; ne yazık ki bu durum yalnızca güncel basınla da sınırlı değildi; Kimi meslektaşlarımız da buna

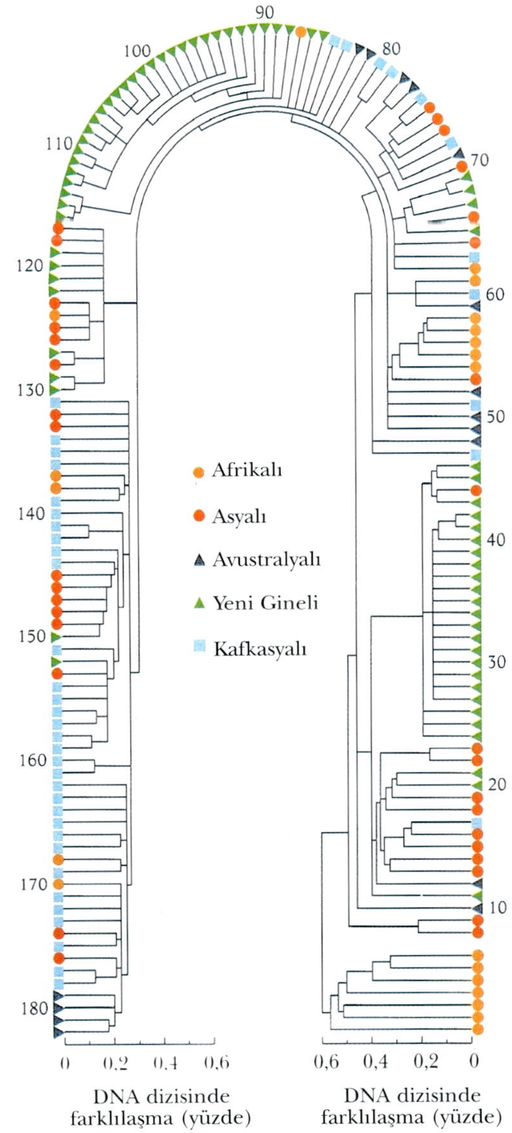

Günümüz insanının Afrika kökenli olduğunu savunan görüşün, DNA çözümlemesine dayalı açıklaması: Allan Wilson'la meslektaşları, tüm coğrafi bölgelerden bireylerin DNA'larını enzimle parçalayarak oluşturdukları haritaları inceleyerek, 182 değişik tipi (dış uçlar) yansıtan bir örüntü çıkarmışlardır. Bu tipler arasındaki evrimsel ilişki bir Afrika kökenini akla getirmektedir. Dahası, en yüksek oranda mitokondriyal DNA çeşitliliğine Afrikalı toplumlarda rastlanması da bu sonucu doğrulamaktadır.

katkıda bulundular" diye yakınıyordu. Bu katkı belki de Berkeley ekibince, 140 bin-290 bin yıl önce Afrika'nın bir yerinde yaşadığı varsayılan tek bir dişi bireye gönderme yapılması biçiminde oluyordu (Çeşitli teknik nedenlerden, bu tarihlerin sınırları o zamandan bu yana daraltılmıştır; bu süre konusunda günümüzde yaygın olarak biçilen yaş, 200 bin yıldır). Bu araştırmacılara göre, günümüzde yaşamını sürdüren her birey, mitokondrisini Wilson'un sık sık "Şanslı ana" diye andığı ortak bir atadan almaktadır.

Afrikalı Havva imajının albenisine kapılan çoğu kimse, araştırmacıların sözcüğün tam anlamıyla bir "gerçek-Ana"dan (Adem'i ile birlikte), yani ilk bugünkü insandan söz ettiklerini sanmışlardı. Bu konuda Wilson şunları söylüyor:"Bilinmelidir ki, Mitokondriyal DNA çizgisini izlemekle, neredeyse bugünkü insanın kökeninin de öncesine dek gidiyoruz. Mitokondriyal Havva belki de arkaik *sapiens*'lerin bir üyesiydi". Bunun da ötesinde, Mitokondriyal DNA'nın anne yoluyla geçişi genetik tablonun yalnızca bir yönünü yansıtır. Dolayısıyla Wilson, "O bizlerin hepimizin gerçek anlamda anası değil, tüm Mitokondriyal DNA'larımızın kaynaklandığı bir dişiydi yalnızca, çekirdeksel genlerimizin pek çoğunu başka dişilerden ve başka erkeklerden almış olmalıyız" yargısına varıyor. Sonuç olarak "Havva", bugünkü insanın evrimsel kökenini oluşturan bir toplumun pek çok bireyinden yalnızca biriydi.

Nature dergisinde çıkan yazısını Wilson'un, "Hücresel ve Mitokondriyal DNA farklılıklarını karşılaştırarak, insan toplumlarının boyutunda, geçici ya da kalıcı bir daralmanın (darboğazın) evrimsel kökenimize eşlik edip etmediği saptanabilir" biçiminde bağlamasıyla, karışıklığın nasıl ortaya çıktığını anlamak kolaylaşıyor.

Darboğaz Söz Konusu Değil

Biyologlar, doğal yaşam ortamındaki aşırı bir değişiklik gibi herhangi bir nedenle bir toplumdaki birey sayısının azalışını -ki bu sonradan yine artabilir- bir darboğaz olarak değerlendiriyorlar. Bu darboğazın yarattığı sonuçlardan biri, yeni toplumdaki genetik değişikliğin ilkinkine oranla büyük ölçüde azalmasıdır: Başlangıçta var olan genetik başkalaşımın ancak çok küçük bir bölümü yeni topluma yansımaktadır. Evrim olgusunu konu edinen biyologlara göre, darboğazlar yeni türlerin ortaya çıkışı ile ilintili olabilir; ilginin *Homo sapiens*'lerin kökenine odaklanmış olması da bundandır. Söz konusu darboğaz, kuşkusuz, sonuçta tek bir çift kalana dek sürecekti (Havva ile Adem gibi). Wilson'un *Nature*'da çıkan yazısına yönelik yorumunda Jim Wainscoat, "Atasal Mitokondriyal DNA tipi'nin ortaya çıkışını toplum boyutundaki aşırı bir daralmaya bağlamak çekici geliyor",

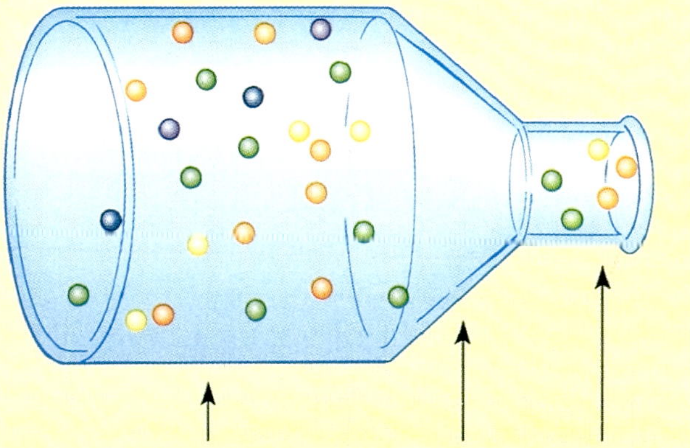

Toplumun boyutu bağlamında kendini gösteren darboğaz ilkesi: Büyük bir toplumun bireyleri arasında geniş ölçüde bir genetik çeşitlilik söz konusudur. Toplumdaki bireylerin sayısı çok azalacak olursa, genetik değişikliğin yalnızca çok küçük bir kesimi yaşamını sürdürüp, gelecek kuşaklara geçebilecektir.

demiştir. Mitokondriyal Havva'nın, toplumu kuran ilk çiftin yarısı değilse bile, küçük boyutlu bir toplumun bir üyesi olduğunu söylemek istiyor gibiydi.

Wilson ve arkadaşlarının çalışmalarına ilişkin yazı 1987'de *Nature*'da yayımlandığı zaman, darboğaz kavramı büyük ölçüde güncelleşmişti. Gerçekte, Berkeley Labaratuvarı ekibinden Wesley Brown bu düşünceyi Haziran 1980'de ortaya atmıştı. İnsan Mitokondriyal DNA'sı üstüne kimi ilk çalışmaları değerlendirdiği yazısında Brown, "Sonuçlar gösteriyor ki, insanoğlu görece yakın geçmişte son derece yoğun bir toplumsal darboğazdan geçmiş olabilir" diye yazmıştır. Şimdi Michigan Üniversitesi'nde görevli olan Brown, bunun, verilerinin yalnızca bir yönünü yansıttığını, ancak bu arada kimi diğer değerlendirmelerin yazıdan çıkarıldığını, böylelikle darboğaz kavramının sağlam bir biçimde yerleştiğini söylemektedir.

Wilson labaratuvarlarınca *Nature*'da yayımlanan yazıdan yalnızca bir yıl önce, Wainscoat ve Oxford'daki arkadaşlarınca, konuya ilişkin başka türden veriler de yayımlanmıştı; bunlar, sekiz ayrı insan toplumuna ait, birkaç kan proteinini kodlayan betaglobin kümesini oluşturan hücresel gen bölgesindeki değişiklikleri kapsar. İncelenen değişiklikler, restriksiyon parça uzunluk polimorfizm, yani protein düzeyinde kendini gösteren ya da göstermeyen belirli yerlere ait DNA dizilerindeki değişiklikler olarak bilinmektedir. Bu değişikliklerin saptanmasında, daha önce anlatılan, mtDNA'yı enzimle parçalayarak haritalama yöntemindeki aynı ilkelerden yararlanılır. Bu durumda, betaglobin bölgesinde beş adet restriksiyon enzim kesi yeri incelenmiştir. Bu kesi yerlerindeki değişikliklerin tümü, taranan 600 bireyde, yalnızca 14'ünün oluştuğu 32 olası örüntüyü (haplotip) ortaya koymaktadır.

Tarama kapsamına giren sekiz toplum arasındaki haplotip örüntüsü, Afrikalı ve Afrikalı olmayan toplumlar arasında, temel bir bölünme olduğunu göstermiştir. Haplotiplerin sınırlı sayıda oluşuna bakarak, Wainscoat ve arkadaşları, Afrika'daki modern toplumların kökeninde bir darboğaz yaşanmış olduğu sonucuna da varmışlardır. Bu araştırmacılar, "Kurucu Atasal Toplum küçüktü" dedikten sonra, bunların, buradan Eskidünya'nın diğer yörelerine yayıldıklarını söylemişlerdir. Londra Üniversitesi genetikçileri Steve Jones'la Shahin Rouhani tarafından sunulan başka bir yorum da, "Darboğaz Ne Ölçüde Dardı?" başlığını taşıyordu. Bu soruya kendilerinin verdiği yanıta göre, bu sayı 40 bireye dek düşüyordu.

Moleküler biyologları ve antropologları da kapsayan çoğu gözlemciler, insanın geçmişinde, toplum boyutu bağlamında darboğazların hiç yaşan*mamış* olduğu kanıtlanabilseydi, Mitkondriyal Havva varsayımının çürütülmüş olacağı yargısına varmışlardır. Gerçekte, Tübingen'de, Max-Planck Biyoloji Enstitüsü'nden (Max-Planck Institut fur Biologie) Jan Klein ve arkadaşlarından kaynaklanan bu tür bir kanıt yoldaydı. Bunların çalışmaları, vücudun bağışıklıksal kimliği ve yanıtlarına ilişkin çok sayıda proteini kodlayan temel doku uyuşumu kompleksi (major histocompatibility complex-MHC) genlerinin incelenmesine yönelikti. Çok sayıda oluşları ve protein düzeyinde kolayca saptanabilmelerinden ötürü bu genler, toplumların genetik yönden incelenmesinde çok elverişli işaretleyicilerdir.

Klein ve meslektaşlarına göre, MHC genlerindeki başkalaşımlar, insanlarla şempanzeler arasında geniş ölçüde paylaşılmış olup, insanlarla Afrikalı insansı maymunların ortaklaşa sahip olduğu MHC değişiklik kapsamını daraltacak bir toplum darboğazının, insanın geçmişinin herhangi bir evresinde gerçekleşme olasılığının bulunmadığını göstermiştir. Ocak 1990'da Klein, "Hepimizin ilk ve tek 'şanslı' anası olduğu varsayılan bir Havva'nın 200 bin yıl önce yaşamış olduğu düşüncesi, bu nedenle terk edilebilir" sonucuna varmıştır.

Klein, çalışmalarının sonuçlarını ilk kez, Steve O'Brien ve Michael Clegg tarafından UCLA'de (Kaliforniya Üniversitesi, Los Angeles) düzenlenen moleküler evrim konulu sempozyumda açıklamıştır. Toplantıya egemen olan duygu, Havva varsayımının bittiği yolundaydı. Klein'in sunduğu veriler insan toplumunun hiçbir zaman yaklaşık 10 bin bireyin altına düşmediğini ortaya koyar görünüyordu; dolayısıyla Afrikalı bir Havva (minik bir toplumu oluşturan bir çiftin dişisi) söz konusu olamazdı. UCLA sempozyumunu Trends in Evolution and Ecology'de (Evrim ve Ekolojide Eğilimler) değerlendiren Minnesota Üniversitesi'nden Craig Packer bu konudaki düşüncesini, "Anlaşılan Cennet Bahçesi bayağı kalabalıkmış" biçiminde dile getirmiştir.

Cennet Bahçesi ne denli kalabalık olursa olsun, Mitokondriyal Havva Kuramı bundan etkilenmemiştir, çünkü gerçekte bir toplumsal darboğaza gereksinim duymamaktadır. John Avise'ın 1983'te yayımladığı bir bildirisinde açıkladığı gibi, büyük boyutlu ve geniş ölçüde Mitokondriyal DNA çeşitliliği barındıran bir toplumdan, benzer büyüklükte olmakla birlikte, geldiği toplumun tüm değişik özelliklerini taşıyan ama temelde tek örnek bir topluluğa geçiş olanaklıdır, hatta kaçınılmazdır. Avise, "Wes Brown"ın insan Mitokondriyal DNA'sı üstüne 1980 tarihli incelemesini gördükten sonra, bu sorunu irdelemeye yöneldim" demektedir. İlk bakışta tersine bir değerlendirme gibi görünse de, "Michael Clegg'in bana önerdiği gibi, sorunu soy adları bağlamında ele almak en kolayıdır" sonucuna varıyor Avise.

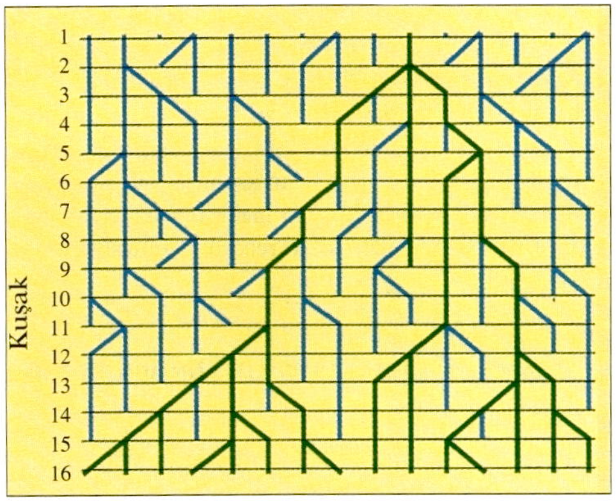

Anne kaynaklı mitokondriyal DNA atalığındaki değişimin işlevi: Mitokondriyal DNA yalnızca anne aracılığıyla geçer. Bu nedenle, hiç kızı olmayıp da yalnızca iki oğlu olan bir annenin mitokondriyal DNA'sı yok olur. Kuşaklar geçtikçe, biri dışında tüm diğer mitokondriyal DNA tipleri, salt rastlantısal nedenlerle ortadan kalkar, atalığı ise geriye kalan tek mtDNA tipi üstlenir.

Aile adının (soyadının) erkeklerce taşındığını varsayalım. Tüm ailelerin erkek çocukları olmayabileceğine göre, kimi zaman bir soyadı ortadan kalkacaktır. Kuşaktan kuşağa aynı boyutta kalan bir toplumda, çok kısa sürede bir örüntü gelişir. İlk kuşakta çiftlerin dörtte birinin, soyadını her birinin sonraki kuşağa taşıyacağı ikişer oğlu olması beklenir; çiftlerin dörtte ikisinin birer oğlu ve kızı olacak ve soyadını tek erkek çocuk sürdürecektir; öte yandan, diğer dörtte birinse ikişer kızı olacağından, soyadı kaybolacaktır. Bu durum, kuşaktan kuşağa böylece sürüp gider. Belirli bir dönem sonunda (ilk kuşaktaki dişi bireylerin yaklaşık iki katı kuşak sonra), yalnızca bir soyadı kalır. Böylelikle, rastlantısal kayıplar (stochastic loss) yoluyla, çok sayıda değişik ad, bire indirgenmiş olur. Aynı durum mitokondriler için de geçerlidir, ancak bunların aktarılışı dişi soyçizgisi yoluyla gerçekleşir.

Mitokondriyal Başkalaşım: Bir Tarihlendirme Yöntemi

Tüm toplumlar içinde en fazla genetik değişikliğin Afrikalılarda görülmesi Afrika'nın bugünkü insana kökenlik eden coğrafi alan olduğunu göstemektedir. Bu kökenin tarihinin kesin olarak belirlenmesi büyük önem taşır. Eğer insanın kökeni yakın bir geçmişe (örneğin, birkaç yüzbin yıl öncesine) dek uzanıyorsa, o zaman Afrika'dan çıkış modeli doğrulanmış olurdu. Ancak, bir milyon yıla yaklaşan bir geçmiş söz konusuysa, Çokmerkezli Evrim kuramı geçerlilik kazanırdı (Bu tarih *Homo erectus*'un Afrika dışına göç edilişiyle başlardı).

Kökenin tarihi en eski toplumda gerçekleşen ardışık evrimsel birikimin ölçülmesiyle ve mutasyonun oluşum hızının belirlenmesiyle hesaplanır. Bu hızı saptamak için insan mitokondriyal DNA'sıyla şempanzeninkini karşılaştırmak gerekir (bu iki tür birbirine çok yakındır). Bu yolla saptanan mutasyon hızları 200 bin yıl öncesine dek yaklaşan tarihler ortaya koymuştur. Ancak bu karşılaştırmada göz önünde tutulması gereken birkaç önemli sorun vardır.

Bu konuda ilk varsayım, Mitokondriyal DNA mutasyon hızının bu iki türde aynı olduğu varsayımıdır. Bunun böyle olduğunu düşünmek için birçok geçerli neden varsa da, bu yine bir varsayım olmaktan öteye gidememektedir. İkinci sorun, Mitokondriyal genomun kimi kesimlerinin, özellikle de, kontrol bölgesi olarak adlandırılan kesimin, kimi başka yörelerdekinden önemli ölçüde daha hızlı biçimde mutasyona uğramasından kaynaklanmaktadır. Bu nedenle, görece kısa bir süre içinde bu bölgedeki mutasyonların, daha önce kendileri de mutasyona uğramış olan nükleotitlerde oluşma olasılığı yüksektir. Aynı nükleotitlerin ikinci kez mutasyona uğraması, yalnızca bir nükleotiti ilk kimliğine döndürürse, bu konumda hiç mutasyon olmamış gibi görünecektir. Moleküler biyologların elinde, bu süreçteki eksikliği gidermeye yönelik birtakım yöntemler vardır, ama bu koşullar altında, mutasyon hızını kusursuz biçimde ölçmek güçtür. İnsanla şempanzeler arasında 5-8 milyon yıllık bir süre olduğu göz önüne alındığında, ikinci kez mutasyon sorunu öne çıkar.

Bu iki engeli aşabilmek için Pensilvanya Eyalet Üniversitesi'nden Mark Stoneking ve arkadaşları, değişik bir yol izlediler. Bunlar, Yeni Gine'deki insan toplumlarına ait genetik çeşitlilik verilerini kullanarak, türler arası karşılaştırmalarda, tür içi karşılaştırmalar yardımıyla mutasyon hızını ayarlamayı (kalibrelemeyi) denediler. Her ne kadar, ilke olarak, aynı türün oluşturduğu farklı toplumların, Mitokondriyal DNA'larında değişik oranlarda mutasyona uğramaları olası ise de, bu olasılık ayrı türler arasındakinden daha azdır. Bu durumdaki insan toplumlarının aynı çevresel koşullar altında, aynı coğrafi bölgede yaşamaları sonucu, olasılıklar daha da azalmıştır. Böylece, oran farklılıkları yoluyla mutasyon hızlarının yanlış saptanmasına yol açan sorun sonuçta ortadan kalkmış olur.

Bu toplumlardaki mutasyonun ölçülmesinde temel olarak alınan zaman süresi, bugünkü insanın bölgeye ilk kez yerleştiği düşünülen zamandan başlayarak 60 bin yıldır. Bu görece kısa süre, oran hesabına ilişkin ikinci çapraşık sorunu oluşturan ikinci kez mutasyon olasılığına yeterli değildir.

Stoneking ve meslektaşları, 50 Yeni Gineli ve 20 Endonezyalı bireyden Mitokondriyal DNA verileri derlemişlerdir. Bu veriler, Yeni Gine'ye, buradaki ilk kurucu atasal toplumda yaşamış olan ilk üç dişi bireyden gelen üç ana grubun yerleşmiş olduğunu göstermektedir. Bu üç dişi bireyin farklı mitokondri tipleri, Yeni Gine'ye göç olayından çok önce yaşamış ortak bir atadan kaynaklanıyordu. Bunların Mitokondriyal çizgileri göçten önce birbirinden ayrı yönlerde gelişmeye başlamış ve daha sonra da bu doğrultularda sürmüştür. Üstelik, bu ilk üç dişi bireyden gelenlerin her birinin Mitokondriyal DNA'sı yerleşme olgusundan sonra, başlangıçtaki tipten ayrı yönlerde farklılaşarak bugünkü üç ana grubu oluşturmuştur.

Bu grupların varlığı, mutasyon oranının iki yöntemle ölçülmesine olanak sağlamıştır. Bunlardan biri, bu üç grubun her birinde biriken değişikliğin saptanması; ikincisi ise bu üç grup arasındaki farklılaşmanın ölçülmesidir. Beklenmedik koşullarla daha da karmaşık duruma gelmezse, bu iki ölçümün, bir geçerlilik testi olarak, aynı olması gerekir. Sonuçlar gerçekten aynıydı: Her bir milyon yıl için yaklaşık % 12 (hızla mutasyona uğrayan kontrol bölgesi için). Bu mutasyon-oranı rakamı, bugünkü insanın kökenine ilişkin olarak, bilinen ilk modern insan fosillerinin yaşına yakın (Afrika ve Ortadoğu'da 100 bin yılın az üstünde) ortalama bir yaş süresini yansıtmaktadır.

Bu tür çoğu hesaplamaların tersine, burada derlenen verilerin niteliği, verilen ortalama sayı üzerinde yüzde 95 oranında güven aralıklarının hesaplanmasını olanaklı kılar. Grup içi ölçümle ilgili olarak, insan Mitokondriyal DNA atasının yaşına yönelik en başarılı tahmin, 63 bin- 356 bin yıl arasında değişen güven aralıklarıyla, 133 bin yıllık bir süreyi gösteriyor. Gruplar-arası ölçümde, yukarıdakilere karşılık oluşturan rakamlar 63 bin-416 bin yıl arasında ve 137 bin yıldır. Tarihler büyük bir yayılma gösterir nitelikteyse de, bu, istatistiksel değerlendirmenin gereğidir; ancak gerçek tarih, yayılmanın en üst ucunda yer alsa bile, başkalaşımın başlangıcını 1 milyon yıl öncesine götüren Çokmerkezli Evrim kuramını yine de geçersizleştirirdi.

Birkaç başka yaklaşım da söz konusu olabilir. Birincisi, ilk hesaplama sonucu elde edilen mutasyon oranı Yeni Gine toplumunun 60 bin yıl önce oluştuğu varsayımına dayanıyordu. Gerçekte, 45 bin yıldan daha öncesine giden bir yerleşme olgusuna ilişkin pek az arkeolojik kanıt vardır. Bugün için, komşu Avustralya'ya ilk girişe ilişkin veriler, bunun 50 bin-55 bin yıl önce gerçekleştiğini ortaya koymaktadır. Yeni Gine için 60 bin yıllık bir tarih saptamakla, Stoneking ve çalışma arkadaşları daha erken bir tarihi benimsiyorlar.

60 bin yılın altındaki tarihler mutasyon oranını artırarak Mitokondriyal DNA'nın atalık yaşını küçültürdü; 60 bin yılı aşan tarihlerse, tersine bir sonuç doğururdu. Eğer yerleşim 80 bin yıl önce gerçekleşseydi, Mitokondriyal DNA atalığının yaşı (yüzde 95 oranında güven aralığı ölçütüne göre), en fazla 464 bin yıla çıkardı. Bu süre Çokmerkezli Evrim kuramınca öngörülen tarihin yine de çok altında kalırdı. Eskidünya'daki (Afrika ve Ortadoğu'daki) bilinen ilk modern insan fosilleri 100 bin yaşın azıcık üzerinde olduğundan, Yeni Gine'ye giriş tarihinin, 80 bin yılın çok öncesine gitmesi pek zayıf bir olasılık gibi görünüyor.

Kuşkusuz, Mitokondriyal DNA bulguları üstüne anlaşmazlıklar, karışıklıklar durmaksızın sürecektir. Teknik açıdan tüm kuşkular giderilse bile, belirsizlikler güncelliğini koruyacaktır. Mitokondriyal DNA genomu tek bir gen olarak kalıtılır; ilke olarak, bu genin gerçek geçmişini, çarpıtarak onun ortak atasını, yanlışlıkla yakın geçmişe ait olarak gösteren bir şey daha önceki toplumlarda gerçekleşmiş olabilir. Mitokondriyal DNA'ya dayalı sonuçları sınamak için, toplumdaki değişikliğe ve diğer genlerin geçmişine ilişkin kanıtlara gereksinim vardır.

Sonuç olarak, belirli bir süre sonra büyük bir toplum, Mitokondriyal soy özelliklerini rastlantısal biçimde yitirerek, tüm bireylerce paylaşılan bir tek özellikle sürecektir. Mitokondriyal Havva varsayımına ilişkin tartışmaların açıklığa kavuşmasında önemli bir işlev görmelerine karşın, toplum darboğazları bir aldatmaca olmaktan öteye gidememiştir; bunların insanın geçmişinde yer almayışlarının ortaya konması ise bu varsayımla ilintili değildir.

Bir Toplumun Yerini Tümüyle Bir Başkasının Almasının Sonuçları

Wilson ve ekibince yayımlanan ilk deneysel sonuçlar, yalnızca 147 bireye ilişkin verileri kapsıyordu bu görece küçük ama önemli bir sayıydı. Bunların tümündeki Mitokondriyal DNA görece genç olup, aşağı yukarı 200 bin yıllık bir Afrikalı toplumdaki tek bir tipten kalıtılmıştır. Eğer bu toplumdan gelenler Eskidünya'ya yayılışları sırasında arkaik *sapiens*'lerle melezleşmiş olsalardı, (*Homo erectus*'a dek gerilere uzanan soyçizgilerine ait) çok eski Mitokondriyal DNA'lar bugünkü insanın gen havuzuna akarak karışmış olurlardı; böyle olması durumunda da, bu çok eski DNA'lı bireylerin, günümüzde deneysel çalışmalar için alınan örneklerde bir noktada ortaya çıkmaları beklenirdi. Ancak, ilk 147 bireylik örnekte bunlara hiç rastlanmadı. O günden bu yana Wilson, çalışma arkadaşları ve diğer laboratuvarlardaki araştırmacılar 4000'i aşkın Afrikalı olmayan bireye ilişkin örneği incelemişlerse de, bunların hiç birinde eski DNA saptayamamışlardır. Bunun üzerine Wilson buruk bir biçimde, "Belki de şansımız yok, ama sanmıyorum. Şimdiye dek kuşkusuz hiç bulamadık, çünkü hiç yok" demiştir.

Wilson, bundan iki ay sonra Eylül 1991'de öldü. Adı, Sicence'ta çıkan bir yazıda Linda Vigilant ve Mark Stoneking gibi moleküler evrimciler, Henry Harpending ve Kristen Hawkes gibi antropologların adlarının yanında yer aldı. Söz konusu yazıda, 189 bireye ait mtDNA'nın hızla evrimleşen kesimindeki (kontrol bölgesi) dizilimi inceleyerek Havva varsayımını sınamaya yönelik en son girişime yer veriliyordu. Bu yeni çalışma, Afrika yerlileriyle, insanın en yakın genetik akrabası şempanzelere ait karşılaştırmalı dizi verilerini içeriyordu. İlk çalışmayla tutarlı olan sonuçlar iki ayrı, güçlü istatistiksel testle de doğrulanıyordu. Olası 100 ayrı soyağacının sınanmasından sonra, PAUP yöntemiyle bir soyağacı oluşturuldu. Araştırmacılar elde ettikleri sonucu şöyle açıkladılar: "Bizim çalışmalarımız, ortak Mitokondriyal DNA atamızın yaklaşık 200 bin yıl önce Afrika'da doğduğunun en güçlü kanıtıdır."

Bu sonuçlardan -özellikle de, bilinen herhangi bir eski mtDNA'nın bugünkü insanda şimdiye dek bulunamayışından- çıkan anlam bugünkü insanın, Afrika dışına yayılışı sırasında, rastladığı yerleşik toplumlarla sosyal bağlamda karışıp kaynaşmaktan çok, zaman içinde tümüyle onların yerini aldığıdır. Bir toplumun yerini tümüyle bir başkasının alması, anımsayabildiğimiz kadarıyla, toplumlararası melezleşmeyi bir ölçüde olası gören Stringer'in Afrika'dan Çıkış kuramı için bir gereksinim değildi. Bu bağlamda Stringer, "toplumların tümüyle birbirinin yerini almasını düşünmek zor, ama Mitokondriyal veri mantığı güçlü görünüyor. Fosil verilerine dayanarak, aynı ölçüde kesin sonuçlar ortaya koymak bizler için güçtür" diyor. Bununla birlikte, dünyanın çoğu bölgelerinde fosil buluntularının seyrek oluşunun, güvenli bir sonuca ulaşılmasını engellediğini de belirttikten sonra şunları ekliyor: "En sağlıklı fosil buluntularına sahip olduğumuz Batı Avrupa'da, bir toplumun, Neandertallerin yerini tümüyle almış olduğu sonucunu çıkarabilmemiz önemli olabilir. Başka yörelerde de daha sağlıklı fosil buluntuları ele geçirebilsek, belki onlar içinde aynı sonuca varabilirdik".

DNA Çözümlemelerinde Potansiyel Sorunlar

Wolpoff ve başkaları, Berkeley laboratuvarınca duyurulan bu sonuçlardan etkilenmemişlerdir. Günümüz insan toplumlarında, mtDNA'nın yapay biçimde genç olduğu çeşitli durumlar vardır. Wolpoff'a göre, bunların her ikisi de Mitokondriyal soyçizgilerinin çarpıtılabileceği durumlarla ilgilidir; dolayısıyla toplum tarihi konusunda yanıltıcı bir tablo ortaya koyabilir.

Ancak, Wolpoff'un başlangıçtaki kaygısı, özellikle mutasyon hızı açısından , Mitokondriyal DNA saatinin doğruluğu ile ilgiliydi. Şubat 1990 tarihli yıllık AAAS toplantısında Wolpoff, Wilson ve arkadaşlarının, Mitokondriyal moleküler saatin tik-taklarını yanlış değerlendirerek, yüzde dörtlere dek varan çok yüksek bir mutasyon birikim hızı hesaplamış olduklarını ileri sürmüştür. Bu oranın yüzde 2-4 değil, yüzde 0,715 olması gerektiğini savunan Wolpoff, "Bu, Havva'nın yaklaşık 80 bin yaşında olduğunu gösterirdi ki, bence çok uygundur" demiştir. Gerçekte, Pensilvanya Eyalet Üniversitesi'nden Masatoshi Nei'nin he-

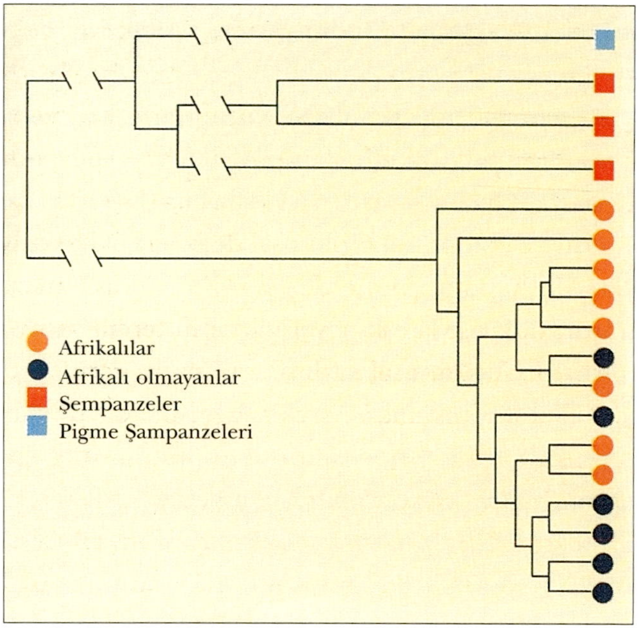

Bugünkü insanın ayrışma tarihini hesaplama yöntemi: Şemada insan ve şampanze topluluklarındaki mitokondriyal DNA'nın birikimsel ayrışımı sergileniyor. İnsanlar arasındaki ayrışma, insanlarla şempanzeler arasındakinin yirmibeşte birinden daha azdır. Vincent Sarich insan/şampanze ayrışmasının 5 milyon yıl önce gerçekleştiğini hesaplıyor ve bugünkü insan soyunun ayrışmasıyla ilgili olarak da 200 bin yıldan daha yakın bir tarih belirliyor.

saplamalarından kaynaklanan yüzde 0,715 oranı, Wilson'un yüzde 2-4'lük oranıyla tutarlı bir karşılaştırma değildi; Mitokondriyal Havva varsayımına karşı olanların sık sık yineleyegeldikleri bir yanlışlık. Yüzde 2-4'lük oran, *bu iki soyçizgisindeki başkalaşımı* yansıtır, ve böylece her iki soyçizgisindeki mutasyon sayısını verir. Nei'in 0,75'lik rakamı *bir soyçizgisindeki genlerin yer değiştirme (substitution) oranıdır*; bu nedenle tutarlı karşılaştırmanın yüzde 2-4 [Wilson ve arkadaşları ile yüzde 1,43 (Nei)] arasında olması gerekir. Bu sonuç yine de , bugünkü insanın varsayımsal kökeni bağlamında Wilson'un hesapladığı 200 bin yıllık yaşla, Nei'nin bulduğu 400 bin yıllık yaş arasında 200 bin yıl kadar bir fark olduğunu gösteriyor. Ne var ki, bu 400 bin yıllık süre de, Havva'yı, çokmerkezcilerin ileri sürdüğü gibi, *Homo erectus*'un Eskidünya'ya yerleşmeye başladığı en az bir milyon yıl öncesine dek götürmeye yetmez.

Moleküler saat, Mitokondriyal Havva varsayımının kalbi durumunda olduğuna göre, bunun tik-taklarının ne denli hızlı olduğu yaşamsal önem taşıyor. Wilson'a göre Nei, incelemeleri konusunda aşırı ölçüde ihtiyatlıdır ama Berkeley ekibinin hesaplamalarını özenle incelememiştir. Buna karşılık Nei ise, Wilson'un, apaçık mutasyon oranını yapay biçimde artırabilecek unsurları göz önüne almadığını söylüyor. Bu iki farklı görüşe yönelik bir çözüm henüz ufukta görünmüyor, ama Wallace'ın ekibi de dahil, bu alanla ilgili araştırmacıların çoğu açısından, yüzde 2-4 oranı benimsenebilir görünüyor.

1990 ilkyazı dolaylarında Wolpoff, moleküler saatin ilgisiz olduğunu söylemeye başlamıştır. Oldukça alaylı bir biçimde, "Wilson laboratuvarı, hızı tam tamına doğru ölçmüş" diyen Wolpoff şimdi ise, Mitokondriyal soyçizgilerinin rastlantı sonucu yitirilmesi yüzünden, güvenilir bir hız hesabı yapmak olanaksızdır" demektedir. Wolpoff'a göre, eğer eski Mitokondriyal soyçizgileri tercih sonucu yitirilmişlerse, yapay olarak genç bir Mitokondriyal soyçizgisi toplumu ortaya çıkar ve olağandışı toplumsal demografik geçmişler böylesine çarpıtıcı bir etkiyi artırabilir. Mark Stoneking, mtDNA kaybının rastlantısal olduğunu vurgulayarak bu görüşü çürütüyor; dolayısıyla eski soyçizgilerinin tercih yoluyla yitirilmesine bir neden bulunmadığını söylüyor. Rastlantısal kaybın, toplumun geride kalmış soyçizgisindeki genel geçmişini gerçek olarak yansıtması gerekir. Eğer bu kayıp belirli bir yana aşırı biçimde yönelmişse, Wolpoff'un görüşü geçerli olurdu. Ancak, şimdiye dek incelenen hayvan topluluklarında böylesi bir yönelişe, yanlılığa rastlanmamıştır.

Wolpoff'un ikinci görüşü konuyla bağlantılıdır: Eğer bir Mitokondriyal tip az da olsa bir üstünlük kazanmışsa, tercih edilerek tüm topluma hızla yayılır. Bu konuda Wolpoff, "Bu diğer tipleri ortadan kaldırarak, sanki Mitokondriyal DNA topluluğunun tümüyle gençmiş gibi görünmesine neden olurdu" demektedir. Joh Avise, ilke olarak, doğal seçilimin, görünümü çarpıtabileceği düşüncesine katılıyor ve şunları söylüyor: "Mutasyona uğramış bir gen tüm topluma yayılabilir, doğru. Bunun oluşması için toplumun tümüyle çok yakın ilişki içinde olmanız gerekmektedir; fakat soyağacını Mitokondriyal DNA çözümlemesine dayandırma her zaman kuşkuya neden olmuştur". Şimdiye değin herhangi bir türde benzer bir sürece ilişkin hiçbir örnek saptanabilmiş değilse de, bu bir kuramsal olasılık olarak kalmaktadır.

Erken Söylenmiş Bir Sonsöz

Şubat 1992'de Mitokondriyal Havva varsayımının geçerliliği üstüne tartışmalar belirgin biçimde yoğunlaştı. Aynı ayda *Science*'ta iki kısa inceleme yayımlandı: Bunlardan biri Washington Üniversitesi'nden genetikçi alan Templeton'a, diğeri ise Pensilvanya Eyalet Üniversitesi'nden Mark Stoneking'le üç meslektaşına aitti. Bu iki incelemede de Wilson ekibinin, PAUP testini onların mtDNA bulgularına yeterli biçimde uygulamadığı belirtiliyordu. Eylül 1991 tarihli yazılarına yönelik olarak, Wilson ve arkadaşları 100 olası

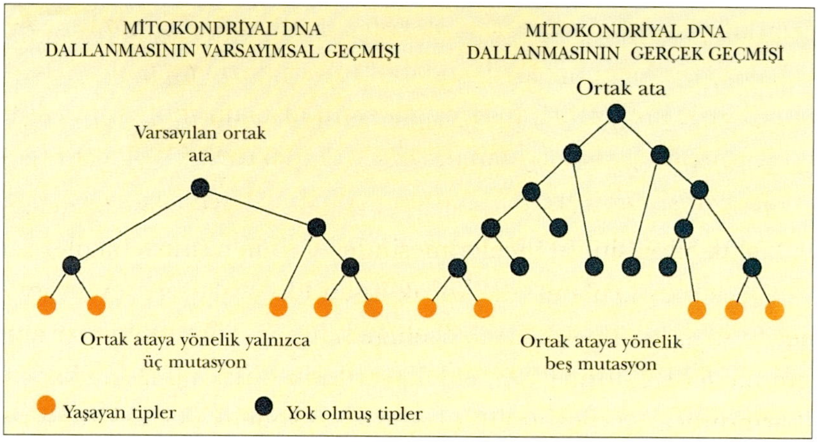

Çokmerkezli Evrim kuramının yandaşlarına göre, yaşayan mitokondriyal DNA tiplerine dayanan anne-yanlı soyçizgisi kurgulamaları doğal olarak kusurludur. Daha eski soyçizgilerinin yitimini yeğleyen bir yöneliş, burada görüldüğü gibi yanlışlıkla, genç bir atalık yaşı ortaya koyacaktır. Ancak, şimdiye değin incelenen hayvan topluluklarında, soyçizgilerinin rastlantısal kaybında, böylesine bir yanlı yöneliş saptanmamıştır.

ağacı inceledikten sonra, Afrika kökenli olanlardan birini en kestirme yoldan kurgulanmış en olası ağaç olarak seçmişlerdi. Templeton, az sayıda olası ağacı inceleyerek, bunlardan 100'ünün Wilson'unkilerden daha kestirme olduğunu hemen fark ettiğini söylemiştir. Dahası, bu ağaçlar, Afrikalı değil de, Asyalı bir kökene işaret eder görünüyordu. Stoneking ve arkadaşları, kestirmeci çözümlemeleri ile ilgili sorunlara yönelmişler ve mtDNA dizisine ilişkin verilerden yararlanarak, her biri Templeton'unkilere göre daha kestirme olan 50 bin kadar soyağacı kurgulamışlardır. Bu çalışmalarda hiçbir coğrafi bölge tek köken olarak güçlü bir biçimde desteklenmemiştir; başka bir deyişle, Asyalı bir köken Afrikalı bir köken kadar olası idi.

Mitokondriyal DNA verilerinin yeniden incelenmesiyle başkaları da doğrudan ilgilenmişlerdi, özellikle, Harvard Üniversitesi'nden David Maddison'la Maryellen Ruvolo ve David Swofford. Mitokondriyal DNA dizisi verilerine dayalı 10 bin PAUP ağacı üstüne incelemelerini 1991 sonlarında yayımlayan Maddison, hiçbir coğrafi kökenin tek başına açıkça ortaya çıkmadığını belirtmiştir. 1992 başlarında, çalışmalarını Ruvolo ve Swofford'la birlikte yürüten Maddison, bu çözümlemelerini daha da genişletmiş ve sonuçta, PAUP testlerinin bugünkü insanın coğrafi kökenini belirlemekte başarılı olmadığını ortaya koymuştur. PAUP testlerinden açık seçik bir yanıt alınamamasının nedeni verilerin doğasında yatar. Eğer her bir coğrafi toplum (atasal toplumun, diğer toplumların tümüyle ilintili olduğunu gösteren) oldukça özgün bir dizi değişiklik sergileseydi, enzimle parçalayarak haritalama yöntemiyle ya da genomun küçük bir kesitinin incelenmesinden edinilen sınırlı bilgiler yardımıyla açık seçik bir ağaç kolayca oluşturulabilirdi. Ancak insan toplumları genetik yapılarının büyük ölçüde örtüşmesini sağlayan birçok ortak özelliğe sahiptir. Tüm toplumlar arasındaki değişikliklerin yaygın biçimde örtüşmesiyle, eldeki verilerin sınırlı olmasına karşın, bu toplumların tümünü barındıracak soyağaçlarını oluşturmaya yönelik pek çok olası yöntem vardır.

Mitokondriyal Havva kuramını eleştirenler, kusurlu PAUP çözümlemelerine ilişkin açıklamaların bu varsayımı yıktığını ileri sürmekte gecikmediler. Çözümleme çalışmalarında yer alanların kimileri, Mitokondriyal Havva'nın öldüğü görüşüne katılırken, diğerleri böyle düşünmüyor. Ruvolo, "Bunların tümünden çıkarabileceğimiz tek sonuç, PAUP'un, eldeki sınırlı bilgilerle bu sorunu çözemeyeceğidir" diyor ve ekliyor: "Bu, Havva için erken söylenmiş bir sonsöz olmanın çok ötesinde bir şey." Ruvolvo'ya göre sorun yeni bulgularla çözülebilir; özellikle, büyük coğrafi toplumların bireylerindeki 10-20 genom arasındaki eksiksiz diziler genetik soyağacının genel biçimini belirleyebilir. Böyle bir amacın, otomasyona bağlanmış DNA dizisini belirleme teknolojisiyle bile gerçekleştirilmesi, olanaksız değildir ama çetin bir iştir.

Allan Wilson'un eski çalışma arkadaşı, Pensilvanya Eyalet Üniversitesi'nden Mark Stoneking, insan toplumlarının geçmişine ilişkin çalışmalarda mitokondriyal DNA verilerinden yararlanılması gerektiğini etkili biçimde savunmaktadır.

PAUP çözümlemesinin yetersiz kalışı nedeniyle, bugünkü insanın soyağacının ayrıntıları henüz belirlenememiştir. At nalı biçimindeki ağacın ayrıntı yönünden, ve belki de köken olarak Afrika'yı göstermesi nedeniyle, yanlış olması gerekir. Ancak mtDNA çeşitliliğine ilişkin bulgular ve bunlara dayalı sonuçlar değişmeden kalmıştır. Wilson laboratuvarı ile ilintili olan Douglas Wallace ve Maryellen Ruvolo'nun yanısıra, birçokları açısından, bu veriler, (Mark Twain'in yorumuna katılarak) Havva'nın ölümüne ilişkin söylentilerin büyük ölçüde abartıldığını ileri sürmeleri için yeterlidir.

Destekleyici Kanıtlar

Mitokondriyal DNA verilerini evrimsel geçmişin güvenilir bir göstergesi olarak benimseyenler açısından, Wilson ve diğerlerince derlenen (Afrika'dan Çıkış varsayımını destekleyen) bulgular çok inandırıcı görünüyor. Demografik ya da başka etkenler nedeniyle potansiyel çarpıtmalardan ya da PAUP yöntemiyle çözümlemelerde bu varsayımı ölümcül bir tuzağın beklemekte olduğundan kaygılananlar açısındansa, bu sonuçlar her zaman kuşku yaratabilir. Her neyse, tüm bilim dallarında olduğu gibi, bu konuya ilişkin verileri desteklemek için başka kanıtlar aranmalıdır. Mitokondriyal DNA, sonuçta tek bir gen gibi davranır; dolayısıyla başka genlerde destekleyici verilerin aranması gerekmektedir. Sonuç olarak, Mitokondriyal ve çekirdeksel genler arasında bir uyum olmalıdır.

Daha önce belirtildiği gibi, çekirdeksel genlere ilişkin bilgilerin anne ve baba kaynaklı çok "çekişmeli" bir ortamdan derlenmesi gerekiyor(Teknik bir sorun). Yine de, yararlı bilgi birikimi iki ana çeşit olarak sürüyor: Bunların birincisi, yaklaşık yüz tanesi günümüzde binlerce insan toplumunda saptanmış kan grupları, bağışıklıksal ve diğer protein çeşitleri gibi "klasik" genetik işaretleyicilerdir; ikincisi ise, birkaç bin tanesinin son yıllarda ortaya çıkarılmış olmasına karşın, görece az sayıda insan toplumunda araştırılmış restriksiyon parça uzunluk polimorfizmleridir. Stanford Üniversitesi'nden Luigi Luca Cavalli-Sforza'ya, Pensilvanya Devlet Üniversitesi'nden de Masatoshi Nei'ye bağlı laboratuvarlar, bu iki tür bilgiyi derleyen kurumların başında gelmektedir.

Cavalli-Sforza, 1960 ortalarında derlenen klasik genetik işaretleyicilere ilişkin ilk değerlendirmelerden, bugünkü insanın Asya kökenli olduğu gibi bir izlenim edinmiştir. Ancak, kanıtların giderek çoğalmasıyla (1986 Mayısında "*Homo sapiens*'lerin Moleküler Biyolojisi" konulu, Cold Spring Harbor sempozyumunda ilk kez önemle vurguladığı gibi) Afrikalı bir köken olasılığının ağır bastığı yolundaki görüşü benimsemeye başladı. Cavalli-Sforza'ya göre, 42 toplumdaki 44 klasik genetik işaretleyiciye ve 8 toplumdaki 80 DNA polimorfizmine ilişkin bulgular Afrikalı ve Afrikalı olmayan toplumlar arasında, kökenin Afrika'da olduğunu akla getiren bir ilk bölünme olduğunu gösteriyor. Klasik genetik işaretleyicilere ilişkin veriler, daha sonra üç bölünme olduğunu göstermektedir: Birincisi, Asya'ya yönelik iki ayrı göç olayının yaşandığını düşündüren Güneydoğu Asyalılar ve Okyanusya Adalılarıyla Kuzeydoğu Asyalılar, Kokazoidler (Kafkasyalılar) ve Amerika yerlileri arasında; ikincisi, Kokazoidlerle, Kuzeydoğu Asyalılar ve Amerika Yerlileri arasında; üçüncüsü ise Amerika Yerlileriyle Kuzeydoğu Asyalılar arasında. Bunların ikisi, DNA polimorfizm verilerinde de görülür (Amerika yerlilerine ait veriler orada yer almamıştır).

DNA verilerine göre saptanan bu ayrışmaları bir takvime bağlamak henüz olanaklı değildir. Bununla birlikte, klasik genetik işaretleyici verilerine göre oluşturulan ağaçta sergilenen genetik uzaklıklar, arkeolojik verilerle belirlenen dört bölünmenin tarihleriyle görece eşzamanlıdır. 1992 yılının başlarında, Londra, Krallık Derneği'nce (Royal Society, London) düzenlenen bilimsel bir toplantıda, Cavalli-Sforza'nın belirttiği gibi, arkeolojik ve genetik veriler arasındaki tutarlılık, "genetik ağacın, insan toplumlarının son 100 bin yıllık evrimine kabaca karşılık oluşturduğu varsayımını desteklemektedir". Masatoshi Nei de, klasik ve DNA polimorfizm işaretleyicilerini inceledikten sonra aynı sonuca vardığını yenilerde, " genetik veriler tek bir köken varsayımından yana görünüyor" diyerek açıklamıştır.

1988'de Cavalli-Sforza, genetik ve arkeolojik konulara yönelik karşılaştırmasını dilbilimsel verileri de kapsayacak biçimde genişletti ve aralarında çarpıcı biçimde yakın bir uyum saptadı. Buna göre, canlı türler gibi, diller de zamanla gelişir; dolayısıyla ilke olarak, dilbilimsel bir soyağacı oluşturulabilir. Cavalli-Sforza bu ağacın bugünkü insanın toplumsal geçmişine ışık tutabileceğini düşünüyordu.

Eski nüfus hareketlerinin tarihöncesi fosil kayıtlara damgasını değişik biçimlerde vurması kaçınılmazdır. Gerçi bunların çoğu, kültürün maddi yönüyle ilgilidir ama dilin yayılması da önemli bir göstergedir. Eğer Çokmerkezli Evrim kuramı doğruysa, Eskidünya'nın değişik yörelerine ait dillerin, genetik katılımda olduğu gibi, son derece eski ve farklı köklerden gelmesi gerekirdi. Bu dillerle, bunları konuşan yerel toplumlar arasında ilişki kurabilme olasılığı da çok az olurdu. Öte yandan, Afrika'dan Çıkış kuramı doğruysa, o zaman, ilk modern *sapiens* toplumuyla (tıpkı genler örneği, göç eden toplumlarla birlikte yayılırken yerel olarak gelişen) yalnızca tek bir dil arasında bir ilişki kurulabilirdi.

Cavalli-Sforza'nın bu düşünceyi sınamaya yönelmesi bir rastlantı sonucu olmuştur. O sıralarda, bu ülkenin en önde gelen dilbilimcilerinden Joseph Greenberg de Stanford'da bulunuyordu. Dolayısıyla Greenberg'in de desteğini alarak, Eskidünya'ya ilişkin bu kapsamlı genetik ve arkeolojik verilerle aynı bölgeye ait dilbilimsel veriler arasında ne ölçüde bir koşutluk, tutarlılık bulunduğunu sınamaya koyuldu. Toplumların genetik görünümünün arkeolojik kayıttaki örüntülerle büyük ölçüde örtüştüğünü zaten biliyordu. Sorun, belirli dillerin ya da dil ailelerinin, modern toplumlarla, bunların genetik yapıları açısından, kesin olarak örtüşüp örtüşmediğinin saptanmasında yatıyordu. Cavalli-Sforza, bu örtüşmenin çarpıcı boyutlarda olduğunu, "genetik ve dilbilimsel evrimleşme arasında büyük ölçüde koşutluk bulunduğunu"söylüyor.

Cavalli-Sforza ve Greenberg'in, bu iki veri demeti arasındaki uyumun tarihsel açıdan oldukça önemli olduğuna inanmalarına karşın, birçok dilbilimci bunu son derece kolaycı bir değerlendirme olarak görüyordu. Bununla birlikte, eğer Stanfordlu araştırmacıların tezleri doğruysa, elde ettikleri bulgular, dilin, bugünkü insana yönelik son evrim-

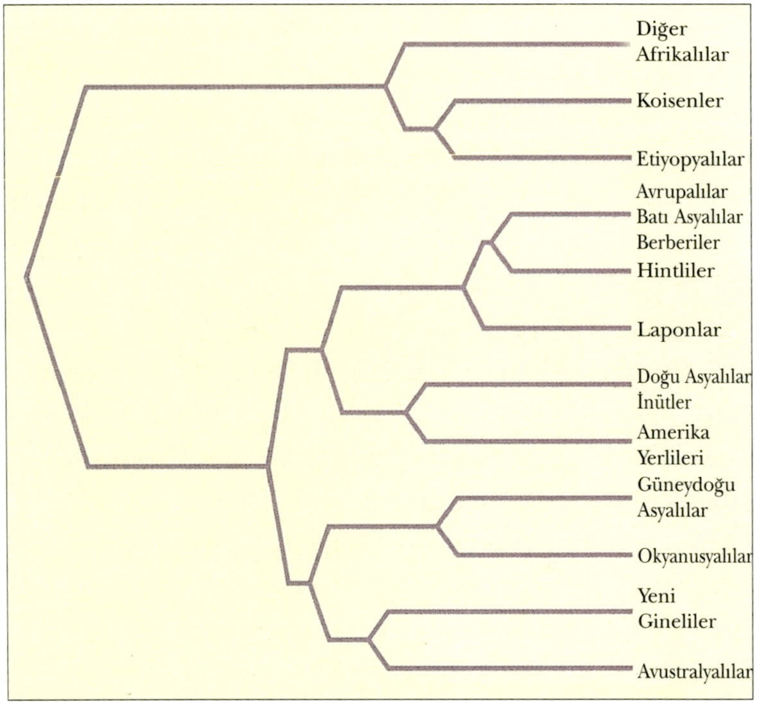

Çekirdeksel DNA'dan edinilen veriler Afrikalı bir kökeni desteklemektedir. Burada, Stanford Üniversitesi'nden Luigi L. Cavalli-Sforza'nın laboratuvar bulguları, Afrikalı ve Afrikalı olmayan toplumları ayırıyor ve köken olarak Afrika'yı gösteriyor.

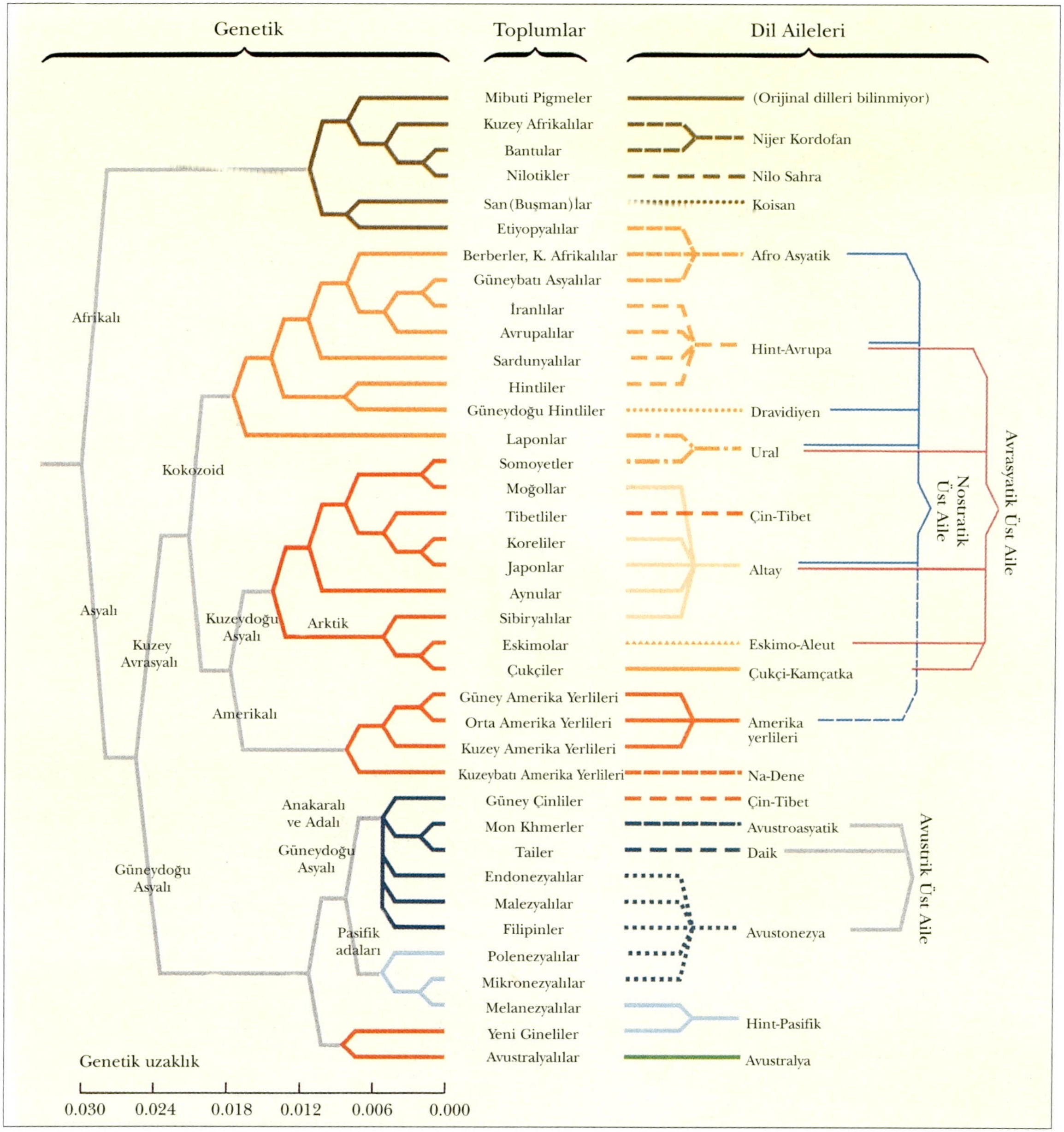

Genetik ve dilbilimsel verilere ilişkin bir karşılaştırma yeryüzündeki toplumlar arasında yakın bir uyum olduğunu göstermektedir. Bu uyum, insanların görece yakın geçmişte Afrika'da ortaya çıkan atasal bir toplumdan ayrışmış olduğu görüşünü de desteklemektedir.

sel gelişmeler arasında yer aldığı görüşünü doğrulamakla kalmıyor, aynı zamanda bugünkü insanın kökeninin Afrika'da olduğunu açıkça ortaya koyuyor.

Toplum Genetiğine Dayalı Tahminler

Bu sonuçlar göz önüne alındığında, (Mitokondriyal ve çekirdeksel DNa'ya dayalı) genetik bulguların Afrika'dan Çıkış kuramını desteklediğini söylemek yerinde olacaktır. Gerçekten, arkaik *sapiens*'lerin sonradan gelen modern insan topluluklarınca tümüyle ortadan kaldırılmış olduğunun moleküler verilerle kanıtlanması sonucu bu kuram daha da güçlenmiştir. Öte yandan, Çokmerkezli Evrim kuramı, en azından çoğu moleküler biyologlarca yorumlandığı kadarıyla, hiçbir genetik kanıta dayanmamaktadır. Üstelik sonradan devreye giren dilbilimsel veriler de bu sonucu desteklemektedir. Her iki kuramı da biyolojinin kolları olan toplum genetiği ve evrimsel ekolojinin süzgecinden geçirerek sınamak olanaklıdır. Bu süreçte, bugünkü insanın kökeni konusu, antropolojide neredeyse tümüyle biyolojiye dayalı sorunlardan biri durumuna gelmektedir.

Afrika'dan Çıkış ve Çokmerkezli Evrim kuramları gibi birbirinden çok farklı modellerin yandaşlarının, evrimsel gelişimin temposu ve biçimine ilişkin görüşleri arasında çok sayıda çelişkinin bulunması doğaldır. Bunların en önemlilerinden biri, atalarımızın teknolojik yetkinliğinin evrimsel değişikliğe ne ölçüde katkıda bulunmuş olabileceği sorunudur. Afrika'dan Çıkış kuramı, evrimsel gelişim sürecine teknolojinin etkisinden söz etmemektedir. Buna karşılık Çokmerkezli Evrim kuramı, kültürü, diğer hayvanlarda görülmeyen bir evrimsel çizgiyi oluşturan önemli bir unsur olarak gündeme getirir. Bu apayrı yaklaşımların nitelikleri ne olursa olsun, her ikisinin de bugünkü insanın kökeni bağlamında birbiriyle yakından ilgili şu iki temel konuyu ele almaları kaçınılmazdır: vücut yapısı ve genetik.

Birinci bölümde gördüğümüz gibi, bugünkü insanın evrimine koşut olarak, gerek kafatasında, gerekse ,vücudunun diğer kesimlerinde bir incelme, küçülme oluştu. Bundan çıkan anlam bugünkü insanın, arkaik atalarına oranla, çok daha az fiziksel güç harcayacağıdır. Önceleri kaba kas gücüne dayalı işler artık teknolojik beceriyle mi yapılır olmuştu? Bu bağlamda anatomik bir değişiklik, işlevsel açıdan pek önemli olmasa bile, evrimsel süreç açısından oldukça bilgilendiricidir. Arkaik toplumlar arasında, arkaik *sapiensler* yönünde çok geniş kapsamlı farklılaşma olmuştu. Bugünkü insanın ortaya çıkmasıyla, yapısal başkalaşım çarpıcı biçimde azaldı. Afrika'dan Çıkış modeli bunu, kuramsal açıdan da olsa, kolayca açıklarken, Çokmerkezli Evrim modeli bu yönden çok yetersiz kalmaktadır.

Arkaik toplumlarda kendini gösteren bu büyük anatomik çeşitlilik açıkçası onların ayrı ayrı toplumlar halinde, yaklaşık bir milyon yıllık bir geçmişe sahip olmalarından kaynaklanmaktadır. Değişik yörelerde yaşayan aynı türden bireylerin oluşturduğu toplumlar, aralarında bir ölçüde gen alışverişi olsa bile, genetik ve anatomik açılardan birbirlerinden uzaklaşma eğilimi gösterirler. Eğer modern insanlar (Afrika'dan Çıkış kuramı uyarınca) bu toplumların yalnızca birinden evrimleşerek Eskidünya'ya yayılırken, önlerine çıkan tüm arkaik toplumları ortadan kaldırmışsa, aralarındaki genel çeşitliliğin arkaik toplumlarınkinden daha az olması kaçınılmazdır. Bu noktaya açıklık getirmeye çalışan Çokmerkezli Evrim modeli, gerek yerel gerekse anatomik yönden farklı toplumların, çok daha az oranda değişiklik sergileyen bugünkü insanın vücut yapısı doğrultusunda birbirlerine yaklaşmalarını gerekli gördüğünden, toplum genetiği tezini daha da çok zorlamaktadır. Böyle bir örüntü olasıdır gerçi ama ona koşut bir evrimleşme süreci gerektirir ki bu da evrim konusunu inceleyen çoğu biyologları rahatsız eder.

Modern insan toplumlarıyla ilgili olarak, açıklanması gereken ikinci unsur, modern insan toplumları arasındaki farklılıkların şaşırtıcı biçimde az oluşudur. Sözgelişi, insan toplumları genetik bakımdan kendi aralarında, çoğu primat türlerinde görece beklenen değişikliklerin ancak onda biri oranında başkalaşırlar. Tüm modern insan toplumları arasındaki genetik başkalaşım, toplumların birbirleri arasındaki başkalaşımla değil, bireyler arasındaki başkalaşımla açıklanmaktadır. Böyle bir görünüm (tüm bugünkü insanların yakın geçmişte tek bir genetik havuzdan derildiğini savunan) Afrika'dan Çıkış kuramıyla kolayca bağdaşırdı. Çokmerkezli Evrim kuramı, toplumlar arasındaki genetik tekörnekliğin, aralarındaki gen alışverişinden ileri geldiğini ileri sürecektir; Wolpoff'la arkadaşlarının, çoğu kez, modeldeki gen akışını "yeterli ama pek çok değil" diye tanımlayarak bir ölçüde belirsiz buldukları bir durumdur bu. Wolpoff, "bugünkü insanın kökeni bağlamında önemli olan şey, belki de genlerin dolaşımından çok, düşüncelerin dolaşımıdır" yorumunda bulunmuştur.

1980'lerin sonlarında, toplum genetikçileri, bugünkü insanın kökenleri sorununa eğilmeye başladılar. Kimi genetikçiler özellikle şu soruyu yöneltiyorlardı: Kuramsal görüşler bu iki modelin olabilirliği, özellikle de gen akışı konusunda neler söylüyor? Toplumlar iki aşamalı bir süreçten geçerek genetik değişikliğe uğrarlar: Birincisi, bir yerde (bir bireyde) bir mutasyon ortaya çıkar; ikincisi, o bireyden gelenlerin, toplumun diğer üyeleriyle cinsel anlamda eşleşmeleriyle, değişmiş gen toplumda yerleşir kalır. Bu, görece yavaş bir süreç olup, tüm toplumda kesintisiz bir cinsel eşleşme olanağının bulunmasını gerektirir. Bu yeni gen, başlangıç noktasından bir dalga gibi ilerlerken, ilk oluştuğu noktadan sonraki her konumunda, ilk konumundaki kadar yaygın olduğu zaman dengelenmiş sayılır.

Bu iki kuram, gen akışına gereksinimleri bakımından birbirlerinden çok farklıdır. Afrika'dan Çıkış kuramı, coğrafi açıdan sınırlı ama kesinkes küçük olması da gerekmeyen bir toplumda bir türleşme olgusuna gereksinim duyar ki bu toplumdan gelenler dünyanın diğer bölgelerine göç ederler. Gen alışverişi ya da melezleşme, ilkin kurucu atasal toplumda daha sonra da ondan türeyenlerin oluşturduğu komşu gruplar arasında gerçekleşir. Bu kurama göre, bugünkü insanın evrim sürecinde, uzak coğrafi bölgelerde geniş çapta bir gen alışverişine gereksinim yoktur. Buna karşılık, Çokmerkezli Evrim modeli geniş coğrafi bölgelerde de uzun zaman dönemleri boyunca da yaygın gen alışverişini gerektirir; farklı atasal toplumlar, az ya da çok uyum içinde, modern insan doğrultusunda evrimleşirken aralarında gen alışverişi kaçınılmazdır.

Toplum genetiği alanında ün kazanmış çoğu bilim adamlarına göre, Çokmerkezli Evrim kuramı ya pek az destek görmekte ya da hiç destek görmemektedir. Sözgelişi, Shahin Rouhani, gereksinen gen akışının hem nicelik açısından hem de coğrafi anlamda aşırı boyutlarda olması nedeniyle, Çokmerkezli modelin kuramsal açıdan mümkün olmadığını şöyle açıklıyor: "Ekolojik anlamda özdeş koşullarda-kaldı ki bu doğada ender görülen bir durumdur- coğrafi olarak yalıtılmış toplumlar birbirlerinden uzaklaşarak, sonuçta, üreme açısından da yalıtılmış olurlar... Bu çok boyutlu ortamda, evrimin özdeş çizgiler izlemesi pek olası görünmüyor".

En elverişli koşullarda, üstünlük kazanmış bir mutasyonun Güney Afrika'dan Çin kıyılarına varmasının yarım milyon yıl alacağını söyleyen Rouhani'ye göre, elverişli koşullar ender olarak gerçekleşir, dahası, komşu toplumlardaki bireyler arasında cinsel eşleşmeler, kültürel ve coğrafi engeller nedeniyle kısıtlanır; bu durum, Çokmerkezli modelin gerektirdiği ileri düzeyde genetik sürekliliği ortadan kaldırır. Cavalli-Sforza'nın da aynı görüşü paylaştığını şu sözlerinden anlıyoruz:

"Çokmerkezli modelin yandaşları toplum genetiğinden hiç anlamıyorlar. Bunlar, sürekli gen alış verişini gerektiren bir modeli savunuyorlar, ama bunun dengelenmesi çok uzun bir zamana bağlıdır. İnsanın tarihinde bu dengelemeye yetecek denli uzun zaman olmamıştır".

Ekolojik Tartışmalar

Evrimsel ekologlar, Çokmerkezli modeli, özellikle onun varsayımsal temel dayanağını eleştirmekte başkalarından geri kalmıyorlar. Cambridge Üniversitesi'nde, ekoloji üstüne çalışmalarıyla da tanınan antropolog Robert Foley şunları söylüyor: "Konuyu salt kültür bağlamında açıklamaya çalışmak bugünkü insanın evrimleşme sürecinin aydınlatılmasını engelleyen unsurların belki de baş nedeni olmuştur. Çünkü anatomik açıdan bugünkü insanın kökenleri, evrimsel biyoloji süreçlerinin kapsamı dışında, apayrı bir olgu biçiminde ele alınagelmiştir." Ardından, eğer sorun, "karşılaştırmalı ekolojik bir çerçeve" içinde ele alınacak olursa, konunun daha iyi anlaşılacağını öne sürüyor.

Foley'in vurguladığı ilk nokta, antropologları biraz da kendi terim ve kavramlarının yanıltmış olabileceğidir, özellikle *Homo erectus*'tan arkaik *sapiens*'e ve modern *Homo sapiens*'e evrimsel geçiş aşamaları bağlamında. Bu iki basamağın ilki (*erectus*'tan arkaik *sapiens*'e olanı), bir türden diğerine geçişi içerir; bu değişiklik, salt tür-içi bir değişim ya da gelişme gibi görünen arkaik *sapiens*'ten modern *sapiens*'e geçişten açıkçası daha önemlidir. Doğrusu, arkaikten modern görünümlü *Homo sapiens*'e geçiş, hiç de azımsanacak bir yapısal değişiklik olmayıp, tersine, iskeletli kaba saba bir vücut yapısından uzaklaşmaya yol açıcı köklü bir yön değişikliğini içerir. Kafatası ve yüz oranlarında, kafadamının yükselip kısalması ve yüzün alt kesiminin içeriye çekilmesiyle ortaya çıkan yeni bir oluşum. Bugünkü insanın görünümündeki bu değişiklik ve onu izleyen yeni davranış biçimleri *erectus*'tan *sapiens*'e geçişten daha önemli bir evrimsel olguyu çağrıştırır; Foley'e göre, öylesine köklü bir değişikliktir ki bu, "basit, yavaş yavaş süren bir değişiklik" olarak görülemez.

Foley, antropolojik terimlerin bu değişikliklerde biyolojinin önemini yansıtması gerektiği görüşündedir. Günümüzde antropologlar, *Homo sapiens*'in birkaç alttürünü tanıyorlar: Sözgelişi, *Homo sapiens sapiens* terimi bugünkü insan anlamına kullanılırken, onun arkaik öncelleri *Homo sapiens neanderthalensis, Homo sapiens heidelbergensis, Homo sapiens rhodesiensis* ve *Homo sapiens soloensis*'i kapsamaktadır. *Homo sapiens*'in tüm alt gruplarının öncüsü *Homo erectus*'tur. *Homo erectus* ile arkaik *sapiens* alttürü arasındaki görece küçük evrimsel değişikliği ve arkaik toplumlarla bugünkü insan arasındaki, biyolojik açıdan daha da önemli geçişi vurgulamak için, *neanderthalensis, heidelbergensis, rhodesiensis* ve *soloensis, Homo erectus*'un alttürleri olarak sınıflandırılmalıdır; buna karşılık, *Homo sapiens* terimi yalnızca bugünkü insanı belirlemek üzere kullanıl-

Genetik, Dilbilim ve Arkeoloji

Herhangi bir veri çizgisi belirli bir doğrultuda ilerliyorsa, bilimsel bir tartışma yaratacak denli güçlü olabilir. Birbirinden bağımsız bu tür üç çizgi belli bir noktada buluşuyorsa, bunların desteklediği görüşün yeterli bir kanıt olarak benimsenmesi gerekir. Son zamanlarda, bugünkü insanın kökeni doğrultusunda böylesine bir buluşma gerçekleşti: Bu üç çizgi, ya da daha somut bir anlatımla bu üç ayrı ışın demeti genetik, dilbilim ve arkeolojiden kaynaklanıyor, ama bunların en aydınlatıcı olanı genetikten kaynaklananıdır.

Stanford Üniversitesi'nden Luigi Luca Cavalli-Sforza insan çeşitliliğini sergileyen bir atlas oluşturmak için kırk yıldır genetik veriler toplamaktadır. Bu tutkulu bilgi derleme çabası şu temel amaca yönelikti: "İnsan toplumlarının nereden kaynaklandığı ve dünyaya yayılışları sırasında hangi yolları izlediğinin ortaya çıkarılması". Cavalli-Sforza'ya göre, "Bu amaç artık gerçekleşmek üzeredir".

Cavalli-Sforza ve arkadaşlarınca derlenen veriler klasik genetik işaretleyiciler olarak bilinmektedir. Bu tür işaretleyicilerin tümü, protein çeşitleri olup, herkesçe bilinen (A), (B), (O) kan gruplarıyla (Rh) kan faktörünü kapsamaktadır. Araştırmacıların elinde şimdi, dünyanın her köşesindeki 1800 yerli (aboriginal) toplumdan alınmış 3 bin örneğe ait 100'ün üstünde genetik işaretleyici vardır; bunların çoğu, yüzlerce, kimi zaman da binlerce bireyi kapsamaktadır. Anlaşılacağı gibi, genetik çözümlemelerin güvenilirliği yalnızca verilerin kendilerinden değil, aynı zamanda çok bol oluşundan kaynaklanmaktadır.

Binyılı aşkın bir süredir, insan toplumları arasında, özellikle büyük göçlerin oluştuğu yerlerde, genetik kaynaşma olagelmiştir. Bununla birlikte, yeryüzündeki etnik ya da ırksal grupların kimliğinde simgelendiği gibi, yerel toplumlarda güçlü bir genetik kaynaşma söz konusudur. Genetik yaklaşım bu gruplar arasındaki genetik yakınlığı irdeleyerek, sonuçta bir soyağacı oluşturmayı amaçlar. Bu yöntem, birbirinden ayrı toplumlarda, salt gen frekanslarının rastgele değişimi yoluyla genetik farklılıklar birikeceği gerçeğine dayanmaktadır. Klasik genetik farklılıklar açısından, iki toplum arasındaki genetik uzaklığı yalnızca genetik özelliğin varlığı ya da yokluğu değil, aynı zamanda onun toplumlardaki görece frenkası belirler.

Sözgelişi, rhesus kan faktöründe iki form (alel) vardır: Rh-negatif, Rh-pozitif. Rh-negatif alel Avrupa'da yaygın, Afrika ve Batı Asya'da seyrek, Doğu Asya'da, Amerika ve Avustralya yerlileri arasında yok denecek denli azdır. Eğer bu alelin farklı toplumlardaki frenkasının rastgele değişim hızı sabit ise, genetik uzaklık verileri bir saat işlevi görerek, her bir toplumun diğerlerinden ne kadar süre ayrı kaldığını gösterir. Tek gene dayalı değerlendirmeler yüzeysel olurdu; ama bunlar 100 gene dayanıyorsa, güçlenirler.

Cavalli-Sforza ve meslektaşlarının ellerindeki genetik bilgi birikiminden çıkarılabilecek başlıca sonuç, bugünkü insan toplumlarının Afrika kökenli olduğudur. Bu sonuç, bir milyon yılı aşkın bir süre önce *Homo erectus*'un Afrika'dan

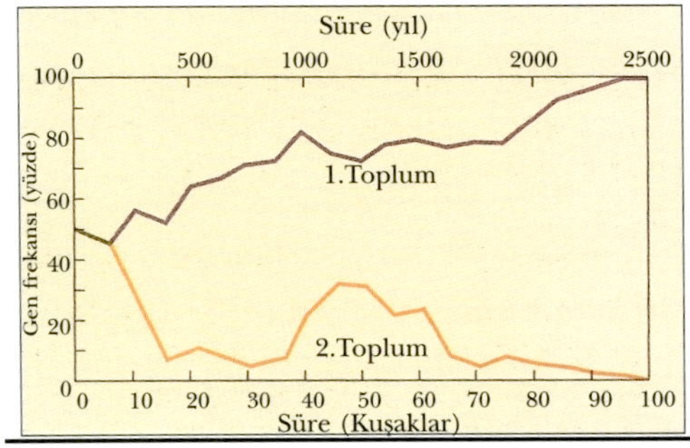

Rastlantısal değişikliklere bağlı olarak, iki toplum birbirinden ayrı düşebilir. Burada, özdeş gen frekanslarıyla başlayarak, bir toplumun ikiye bölünüşünün sonuçları bir bilgisayar örneklemesiyle (simulation) yansıtılmaktadır. Gen frekanslarındaki rastlantısal değişiklikler zamanla önemli ölçüde genetik başkalaşıma yol açar.

Eskidünya'nın başka yörelerine, göç edişinin ya da Afrika'daki modern insanların görece yakın geçmişteki evrimleşmesinin bir göstergesi olarak değerlendirilebilir. Genetik uzaklıkla ilgili verilere kesin bir zaman biçmek olanaklı değildir ama görece genetik uzaklıkları inceleyerek, bunların kuramların öngörüleriyle nasıl uyuştuğu saptanabilir.

Genetik bulgulara göre yedi temel etnik grup vardır: Afrikalılar, Kafkasyalılar; Kuzeydoğu Asyalılar; Amerika yerlileri; Pasifik Adaları'ndaki, Avustralya'daki ve Yeni Gine'deki Güneydoğu Asyalılar. Söz konusu veriler, Afrikalı ve Afrikalı olmayanlar arasındaki genetik uzaklık 1,0 olarak alınırsa, bunun Avustralyalılarla Asyalılar için 0,62, Avrupalılarla Asyalılar içinse 0,42 olduğunu gösterir. Bu genetik uzaklık oranları fosil kayıtlarının değerlendirilmesine dayalı şu rakamlarla büyük ölçüde bağdaşmaktadır: Afrikalılarla Asyalılar arasındaki ayrışma süreci için 100 bin yıl, Asyalılarla Avustralyalılar arasındaki için yaklaşık 50 bin yıl ve Asyalılarla Avrupalılar arasındaki için 40 bin yıl. Bu oranlama, Afrika'dan Çıkış kuramı bağlamında ilk sıradaki ayrışmayla uyuşmaktadır. Bu ilk ayrışmanın, Çokmerkezli Evrim kuramında ileri sürüldüğü gibi, 1 milyon yıl sürdüğü varsayılırsa, bu durumda özellikle Avustralyalı toplumların oluşumunu 600 bin yıl gibi olanaksız bir süre öncesine dek götüreceğinden, bu oranlar ikinci ve üçüncü ayrışmalar için geçerli olamaz.

Genetik ve arkeolojik bulgulara dilbilimsel veriler de eklenmiştir. Genler gibi, diller de zamanla değişerek konuşuldukları toplumlarla bütünleşirler. Son zamanlara değin yeryüzünde yaklaşık 5 bin dil vardı. Afrika'dan Çıkış kuramında öngörüldüğü gibi, bugünkü insan yakın geçmişte evrimleşseydi, bu 5 bin dilin, kimilerinin Anadili olarak adlandırdığı tek bir dilden türemiş olması gerekir. Ancak, Çokmerkezli Evrim kuramına göre, tek bir dil kökeni söz konusu değildir, dolayısıyla günümüzdeki kimi diller birbirleriyle tarihsel bağı bulunmayan çok sayıda dilden türemiş olabilir. Var olan diller arasındaki tarihsel ilişkilere yönelik bir incelemenin, ilke olarak bu sorunu çözmesi beklenebilirse de, dillerin değişim hızı öylesine yüksektir ki, birkaç bin yıldan öncesine dek gidebilecek dilsel soyağaçları oluşturmak olanaklı değildir.

Çok büyük güçlüklere, engellere karşın, kimi dilbilimciler bu sorunu çözmekte bir ölçüde başarılı olmuşlardır. Temel, ortak dilbilimsel özellikler ölçüt alınarak, aşağı yukarı 17 üst dil grubu saptanmıştır; örneğin, Hint-Avrupa, Amerika yerlileri, Hint-Pasifik ve Altay dilleri gibi. Cavalli-Sforza ve arkadaşları dil ailelerini bunları konuşan toplumlarla genetik açıdan karşılaştırdıklarında, bunların arasında çok sıkı bir bağlılaşım (korelasyon) saptamışlardır. Etnik kimlikle dil arasındaki bu yakın bağlılaşım antropologlarca biliniyordu, ama bu çalışmanın genetik verilerle ilgili olarak ortaya çıkardığı bağlılaşımın boyutları, tarihöncesi dönemlere değin giden bir karşılıklı etkileşimin varlığını sergilemesi nedeniyle şaşırtıcıdır.

Gerçi hiçbir dilbilimci, dilin geçmişini kökenine değin izleyebileceğini ileri sürmüyor, ama herhangi bir başat dil ailesinin altgrupları arasında tarihsel bağların bulunabileceğini söyleyenler vardır. Bir başat dil ailesinin kökeni, eğer doğruysa, en azından 10 bin yıllık, belki de bunun iki katı uzaklıkta bir geçmişe dayanmaktadır. Sözgelişi Nostratik diye bilinen böylesine bir dil ailesi, Kafkas (Kokazoid) dilleriyle kuzeydoğu Asya dilleri arasında bir bağ sergilemektedir. Bir adım daha geriye giderek tarihöncesine varıldığında, Nostratik dil ailesiyle Amerika yerlilerinin dillerinin birbiriyle ilintili olduğu görülebilir. Yine, bu dil grupları arasında genetikle dilbiliminin birbiriyle bağlantılı olduğu görüşünü destekleyen yakın genetik bağlılaşımlar söz konusudur.

Kökleri çok derinlere giden bir dil soyağacı oluşturma girişimlerini saran belirsizliklere karşın, dil aileleriyle, genetik açıdan kaynaşmış etnik topluluklar arasında sıkı bir ilişkinin ortaya çıkarılması önemli bir gelişmedir. Bellibaşlı toplumlar arasındaki genetik farklılıklarla, arkeolojik bulguların günümüz insanının yakın geçmişte Afrika'da ortaya çıktığı görüşünde buluşmaları, bu gelişmeyi desteklemekte ve onunla ilgili kuramı doğrulamaktadır.

Son zamanlarda, Cavalli-Sforza ve arkadaşları, Yale Üniversitesi'nden Kenneth ve Judith Kidd'le yardımlaşarak insan çeşitliliğini sergileyecek bir atlas oluşturmak amacıyla yeryüzündeki tüm insan toplumlarından DNA örnekleri derlemişlerdir. Klasik işaretleyicilere göre daha sağlıklı bilgiler sağlayan bu veriler, ilk çalışmayla örneklenen toplumların yalnızca yüzde birini kapsamaktadır, ama DNA bulguları protein verileriyle büyük ölçüde bağdaşmaktadır.

malıdır. Sınıflandırmaya ilişkin terimlerin değişmesinin uzun zaman almasından olacak, Foley'in önerisi henüz gündeme gelmemiştir. Daha önce de belirtildiği gibi, bilimsel olarak değilse bile, benimsenmesi gereken en olası değişiklik, Neandertalleri *Homo sapiens*'lerden apayrı bir tür-*Homo neanderthalensis*- olarak tanımaktır.

Bugünkü insanla onun atalarını biyolojik açıdan incelemiş olan Amerikan Doğa Tarihi Müzesi antropologlarından Ian Tattersall, "hiçbir evrimsel anlam taşımayan bir yamalı bohça" olarak nitelendirdiği "arkaik *sapiens*" teriminin atılmasını önermektedir. Ona göre, değişik türlerin belirlenmesinde ayrı toplumların farklı yapısal özellikleri ölçüt olarak kullanılmalıdır: "İnceleme konuları insan-dışı bir yaratık olsaydı, antropologların hiç duraksamaksızın benimseyeceği bir şey".

Birbirleriyle akraba olan primat türleri arasındaki yapısal başkalaşımlar genellikle küçük boyutlarda olup, yalnızca birkaç özellikle sınırlıdır. Antropologlar, değişik primat türlerini belirlemekte kullandıkları aynı ölçütleri kullansalardı, biri *Homo neanderthalensis* olmak üzere, 500 bin-100 bin yaşında üç ya da dört, belki de daha çok sayıda, farklı türü benimsemek zorunda kalırlardı. Yarı şaka olarak, Tattersall, antropologların tüm arkaik *sapiens* toplumlarını aynı evrimsel "yamalı bohça"ya koyma eğilimini, "beyin boyutları rahatlıkla modern ölçülere uyan tüm insansıları *Homo sapiens*'te toplamaya yönelik cömertçe tutumları"na bağlamaktadır.

Evrimsel ekoloji genelde diğer hayvanlardan, özelde de büyük primatlardan derlenen verilere dayanarak bugünkü insana ilişkin, olası köken biçimini belirleyebilir. Arkaik *sapiens*'ler örneği, coğrafi anlamda yayılmış toplumlar, türleşmeyle sonuçlanan yerel genetik farklılıklar biriktirme eğilimi gösterirler. Bu türleşme, devinim yeteneği ve beslenmeye uyarlı diş yapısı gibi kimi işlevsel özelliklerin paralel biçimde gelişmesine karşın ortaya çıkar. *Colobus* ve *cercopithecus* maymunlarının son 5 milyon yıl süresince Afrika'da yayılışları iyi bir örnek oluşturur. Arkaik insanlar iri primatlarınkine özgü evrimsel bir süreç izleselerdi, onların geniş ölçüde yayılmış toplumlarının birinden kaynaklanan türleşmeleri olgusu bugünkü insanın en olası ortaya çıkış biçimi olurdu. Bundan sonra sorulması gereken soru, türleşmeye yönelik en elverişli ekolojik koşullara hangi anakaranın sahip olduğudur.

İklimsel değişikliğin, özellikle yerel çevreyi yeniden biçimlendirerek, evrimsel değişikliğe önemli katkıda bulunduğu yaygın bir kanıdır. Soğuk ya da kuru iklim nedeniyle öbek öbek bölünen bir zamanların kesintisiz orman örtüsü, yukarda anlatıldığı gibi birbirlerinden genetik olarak farklı olabilen yalıtılmış toplumlar yaratabilir. Aynı şekilde, açık alanlarda, yağışlı iklimlerdeki ormanlık yörelerle bölünerek yalıtılmış toplumlara, dolayısıyla da genetik başkalaşıma yol açabilir. Bu tür çevresel değişiklikler toplumların uyum sağlamaya zaman bulamayacağı denli çabuk oluşursa, türlerin yok olması, türleşme olgusundan daha büyük bir olasılıktır.

150 bin-10 bin yılları arasında, geç buzul döneminin etkisiyle büyük çevresel değişiklikler ortaya çıkmıştır. Afrika doğal çevresinin büyük ölçüde değişmesine neden olan bu durumun, *Cercopithecus* cinsi maymunlar arasında türleşmeye yol açtığı sanılmaktadır. Daha önceki çevresel farklılaşmaların da şempanzelerle gorillerin alttürlere ayrılmasına neden olduğu düşünülmektedir. Ancak, Asya ya da Avrupa'ya kıyasla Afrika'nın, küresel iklim değişiklikleri sırasında daha çok türleşme olanağı yarattığını düşündürecek herhangi bir neden var mıdır? Evet, diye yanıtlıyor Foley bu soruyu; çünkü Afrika'da türleşmeye neden olan iklimsel değişiklikler ılıman kuşaklarda çok daha hızlı çevresel değişiklikler yaratarak buralardaki canlıların tükenme olasılığını artırmıştır. Bu dönemde Avrasya'da yer yer gerçekleşen yerleşme olayları oradaki çevresel değişikliklerin büyüklüğünü gösterebilir.

Bu nedenle, bugünkü insanın kökeninin evrimsel ekoloji ilkeleri kapsamında düşünülmesi, Afrika'da tek bir köken varsayımını desteklemektedir. Eğer "kültür" olgusu (sonuçta, bir ölçüde sınırlı düzeyde taş aletlerden oluşuyordu) evrimsel değişiklik sürecini değiştirseydi belki de bu ilkeler geçerli olmazdı. Fakat bu görüş pratik bir dayanaktan yoksun iyimser bir sav olarak değerlendirilmelidir.

Belirgin Bir Köken Yeğleniyor

Şimdiye değin bugünkü insanın kökenlerini temelde biçim ve süreç açısından ele aldık. Çoğu gözlemcilere göre, fosiller, genetik ve diğer biyolojik unsurlardan derlenen kanıtlar, ağırlıkla, modern *Homo sapiens*'ler için Afrika'da ya da belki Ortadoğu'da açık seçik bir kökenden yanadır. Bugünkü insan Eskidünya'nın diğer bölgelerine yayılırken, oralardaki arkaik insanların çoğunu, belki de tümünü ortadan kaldırmıştır. Gelecek bölümde, arkaik ve bugünkü insan arasındaki davranış farklılıklarını da tartışacağız, bu da toplumların, öncellerinin yerini alma biçimlerini aydınlatabilir.

5

BUGÜNKÜ İNSANIN ARKEOLOJİSİ

Fizik antropoloji ve genetik üstüne verilerden yararlanarak, bugünkü insanın nerede ortaya çıktığı ve evrimleşmesi sırasında ne gibi yapısal değişikliklere uğradığı konusunda ilke olarak birtakım sonuçlar çıkarılabilmesi beklenir. Antropologlara düşen, bu evrimsel gelişmeye eşlik eden davranışsal değişiklikleri saptamaktır. Bu, bir zamanlar görece kolay görünüyordu ama Avrupa dışındaki bölgelere ilişkin arkeolojik bulgular çoğaldıkça, değişim olgusunun incelenip değerlendirilmesi git gide daha karmaşıklaşıp güçleşmeye başladı.

Tarihöncesi Avrupa'da, özellikle Güneybatı Fransa ile Kuzey İspanya'da 40 bin-30 bin yıl önce anlık bir geçiş süreci yaşandı. Temelde, hemen hemen 200 bin yıl süreyle değişmeden kalan taş-alet teknolojisinin yerini birdenbire, daha ileri, ve hızla gelişen bir el sanatları teknolojisi aldı. İncik boncuklar, belki de gerdanlıklar örneği takıların yanı sıra, çeşitli nesneler üzerine, mağara duvarlarına oyarak ya da boyayarak resimler yapma gibi sanatsal etkinlikler ilk kez ortaya çıkıyordu.

Üst Paleolitik döneme ait, mamutdişi (mammoth ivory) bir kolye; Sibirya'da Malta yöresinde bulunmuştur.

Uzak yöreler arası tecimsel ve siyasal ilişkiler gündeme geldi. Üst-Paleolitik diye anılan, tümüyle bugünkü insan aklının bir ürünü olan bu yeni dönem kendisinden önceki Orta Paleolitik'in yerini almıştır. Otuz yıl kadar öncesine değin bilim adamları, evrimsel süreçteki bu arkeolojik gelişmenin, düşünen bugünkü insan aklının ilk kez Avrupa'da geliştiğinin bir kanıtı olduğunu düşünüyorlardı. Buna benzer bir kültürel değişikliğin, belki de birkaç bin yıllık bir gecikmeyle, kesin, uyumlu bir biçimde dünyanın başka yerlerinde de ortaya çıkmış olması bekleniyordu.

Ancak son otuz yıllık dönemde, arkeologlar tarihin sayfalarını çevirdikçe, Avrupa'nın diğer yörelerinde, Asya ve Afrika'da uyumlu bir gelişim olgusunun giderek belirgin biçimde azaldığını görmüşlerdir(Açıkçası, karmaşık ve eksik bir oluşum, ama bugünkü insan aklının kökenlerini içinde barındıran bir oluşum). Cambridge Üniversitesi arkeoloğu Paul Mellars, bu konuyla ilgili olarak şu soruyu yöneltiyor: "Kültürel gelişimin tümüne yönelik usul usul ilerleyen birikimsel bir süreçle mi, yoksa kültürü yaratıp yönlendirmeye doğuştan uyarlanmış insan beyninin, biyolojik sığasında bir tür köklü değişiklikle mi yüz yüzeyiz?" Hâlâ eksik durumdaki Arkeolojik kayıtların her bakımdan belirsizliğinden olacak, bilim adamları bu soruya başka başka yanıtlar veriyorlar.

Chicago Üniversitesi'nden Richard Klein, "Bugünkü insanın ilk ortaya çıkışıyla davranışsal dönüşüme yönelik açıklamaya göre bu değişiklik, insanın zihinsel yeteneğindeki uzun, biyolojik atılım sürecinin son evresinde gerçekleşmiştir. Bu son atılımın özel önemi, onun, kültürel değerler yaratmaya yönelik bu yepyeni beşeri yeteneği uyum sağlayıcı bir donanım olarak yönlendirmesinde yatar" demektedir. Buna karşılık, toplumsal dokuyu insanın kültürel gelişiminin ardındaki itici güç olarak değerlendiren İllinois Üniversitesi'nden Olga Soffer, "Kuzey Avrasya'da, Orta ve Üst Paleolitik arasındaki farklılıklar, dişe karşı dilginin (blade) ya da başka araçların yaratılmasında değil, ekonomik ve toplumsal ilişkilerdeki çarpıcı değişiklikte yatar" dedikten sonra şunları ekliyor: "Söz konusu olan, arkaik insanla bugünkü insan arasındaki *yetenek* farkı değil, *başarı* farkıdır". Harvard Üniversitesi'nden Ofer Bar-Yosef tarafından desteklenen buna benzer bir koşutluk da, tarımsal devrimle (ve kuşkusuz, onu izleyen endüstriyel ve teknolojik devrimle) ortaya çıkan gelişme, kültürel yapı ve beslenme biçiminde kendini gösterir: Nitelik açısından, yeni ve daha karmaşık şeyler yapan aynı insanlar.

Biyolojik (özellikle, zihinsel yetenek açısından) bir değişiklik mi, yoksa toplumsal örgütlenmede bir yenileşme mi? Modern insan davranışının kökenine odaklanan taban tabana zıt iki bakış açısı.... Öngördükleri mekanizmalar açısından farklılık gösteren bu iki bakış açısının, en yakın atalarımıza yönelik değerlendirmeleri de farklıdır. Bunların ilki gerçek bir evrimsel olayı temsil ederken, ikincisi kültürel devrimin sınırları içinde yer almaktadır. Eğer bugünkü insan davranışının kökeninde gerçek bir evrimsel olay yer almışsa, o zaman atalarımız, daha karmaşık davranış biçimleri geliştirecek zihinsel yetenekten yoksun olan arkaik insanlar olurdu. Öte yandan, bugünkü insan davranışını kültürel devrim başlatmışsa, bu kez de en yakın atalarımız bu devrimi salt henüz gündeme getirmiş olmadıkları için arkaik insanlar olurdu.

Bu iki karşıt görüş açısının ortasında yer alan bir başka yaklaşıma göre ise, insan davranışı tek yönlü değil çok yönlü bir nitelik taşımaktadır bu yüzden de kökenlerinin karmaşık bir örüntü sergilemesi olasıdır. Pensilvanya Üniversitesi'nden Philip Clase ve Harold Dibble, "Evrimi, arkeologların insana özgü özellikler olarak gördükleri biyolojik ve davranışsal nitelikler dizisi olarak tanımlamak budalalık olurdu. Farklı biyolojik ve davranışsal özelliklerin, bunlar günümüzde birbirleriyle ilintili olsalar bile, işlev ve zaman açısından ayrı kökenlerden gelmiş olmaları olasılığı daha fazladır" demektedir. New Mexico Üniversitesi'nden Lawrence Straus da benzer bir görüş ileri sürüyor "Her yerde, hatta Batı Avrupa gibi dar bir bölgede bile *tek* geçiş süreci söz konusu değildi. Cro-magnon vücut yapısı, Üst Paleolitik taş alet teknolojisi ve tipolojisi, kemik/geyikboynuzu aletler, büyük çapta avcılık, süsleme ve sanatı kapsayan tek bir 'paket' yoktu. Bu unsurların (kesinkes hepsi değil ama) kimileri farklı zamanlarda ve yerlerde çeşitli birliktelikler halinde bulunabilir; değişen koşullar ve bunlara uyum farklılıkları konusunda her bölgenin kendine özgü bir tarihi vardır".

Değişim Örüntüleri

Biyolojide örüntü her zaman için önemlidir. Bugünkü insanın geçmişte bıraktığı arkeolojik örüntülere ek olarak, anatomik ve genetik örüntüler de vardır. Bu örüntülerin birbirleriyle uyum içinde olmaları, temel olayların kolayca yorumlanabileceğine olan güveni artıracaktır. Önceki bölümlerde gördüğümüz gibi, kimi bilim insanları

Yaklaşık 250 bin yıl önce geliştirilen Lövaluva yöntemi, sonradan daha ince bir biçimde işlenebilen standart biçim ve boyutlarda birçok yonga çıkarılmasına yarıyordu.

genetik ve anatomik veriler arasında, özellikle Afrika'dan Çıkış kuramını destekleyen anlamlı bir uyum görüyorlar. Vücut yapısına ilişkin bulgulara göre, bugünkü insan, yaklaşık 100 bin yıl önce ilkin Afrika'da ortaya çıkmış ve daha sonraki 60 bin yıl süresince Eskidünya'nın diğer yörelerine yayılarak, oralarda yaşamakta olan arkaik toplumların en azından kimilerinin yerini almıştır. Mitokondriyal ve nükleer DNA çözümlemelerine dayalı bulgular da aynı doğrultuda, -hatta arkaik toplumların tümüyle ortadan kaldırıldığını düşündürecek- sonuçlar olarak yorumlanabilir. Bugünkü insanın vücut yapısı, yine bugünkü insanın davranışıyla örtüşüyorsa, bu davranış biçimine ilişkin kanıtların ilkin Afrika'da ortaya çıkması, daha sonra da Eskidünya'nın diğer kesimlerine yayılması gerekecek, böylelikle de örüntülerin birlikteliği bütünlüğü tamamlanmış olacaktı.

Bu olasılığı irdeleyebilmek için, ilkin Eskidünya'yı bölge bölge tarayarak arkeolojik örüntüyü oluşturacağız. Daha sonra, bugünkü insanın toplumsal yapısını, beslenme etkinliklerini genetik ve anatomik veriler ışığında kavramaya çalışacağız. Son olarak da, bir toplumun yerini bir başkasının almasından sorumlu süreçlerle ilgili düşünceleri de kapsamak üzere, bugünkü toplumlarla arkaik toplumlar arasındaki karşılıklı etkileşime yönelik kimi ipuçlarını araştıracağız.

Afrika'da Ender Buluntular

Bilim tarihine ilişkin nedenlerden ötürü, Eskidünya arkeolojisine ilişkin terimler gereğinden çok karmaşıklaşmakla kalmıyor, aynı zamanda, Güneydoğu Avrupa'ya ilişkin arkeolojik kalıntılar bu alanın genel görünümüne egemen oluyor. İnsan tarihinin bu evresine ilişkin Avrupa kaynaklı arkeolojik buluntular, herhangi bir yöredekilere oranla çok daha yaygındır. Bunun nedeni, arkeolojik süreç içinde buluntuların bir ölçüde sağlıklı biçimde korunmuş olmasının yanı sıra, arkeolojik araştırmaların dünyanın başka herhangi bir bölgesinden çok, Avrupa'da yoğunlaşmasında yatar. Ancak bu nokta gereğinden çok önemsenmemelidir. Sayısal açıdan, Afrika'da Son Taş Devri'nden kalma belki yarım düzine sağlıklı korunmuş arkeolojik alan vardır. Öte yandan, Asya bu sayının belki 20 katını barındırırken, Avrupa'daki arkeolojik kayıt Afrika'dakinden hiç değilse 200 kat daha zengindir. Görülüyor ki Avrupa kaynaklı arkeolojik kayıt pek göze görünmemekle birlikte daha güçlüdür. Avrupa'daki kimi arkeolojik örüntüler başka yöreler için de geçerli olabilir, ama ayrıntıların çoğu bu anakara arkeolojisine özgü bir görünüm sergileyebilir.

Avrupa'da, Orta'dan Üst Paleolitik'e geçiş biçiminde tanımlanan arkaik insan davranışıyla bugünkü insan davranışı arasındaki farklılık, özellikle alet teknolojisinin niteliğindeki çarpıcı bir değişime dayanmaktadır. Aynı terimler Asya ve kuzey Afrika için de geçerlidir; fakat Sahra-altı Afrikası bağlamında, aynı dönemler Orta Taş Devri ve Son Taş Devri diye adlandırılırlar. Bu tür terimlerle gerçekte neler anlatılmak isteniyor?

Durgunluk Ağır Basıyor

Orta Paleolitik (Orta Taş Devri), aletlerinin yapıldığı hammaddenin hazırlanmasını içeren önemli bir buluşun gündeme geldiği yaklaşık 250 bin yıl önce başlamıştır. İlk örneklerin ortaya çıkarıldığı Paris'in bir banliyösünün anısına Lövaluva (Levallois) tekniği diye adlandırılan bu yöntem, tepesi düz bir yumru (hazırlanmış öz ya da çekirdek) oluşturmak üzere, bir taş parçasından yonga çıkarılmasına yönelikti. Taş parçasının yüzeyi çevresine taş çekiçle art arda vurarak hemen hemen aynı kalınlıkta birçok yonga elde edilebiliyordu. Oluşturulan çekirdeğin biçimi, kendisinden yontulacak yongaların biçimini de büyük ölçüde belirlerdi. Lövaluva yongalarına ek olarak, Orta Paleolitik aletleri arasında, çoğu kez kenar kazıyıcılar, sırtlı bıçaklar, el baltaları, dişeğiler ve uçlar da vardı. George Washington Üniversitesi'nden arkeolog Alison Brooks'a göre çoktandır yerleşmiş Aşöliyen (Acheulian) teknolojisinden, Lövaluva teknolojisine özgü Orta Paleolitik endüstrisine geçiş, "zihinsel yeti açısından bir geçiş" idi. Teknolojik geçiş, *Homo erectus*'tan, arkaik *sapiens* diye bilinen türe biyolojik geçişle eş zamanlıdır. Brooks şöyle söylüyor: "Hazırlanmış çekirdek teknolojisinden yararlanabilmek için taşı iyi tanımanın yanı sıra, yapmayı tasarladığınız nesnenin sonuçta alacağı biçimi de gözünüzde açıkça canlandırmak zorundasınız".

Tarihöncesi toplumlarca üretilen aletlerin çeşitliliği söz konusu edildiğinde, arkeologlar, kimileri başka çağrışımlara yol açabilecek değişik terimler kullanırlar. Sözgelimi, "kültür" sözcüğü, (Aşöliyen kültürü deyiminde olduğu gibi), anlam-yoğun bir sözcüktür, çünkü basit taş alet üretimi ve kullanımının ötesinde bir davranış çeşitliliğini akla getirebilir. Bunun gibi, "endüstri" sözcüğü de 20. yüzyıl insanınca, ilkel toplumlar için fazla iddialı bir sözcük olarak değerlendirilebilir. Öte yandan "teknoloji", salt bir sözcük olarak, yalnızca alet yapımı ve kullanımı anlamına geldiğinden daha nesneldir; ancak "alet" ya da "alet çantası" terimi bu bağlamda en yansız olanıdır; çünkü tarihöncesi insanın zihinsel yeteneğine ya da diğer davranışsal unsurlarına özel bir gönderme yapmamaktadır.

Orta Paleolitik'te, kendinden önceki Aşöliyen kültürüne göre daha çok çeşitli ve incelikli aletler kullanılmış olmasına karşın, genelde bu yeni teknoloji, öncelikle ortak bir özellik sergiliyordu: Durgunluk. Gerçi, coğrafi bölgede olduğu gibi, zamanla kimi değişiklikler vardır ama hiçbir önemli buluş gerçekleştirilmemiştir. Bu değişikliklerin kimilerine özel adlar yakıştırılmıştır. Bunların en kayda değer olanı, Avrupalı ve Yakın Doğulu Neandertal topluluğu ile bağlantılı olan Musteriyen teknolojisidir. Ne var ki, 40 bin yıl kadar önce (Orta Paleolitik'in sonu), dönemin başlangıcında bulunmayıp da yeni yapılmış olan pek az alet vardır. Büyük Fransız tarihöncecisi François Bordes'in Neandertaller üstüne söylediği gibi, "Bunlar aptalca pek güzel aletler yapmışlar". Eğer insan aklının kökeni anlaşılmak isteniyorsa, belirgin biçimde insan-dışı olan davranış belirtilerini tanımak önemlidir. Yenilik yaratamama, elbet bunlardan birisidir.

Geyik boynuzundan oyulmuş, dışkılayan bir dağkeçisi oğlağı biçimindeki bir mızrak-atacağı; dışkının üzerine tünemiş iki kuş görülüyor. Fransa'nın Ariége yöresindeki Mas d'Azil Mağarası'nda bulunan bu atacak, Magdaleniyen dönemine tarihlendirilmiştir.

Örüntülerin Uyumu, Parçalar

Bunu, Üst Paleolitik Dönem izledi. Avrupa'daki tarihöncesi kayıtlar, aletlerin montajında gerek mekan gerekse zaman açısından daha önce görülmedik ölçüde büyük farklılıkların varlığını belgelemektedir. 1950'lerde Bordes, bu çeşitliliğin farklı etnik gruplarda biçemsel bir yönelişi simgelediğini söylemiştir. On yıl kadar sonra, Amerikalı arkeologlar Sally ve Lewis Binford, değişimin etnik değil, işlevsel farklılıklardan kaynaklandığını ileri sürmüşlerdir. Örneğin, günlerle, hatta haftalarla belirtilen sürelerle yerleşilen yörelerde, öldürme, kesip parçalama işlerinin görüldüğü yerlerdekilerden farklı bir dizi olağan yaşamsal işleve ait izlere rastlanacaktı. Bu işlevler, yapılan ve kullanılan değişik aletlere yansıyacaktı. Ancak, işlevsel farklılaşmayı savunan varsayım ayakta kalamadı; dolayısıyla şimdilerde arkeologlar, Bordes'un ilk önerisine yakın bir görüşü yeğlemektedirler. Paul Mellars bu konuda şunları söylüyor: "Benim önerim odur ki bu aletlerin biçimlerinde gözlenen farklılıklar, alet yapımına yansıyan kişisel 'biçem'in ya da tam anlamıyla gelişmiş dilin ortaya çıkmasıyla ilintili daha karmaşık ve ileri düzeydeki zihinsel gelişmelerin gündeme gelişinin bir yansıması olarak değerlendirilmelidir". Görü-

Böğrünü yalayan bir bizon betimlemeli bir mızrak-atacağı; Fransa'da Dordogne yöresindeki La Madeleine Mağarası'nda bulunmuş olup, Orta Magdaleniyen dönemiyle yaşıttır.

leceği gibi, tam anlamıyla modern dil, evrimsel gelişmeyi bugünkü insana doğru yönlendiren tek zihinsel gelişme değilse bile, bu tür gelişme ve ilerlemelerden en azından biridir görüşü, yaygın ve akla yatkın olanıdır.

Her neyse, alet çantasında zamanla ortaya çıkan değişiklikler, günümüzde, üst Paleolitik Dönem'in başlarındaki yeniliklerin düzeyinde gözlenen gerçek bir değişimin göstergesi olarak değerlendirilmektedir. Alet üretimine yönelik yaratıcılıkta bir patlamanın yanı sıra, hammaddelerin, yeni geleneklerin yaygınlaşması birbirini yakından izledi. Yenilikler ve buluşlar, yüzlerce bin yıllık değil, birkaç bin yıllık dönemlerle ölçülüyordu artık.

Avrupa'da üst Paleolitik (Son Taş Devri), yaklaşık 40 bin yıl önce Orinyasiyen geleneği ile başladı. İlk modern insanın damgasını taşıyan ve dar dilgi üretiminde bir patlamaya yol açan taş teknolojisi, bu dönemde doruk noktasına tırmandı. Üst Paleolitik insanı, kemik, geyik boynuzu ve fildişinden* (ivory) pek çok sayıda ince aletler yapmıştır; bu daha önceki dönemlerde ender rastlanan bir olaydır. Üst Paleolitik aletlerin önemli bir özelli-

*Yazar, Üst Paleolitik Avrupa kültürleri (Örn. Orinyasiyen Kültürü) bağlamında "fildişi" (ivory) sözcüğünü malzeme anlamında ve çoğu kez "mamut dişi" (mammoth ivory) yerine kullanmaktadır. (ç.n.)

ği, biçimsel benzerliklerine, kararlılıklarına göre sınıflandırılmaya, Orta Paleolitik aletlerden daha elverişli olmalarıdır. Üst Paleolitik insanı, üretimini tasarladığı son ürün konusunda açık seçik bir düşünceye, ve onu gerçekleştirebilecek yeteneğe sahip görünüyor. Ayrıca, Orinyasiyenler, süslenme amacıyla olacak, pek çok boncuk üretmişlerdir. Bugünkü insanın Avrupa'ya başka yerlerden geldiği doğruysa, ilk göç dalgasını Orinyasiyenlerin gerçekleştirmiş, oradaki Neandertallerle ilk ilişkiyi de onların kurmuş olmaları gerekir. İlerde, bu iki ayrı halk arasındaki ilişkiyi doğrulayan belgeler olduğunu göreceğiz.

Orinyasiyenleri (bir ölçüde coğrafi ayrılıklarla), ardarda Gravetiyen, Solutreyen, Magdeleniyen, en son olarak de Aziliyen halkları izledi; bunların her biri, Üst Paleolitik kültüre biçemsel değişiklikler kattı. Müzik aletleri yapılmaya başladığı gibi, boyama, oyma imgeler ve nesneler (bugün hâlâ anlaşılmayan törensel amaçlarla ilintili olsalar gerek) toplumsal yaşamın giderek önemli bir unsuru durumuna geldi. Avcılıkta ustalaşmış Üst Paleolitik insan, belki de daha ileri bir ekonomik ve toplumsal sistemi yansıtan ve Orta Pale-

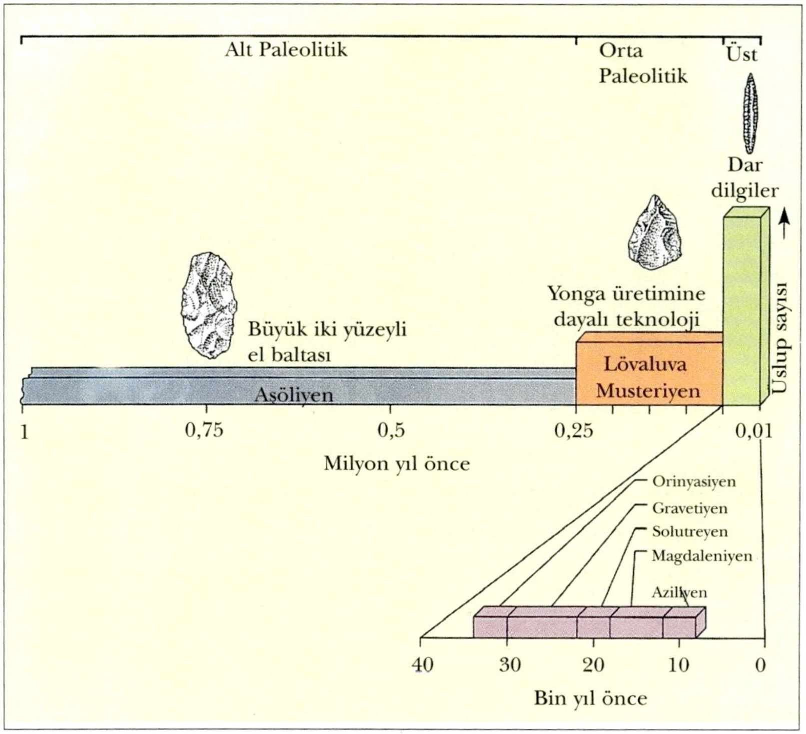

Arkaik sapiens'*lerin, özellikle bugünkü insanın ortaya çıkmasıyla, kimi belirgin aletlerin büyük ölçüde kendilerini göstermesiyle başlayan taş alet üretim tarihinin çoğunluğuna durgunluk egemendir. 40 bin-10 bin yıl önce (Üst Paleolitik) biçemlerin hızla değişmesi, yeni buluşlarla kültürel normların etkisini göstermektedir.*

Chicago Üniversitesi'nden Richard Klein, Güney Afrika'da yoğun kazı çalışmaları yaparak, bugünkü insanın ortaya çıkışından sonraki yaşam sağlama çabalarındaki değişikliklere ilişkin kanıtlar aramıştır.

olitik'tekilerden daha geniş olan topluluklar halinde yaşıyordu. Gerek pratik kullanım amaçlı (taş gibi), gerekse bu tür kullanıma dönük olmayan (deniz kabukları ve kehribar gibi) nesnelerin uzak yörelere taşınmasına ilişkin kanıtlar, bu toplumların, günümüz toplumlarınkilere benzeyen birlikler, ortaklıklar kurmuş olduklarını göstermektedir. New York Üniversitesi'nde arkeolog Randall White, bu konuda şöyle söylüyor: "Küçük boyutlu toplumların çoğunda değiş tokuş, yani ticaret, bir toplumsal yükümlülük biçiminde yürür. Yükümlülükler, değişik toplumsal grupları birbirlerine bağlayabilen toplumsal bağlardır".

Çoğu antropologlar (ama hiçbir zaman hepsi değil) açısından olduğu gibi, White açısından da, Avrupa'da bugünkü insanın ortaya çıkışı, gerek nitelik, gerekse nicelik yönünden gerçek bir devrimdi. Şöyle söylüyor White: "Verilerin tümü, Orta ve Üst Paleolitik sınırdaki toplumsal ilişkilerin, baştan sona yeniden kurgulanması düşüncesiyle tutarlıdır; bu süreç boyunca, toplumsal ya da bireysel kimlik öne çıkarak, biçemsel özellikler, taş, geyik boynuzu ve kemik işçiliğindeki bölgesel farklılıklar, takıların üretilip takılması, bu tür değerlerin yokluğu durumunda ise darmadağınık olacak olan bölgesel grupların düzenli birlikteliği ile yücelir". Richard Klein ise bunu şöyle dile getiriyor: "Geniş, tarihöncesi Avrupa döneminde Üst Paleolitik insanlar, gerek 'kültür'ün, gerekse 'kültürler'in (ethnicity) varlığını, geleneksel antropoloji açısından, arkeolojinin kendilerine bağladığı ilk insanlardı". Eğer bu tür bir özgünleştirme benimsenirse, Avrupa'daki anatomik ve arkeolojik örüntüler birbiriyle uyuşur; başka bir deyişle, bugünkü insanın davranış biçimi ile, anatomice bugünkü insanın ortaya çıkışı eş zamanlıdır.

Asya'nın gündeme gelmesiyle, biçimler arasındaki sağlıklı uyum parçalanmaya başlar. Tarihöncesi kayıtların son derece seyrek olduğu Doğu'da, yongadan dilgi teknolojisine geçiş anlamında, Orta'dan Üst Paleolitik'e belirgin bir geçiş söz konusu değildir. İllinois Üniversitesi'nden Geoffrey Pope'a göre, belki bambu dilgilerle birlikte, kaba bir yonga ve satır teknolojisi, yaklaşık 10 bin yıl öncesine (Neolitik Çağın başlangıcı) dek sürmüştür. Pope ve diğerleri aynı zamanda, insan aklının işlerlik kazandığının ipuçlarını veren kemik eşyalar, sanatın ve gelişmiş ölü gömme yöntemlerinin, Doğu Asya'da birdenbire değil de yavaş yavaş geliştiğini ileri sürmüşlerdir. Bununla birlikte, Klein, bu tablonun, eksik belgelerin bir ürünü olup olmadığını merak ediyor: "Uzak Doğu'daki kayda değer süreklilik ve korunmuşluk izlenimi, çoğu kez sağlıksızca tarihlendirilmiş ve tutarsızca tanımlanmış oldukça az sayıdaki kazılmış fosil yataklarına dayanmaktadır. Arkeolojik kayıtlar her nerede benimsenebilir ölçüde tam ve iyi tarihlendirilmişse, (genellikle Eskidünya'da) orada 40 bin yıl kadar önce köklü bir dönüşüm olduğu sonucu çıkar.

Ne Denli Hızlı Bir Değişim?

Batı Asya'daki görünüm farklı, daha şaşırtıcı ve birçok bakımdan daha ilginçtir. Sözgelişi, Ortadoğu'da Neandertallerle, bugünkü vücut yapısıyla o günkü insanlar yaklaşık 100 bin yıl öncesinden belki de 50 bin yıl öncesine dek birarada yaşamış görünüyorlar. Böylesine bir yaşam, bunların arasında bir ata torun ilişkisini tümüyle yok eder. Kaldı ki, bu gruplar arasında yadsınamayacak denli açık genetik bir etkileşimin varlığını gösteren anatomik bulgular da yoktur. Konunun asıl şaşırtıcı yanı, şimdiye dek ortaya çıkarılan arkeolojik bulgulara göre, (bunlar, incelenen örüntü konusunda güvenilir bilgiler sağlayacak denli kapsamlıdır) Neandertallerle, komşuları bugünkü insanlar arasında, en azından ürettikleri aletlerle eşyaların çeşitliliği bağlamında teknolojik bir farklılık söz konusu değildi. Her iki toplum da daha çok, Musteriyen benzeri endüstriler geliştirmişlerdir (Neandertaller bağlamında şaşırtıcı olmayan ama anatomik açıdan bugünkü insan söz konusu olduğunda elbet iddialı bir bağlantı).

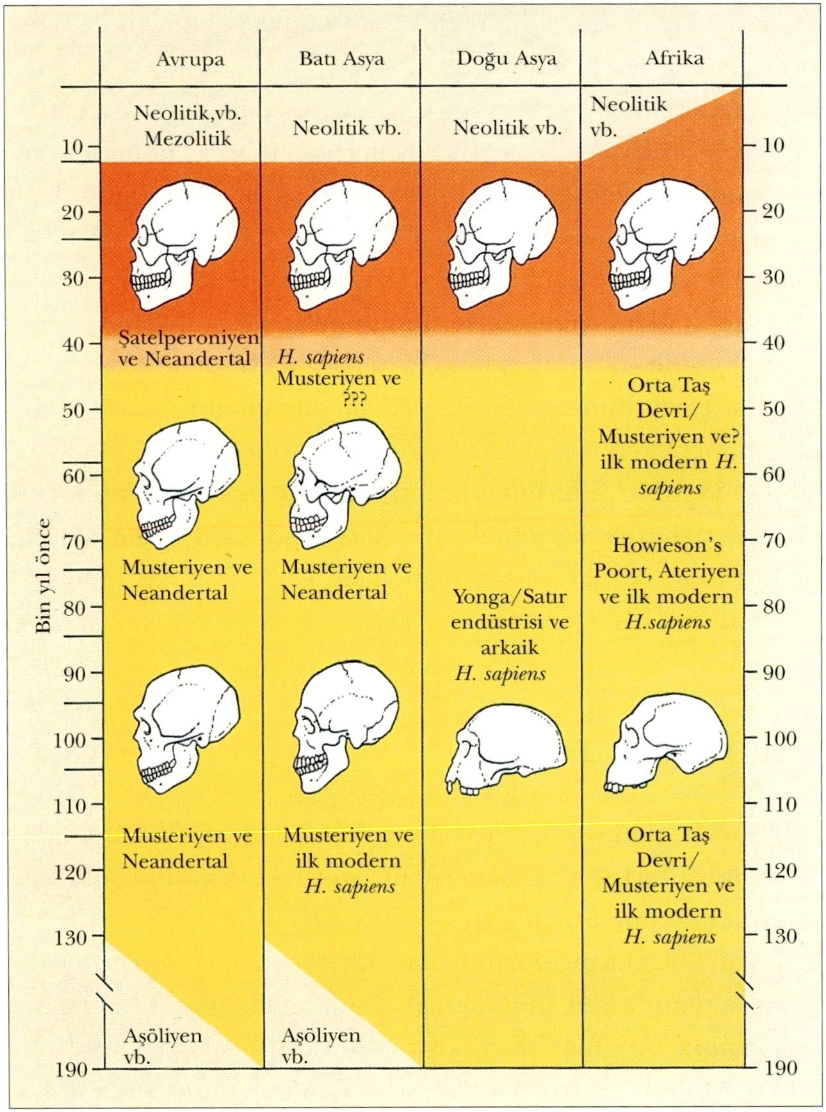

Bugünkü insanın kökenine ilişkin paleontolojik ve arkeolojik kayıtlar Afrika, Avrupa ve Asya arasında geniş ölçüde farklılıklar gösterir. Kimileri tarihöncesine ilişkin olarak gerçek anlamda çeşitlilik sergilerken, kanıtların bulunabilirliğindeki farklılıklar da bir başka etkendir.

Paul Mellars bu konuda şunları söylüyor: "Güçlü izlenim odur ki gerek arkaik, gerekse modern yerel insan toplulukları, anatomik açıdan daha 'ileri' olanların, yine aynı açıdan modern olanlara (demografik olarak) belirgin bir üstünlük taşımadığı, benimsenebilir ölçüde dengeli bir ortamda birarada yaşayabilmişlerdir. Mellars, Afrika'da ekvatoral koşullar altında evrimleşmiş bugünkü insanın, "kuzey enlemlerindeki çok değişik çevrelere büyük çapta yerleşim için" gerçekten donanımlı olup olmadığını merak etmektedir. Skhul ve Qafzehli, anatomik yönden modern insanların, Neandertallere belirgin bir davranışsal üstünlüğe sahip olmadığını" açıklamak amacıyla, Klein da, bu insanların ekvator kökenli olabileceğini belirtmektedir. Ona göre bunun nedeni, Neandertallerin görece kısa kol ve bacaklı, tıknaz yapılı (soğuk iklime uyarlanma) olmalarına karşın, anatomik bakımdan modern ilk insanların uzun boylu ve görece uzun kol ve bacaklı (ekvatoral iklime uyarlanma) olmalarıdır.

Neandertallerle, anatomik yönden bugünkü insan, Ortadoğu'da 60 bin yıl kadar süreyle birarada yaşamış görünüyor. Burada, yapısal anlamda modern, olasılıkla yaklaşık 100 bin yıl yaşındaki Qafzeh kafatası (soldaki) *ile ondan 20 bin yıl kadar daha genç olan, Amud'da bulunmuş Neandertal kafatası* (sağdaki) *görülüyor.*

Ne var ki, belki de Antropologlar kendi terimlerinden ve tarihe ilişkin tanımlamalardan kaynaklanan varsayımları yüzünden yanılmışlardır. "Bugünkü insan" ve "anatomik" yönden "bugünkü insan" terimleri, günümüzde yeryüzünde yaşayan insan türünün kökenine ilişkin tartışmalarda çoğu kez birbirinin yerine kullanılmaktadır. Ancak, bugünkü insanın varlığının belirgin başlıca işaretleri bu bölümde sözü edilen bugünkü insan aklının ürünleridir. Kafatasının ve iskeletin geri kalan kesiminin biçimi ve iri yapısına göre yapısal açıdan bugünkü insana yönelik fosil kayıtlar üstüne sürdürülen arayışlar, bugünkü insanın kökenine ilişkin öykünün yalnızca bir parçası olabilir. Bu bağlamda Klein şu görüşü öne sürüyor: "Gerek kafatası, gerekse iskeletin geri kalan kesimi açısından, Skhul ve Qafzeh insanları, bugünkü insanın atalağına Neandertallerden açıkçası çok daha layıktır, ama bunların davranışlarının tam anlamıyla modern olmamasının nedeninin, bu insanların biyolojik, belki bunun da ötesinde, nörolojik anlamda henüz tümüyle modern olmayışlarından ileri geldiğini düşünmek yerinde olur gibi geliyor". Başka bir deyişle, bu, yapısal açıdan ilk modern insanların modernliği, sözcüğün tam anlamıyla yüzeysel olabilir. Bunların iskelet yapıları, giderek, sonraki modern insanınkinin inceliğine bürünmeye başlamış olmasına karşın, bunlar belki de dil yetisine temel oluşturan zihinsel yetkinliğe yönelik evrimsel bir değişimden yoksun kalmış olabilirler.

İlk bugünkü insan vücut yapısıyla bugünkü insan davranışı arasındaki bu kopukluk netleşmiş değildir; çünkü, nedenini kimi zaman açıklamak kolay olmasa da bugünkü insanın dış görünümü arkaik insanınkinden gözle görülür biçimde farklıdır. Öte yandan, bugünkü insan aklının işlediğine ilişkin bulgular genelde o denli somut değildir. Diyelim, Üst Paleolitik Dönem'e ait alet teknolojileriyle, ya da gerek Avrupa gerekse Afrika'da bulunabilecek boyama ve oyma resimlerle karşılaşıldığında, bunların bugünkü insan ürünü olduğundan kimsenin kuşkusu olmayacaktır. Ne var ki, insan davranışı öylesine karmaşıktır ki, bu tür kanıtların bulunmaması, bugünkü zihinsel yeteneğin kesinkes var olmadığı anlamına gelmez. Alison Brooks bu soruna şöyle yaklaşıyor: "Arkeolojik kayıtların bizlere neler söyleyebileceğini anlayabilmek için çok daha zeki olmak zorundayız".

Afrika söz konusu olunca sorun daha da güçleşiyor; bunun nedeni, buradaki örüntünün kimi yönlerden bir ölçüde Ortadoğu'dakine benzemesinin yanı sıra, arkeolojik kayıtların çok seyrek, hatta çoğu kimselerin sandığından da ender olmasıdır. Ortadoğu'da olduğu gibi, Sahra-altı Afrikası'ndaki anatomik açıdan modern insan fosilleri er-

Zaire'deki bir alanda bulunmuş bu zıpkın ucu, kimi arkeologların sandığı kadar yaşlı -90 bin yıllık- ise, bugünkü insan davranışının Afrika'da çok erken bir dönemde başladığını gösterir.

ken bir zamana (yaklaşık 100 bin yıl öncesine) tarihlendirilmiştir. Yine Ortadoğu bağlamında, Sahra-altı Afrikası'ndaki arkeolojik buluntular, anatomik olarak bugünkü insanınkiyle eşzamanlı, arkaik-modern doğrultusunda çarpıcı bir değişim sergilememektedir. Orta Taş Devri'nden Son Taş Devri'ne geçiş, (Orta'dan Üst Paleolitik'e olduğu gibi) 40 bin yıla yakın bir süre önce gerçekleşmiş olabilir. Nitelik açısından, Sahra-altı Afrikası olayı, Avrupa'da (ve Kuzey Afrika'da) olanlara çok benziyordu: Dilgi teknolojisi, alet yapımına yarayan kemik ve fildişi gibi hammaddelerin kullanımı ve boyama, oyma imgelerden bedensel süs eşyası ve takı üretiminin önem kazanması.

Bugünkü insanın davranış biçimi, Avrasya'dakinden biraz farklı olmakla birlikte, 40 bin yıl önce Afrika'da kesin olarak yerleşmişti. Bu tarihten önce -en azından kimi gözlemcilere göre- eninde sonunda Avrasya'ya geçecek olan Sahra-altı Afrikası'ndaki bugünkü insan davranışına ilişkin bulgular kuşkuludur. Bu bağlamda kayda değer iki endüstri vardır: Ateriyen (Kuzeybatı Afrika'da) ve Howieson's Poort (Güney Afrika'da). Bunların her ikisi de temelde Orta Taş Devri'ne özgü olmakla birlikte olağandışı unsurlar içerirler: Örneğin, Ateriyen endüstrisine ait kimi "uç"larla kazıyıcıların küçük sapları vardır; Howieson's Poort'ta ise küçük, hilâl biçimli aletler "sırtlı"dır (öteki ağzı köreltilmiş). Bu yeniliklerin, saplı aletler yapmaya (ağaçtan bir sapa bir taş takma gibi) yönelik olduğunu düşünenler de vardır. Bu yorumlar doğruysa, bunların, bilinen en eski bileşik aletler olması gerekir.

Burada, söz konusu iki endüstriyle ilgili olarak daha genel bir soru akla geliyor. Bunlar, Orta Paleolitik ve Orta Taş Devri teknolojisinin coğrafi anlamda değişik biçimlerin-

Yaşam Sağlama Becerileri Üstüne Araştırmalar

Bugünkü insan, çevresindeki doğal kaynaklardan insansı öncellerine göre daha verimli biçimde yararlanmış mıdır? Böyle bir varsayımın irdelenmesi kimi güçlükler doğurur. Sorunun çözümüne yönelik en başarılı girişim, Afrika'nın güneyindeki Orta ve Son Taş Devirlerine ait fosil alanlarının Richard Klein tarafından karşılaştırılmasıyla yapılmıştır. Klein'in vardığı sonuca göre, bugünkü insan, yaşamını sürdürebilme becerisi bakımından öncellerinden açıkça daha üstündü.

Besin sağlayabilme becerilerindeki farklılıklar, yerleşim alanlarında geriye bırakılan artıkların niteliğinde kendini gösterir; antropologların görevi bunları değerlendirmektir. Ancak, yaşam alanlarındaki kalıntılar üzerinde maddi değişikliklere yol açabilecek insan etkinliklerindeki farklılıkların dışında başka etkenler de vardır. Sorunu çapraşıklaştıran en yaygın etken, başta sırtlanlar olmak üzere, etçil hayvanların inlerini, diğer zamanlarda insanların yerleştiği aynı yerlere yapmış olmaları olasılığıdır. Bu durumda buralara hangi kemiklerin insanlarca, hangilerinin sırtlanlarca getirilmiş olduğunu saptamak güçleşmekte ya da olanaksızlaşmaktadır.

Etçillerin etkinliğinden kaynaklanan potansiyel bir belirsizlik olmasa bile, yerleşim alanlarındaki fosil birikimlerindeki farklılıklar insan-dışı etkenlerin sonucu olabilir. Örneğin, 700 bin-250 bin yıl önce Fransa'daki yerleşim alanlarında rengeyiklerinin kızılgeyiklere karşı görece çoğalmalarındaki dalgalanmalar iklimsel değişikliklerden ileri gelmiş görünüyor; çünkü rengeyikleri soğuk dönemlerde, kızılgeyiklerse görece sıcak dönemlerde çoğalıyorlardı. Klein, Güney Afrika'da soğuk, kurak dönemlerde otlayarak beslenen hayvanların karada ve yerleşim alanlarında daha yaygın oldukları halde, taze fidanlarla, filizlerle beslenenlerin görece sıcak, nemli iklimleri yeğlediklerini göstermiştir.

Binlerce yıllık sürelerle birbirlerinden ayrılan yerleşim alanları arasında sağlıklı bir karşılaştırma yapabilmek için benzer çevresel koşulların var olması kaçınılmazdır. Klein, Güney Afrika'daki Güney Cape Province'te, bu tür iki alan belirlemiştir: Klasies Nehri Ağzı Mağarası ve Nelson körfezi Mağarası. Birincisi 130 bin-115 bin yıllık Orta Taş Devri (OTD) yerleşim alanlarını, ikincisi ise 10 bin yıllık Son Taş Devri (STD) kalıntılarını barındırmaktadır. Bunların her ikisi de, deniz kıyısında yaşayanlar da dahil, genelde aynı hayvan türlerinin yaşadığı buzullar arası dönemi temsil etmektedirler. 1970'lerde, Klein bu alanları gün ışığına çıkarabilmek için birkaç yılını vermiştir; buluntuları incelemek içinse, bundan da çok zaman harcamıştır.

Bu iki alan arasında çarpıcı iki çelişki vardır: Birincisi, deniz balıkları ve deniz kuşlarına (karabataklar, martılar, sümsükler) ait kemiklerin Son Taş Devri yerleşim alanlarında bol, ama Orta Taş Devri alanlarında ender olmasıdır. Klein, Orta Taş Devri insanlarının balıkçılık ve kuş avcılığında ustalaşmamış oldukları yargısına varmıştır. Olasılıkla, denize atılacak ağlara, iplere ağırlık olarak takılmak üzere yapılmış oluklu taşlara, Nelson Körfezi (STD) kalıntıları arasında rastlanmış olmasına karşın, Klaises Nehri Ağzı Mağarası'ndaki (OTD) kalıntılar arasında bunlar yer almamaktadır. Aynı şekilde, balık tutmak için kullanılmış olabilen, kürdan büyüklüğünde, iki ucu da sivriltilmiş kemik kıymıkları ya da balık kılçıklarına Nelson Körfezi'nde rastlanmakta ama Klasies Irmağı Ağzı Mağarası'nda rastlanmamaktadır.

İkinci çelişki, potansiyel av hayvanı türlerinin oranıyla ilintilidir. Nelson Körfezi fosil kalıntıları, geçmişteki hayvan türü zenginliğini pek yansıtmamaktadır; öte yandan Klasies Nehri Ağzı'ndakiler, tehlikeli hayvanların az, zararsız ve görece uysal hayvanlarınsa çok olduğunu göstermektedir. Sözgelişi, Klasies Nehri Ağzı Mağarası'nda yaşayan Orta Taş Devri insanları büyük ölçüde, uysallığı ve kolay güdülebilirliğiyle bilinen, bir geyik türüne bağımlıydılar. Öte yandan, Kap (Cape) buffalosu ve çalıdomuzu, özellikle sıkıştırıldıklarında, tehlikeli olabilirler; dolayısıyla bu hayvanların kemiklerine Klasies Nehri Ağzı'nda ender olarak rastlanmıştır. Klein, Son Taş Devri insanlarının ok, yay ve kapan gibi silahlar kullanarak avlarını uzaktan avlama yöntemleri geliştirmiş olduklarını sanmaktadır. Çubukların uçlarına takılabilen taş uçlara, oklara ve yaylara ilişkin arkeolojik kanıtların varlığı, bu bölgedeki 20 bin yıllık fosil alanlarından bilinmektedir.

Klein, yalnızca, her bir yöredeki bireylerin sayısıyla değil, aynı zamanda onların cinsiyet ve yaşlarıyla da ilgileniyordu. Boynuz büyüklüğü ve biçimindeki farklılıklar, fosilleşmiş büyükbaş hayvanların (bovids) cinsiyetlerinin en iyi göstergeleri olurdu. Ne yazık ki, değişik nedenlerden ötürü, boynuzlara çok ender rastlanmaktadır. Çoğu türlerde, dişilere oranla erkeklerin daha iri yapılı olması da, fosil kalıntılarının cinsiyetini belirlemekte yararlı bir araçtır. Bir türle ilgili olarak, büyük sayıdaki aynı iskeletsel unsurlar üzerindeki ölçümlerin, erkeklerin iri yapılı, kadınlarınsa küçük yapılı kemik grubunda olduğunu gösteren iki yönlü bir dağılım sergilemesi gerekir. Fosil buluntularının parçalar halinde olması, büyükbaş hayvan kemiklerinin görece benzer farklı türlere ait yapıda olması, tam oldukları zaman bile, güç ayırt edilebilmeleri nedeniyle, bu yaklaşım başarısız kalmaktadır.

Yaşı belirlemek daha kolaydı: Öğütücüdişlerin yüksekliğinin ölçülmesi, bunların yaşam boyunca giderek aşınmalarına bağlı olarak, bireyin yaşı konusunda ipuçları verir. Klein bu yöntemle, fosil kalıntılarında iki ayrı durum belirlemiştir: Birincisinde, Güney Afrika'ya özgü iri geyikler ve onlar gibi uysal olan melez antiloplarla ilgili olarak Klasies ve Nelson Körfezi'ndeki fosil bireylerin yaşları, ait oldukları sürünün yaşını yansıtır. Antropologlarca katastrofik olarak nitelendirilen bu durumla, bir sürünün ya da onun bir bölüğünün belki de bir uçuruma sürülerek acıklı bir biçimde toptan öldürülmesi anlatılmak istenmektedir. 'Yıpratıcı' olarak bilinen ikinci durumda ise, çok genç ve çok yaşlı hayvanların büyük çoğunlukta olmasına karşın, orta yaşlılara pek az rastlanmaktadır. Yıpratıcı durum, değişik yaştaki bireylerin savunmasızlıklarındaki farklılığı yansıtır; dolayısıyla aslanlar örneği yırtıcı etçillerin, avladıkları buffalo gibi tehlikeli olabilen hayvanlardan paylarına düşen miktarla örtüşmektedir. Klasies Nehri Ağzı'nda ve Nelson Körfezi'nde bu şekilde ölmüş hayvanlara ait fosil birikintilerinde Kap (cape) buffalosu, mavi antilop, kır antilobu ve dev antilop gibi, avlanması güç hayvanlar yer almaktadır.

Klein, bu fosil bulgulara dayanarak, Orta Taş Devri insanlarının, kendilerinden sonra gelenler kadar olmasa da, avcı oldukları sonucunu çıkarırken, Lewis Binford bu insanların özellikle daha iri yapılı hayvan türlerini yeğleyen leşçiller (scavengers) olduklarını ileri sürmektedir. Binford bu iddiasını Klasies Nehri Ağzı'ndaki kalıntılar arasında kafatası ve ayak kemiklerinin görece bol, buna karşılık kol bacak kemiklerinin az oluşuna dayandırmaktadır. Ona göre, besin değeri açısından düşük olan kafatası ve ayaklar avlanmakta fazla becerikli olmayan leşçillerin payına düşen parçalar olmalıydı; çünkü etli kol ve bacaklar asıl leşçillerce götürülüp tüketilmiş olsa gerekti. Klein, bu durumun Salt Ortadoğu'ya özgü olmadığını, söz konusu hayvanların (büyük bir olasılıkla öldürülüp yenmemiş) sığırlar olduğu Demir Devri Afrikası'nda bile bulunduğunu belirtmiştir. Kafatası ve ayak kemiklerinin, vücudun diğer parçalarına oranla daha yoğun olarak bulunması nedeniyle, bunların korunmuş olması olasılığı daha fazladır. Yaşam alanlarındaki fosil kalıntılarını değerlendirmenin güçlüklerine karşın, Klein daha da ileri giderek, Klasies Nehri Ağzı Mağarası'ndaki Orta Taş Devri buluntularıyla birlikte bulunan insan fosilllerinin anatomik açıdan modern olarak tanımlanmış olduğunu söyledikten sonra, bu durumda, "bugünkü fiziksel yapı, bugünkü davranış biçiminden önce evrimleşmiştir" sonucuna varmıştır.

Güney Afrika'da Klasies Nehri Ağzı Mağarası, bugünkü insan kadar usta avcı olmayan Orta Taş Devri insanının barınağı olmuştur.

den başka bir şey değil midir, yoksa sonuçta Son Taş Devri ve Üst Paleolitik düzeyindeki yenilikleri yaratan bugünkü insan aklı gibi işleyen yeni bir tür aklın ürünü müdür? Sözgelişi Klein, bu aletlerde bugünkü insan davranışına ilişkin arkeolojik işaret arayışlarının, bunların önemini aşırı ölçüde artırdığı görüşündedir. Bu özelliklerden ayrı olarak, Klein, "bu endüstrilerin ikisi de, daha genel Orta Taş Devri /Orta Paleolitik kapsamında anlamlı biçimde seçkin bir yere sahip değildirler" demektedir. Ayrıca, Ateriyen ve Howieson's Poort endüstrilerini, tipik Orta Taş Devrine ve Orta Paleolitik'e ait aletler izlemiştir; bu durumda, bunlar, tam anlamıyla modern davranışa bir geçiş olarak görülemez.

Alison Brooks bu görüşe katılmamakta, Ateriyen ve Howieson's Poort teknolojisinin Orta Taş Devri ve Orta Paleolitik teknolojisinden ayrı tutulması gerektiğini savunmaktadır. Bu kanı bir ölçüde, 40 bin-90 bin yıl arası döneme ait birkaç alanda, devekuşu yumurtası kabuğundan boncuk üretilmiş olduğunun ortaya çıkarılmasına dayanmaktadır. Ayrıca, Brooks ve konuk arkeolog John Yellen, Zaire'deki kazı alanlarında, kemikten yapılmış ince işçilikli zıpkın uçları bulmuşlardır. Zaire'de bulunan ve Avrupa'daki Üst Paleolitik yerleşim alanlarına ait 14 bin yıllık nesnelere çok benzeyen aletlerin yaşı 90 bin'e olabilir. Eğer gerçekten böyle ise, -ki bu tarihin doğruluğu büyük ölçüde kuşkuludur- zıpkınların varlığı, bugünkü insan davranış biçiminin, Avrupa'dan çok önce Afrika'da ortaya çıkmış olduğunu gösterir. Genel olarak Brooks, "yaklaşık 80 bin ya da 90 bin yıl önce Sahra-altı Afrikası'nda insan davranışının değişmeye başladığı"na ilişkin ipuçlarının bulunduğunu söylemektedir.

Ne var ki, Brooks'un göremediği nokta, Afrika'daki gelişmelerle sonradan Avrupa'daki Orinyasiyen kültüründe olanlar arasında belirgin bir bağlantı olduğudur. Brooks şu görüşü ileri sürüyor: "Afrika'dan Avrupa'ya bir göç dalgasının oluştuğuna ilişkin arkeolojik bir kanıt yoktur. Toplumların birbirlerinin yerlerini aldığı yolunda, arkeolojik veriler arasında herhangi bir dayanak bulamazsınız". Buna karşılık Klein, Orta'dan-Üst Paleolitik'e (Orta'dan Son Taş Devri'ne) geçişin, toplumların bir ölçüde birbirlerinin yerini aldığını yeterince kanıtladığı kanısında olduğunu şöyle açıklıyor: "Değişimin görece birdenbire ve köklü oluşu, Afrika'dan Çıkış kuramına, Çokmerkezli kurama olduğundan daha çok destek vermektedir. Öyle sanıyorum ki toplumların birbirlerini ortadan kaldırmasının temelinde, bugünkü insanın kültürel değerler yaratabilmesine yönelik tam anlamıyla gelişmiş yeteneğini simgeleyen, yarışmada öne geçme tut-

George Washington Üniversitesi antropologlarından Alison Brooks'la, Ulusal Bilim Vakfı'ndan John Yellen, Zaire'deki fosil yataklarında, bugünkü insan davranış biçiminin, Avrupa'dan çok daha önce Afrika'da ortaya çıktığını kanıtlayabilecek önemli fosiller bulmuşlardır.

kusu yatmaktadır. Ancak, bu yarışmacı tutkunun nereden kaynaklandığı sorusu yanıtsız kalmaktadır. Eldeki arkeolojik ve fosil belgelere dayanarak, yalnızca Avrupa bunun dışında tutulabilir." Yarışmada çekişen bölgeler içinde (Ortadoğu ve Afrika), yalnızca Afrika daha şanslı görünüyor, "ama arkeolojik kayıtlar bunu ancak bir ölçüde doğrulamaktadır".

Başkaları gibi, Alison Brooks'unda bu görüşe karşı çıkması elbet beklenen bir olaydır. Şöyle söylüyor Brooks: "Arkeolojik kayıtların yakından incelenmesi, davranışsal geçişin Avrupa'da ne ölçüde çabuk gerçekleştiği sorusunu gündeme getirir. Bence, Orta Paleolitik-Üst Paleolitik arası mesafe, birincideki kültürel gelişmişliğe ilişkin çok açık kanıtlar önemsenmezken, Pleistosen'in yaklaşık 10 bin yıl önce sonuna dek, genellikle Üst Paleolitik Dönem'in bir parçası olarak görülen davranışları Avrupa'da tam olarak gerçekleştirmemiş olan ikincideki ilk modern insanların başarılarının, gereğinden çok vurgulanmasıyla, yapay olarak açılmıştır". Arizona Eyalet Üniversitesi'nden Geoffrey Clark ve John Lindly, Brooks'un yorumunu desteklemişler ve son günlerde salt, basında Neandertelleri yermek adeta moda haline geldiği için o yanda yer alan diğer görüşe karşı çıkmışlardır. Bunların ileri sürdüğüne göre, arkeolojik kayıtların daha serinkanlı bir biçimde değerlendirilmesi, Orta ve Üst Paleolitik Dönemler arasındaki kültürel ve davranışsal sürekliliğe ilişkin apaçık kanıtları" ortaya koyacaktır. Bu araştırmacılar ayrıca, arkeolojik kayıtların, "toplumların birbirlerinin yerini almalarının, birbirleriyle karışıp kaynaşmaksızın gerçekleşmiş olması durumunda beklenebilecek ani durgunluğa, kesintiye ilişkin belirtilerin hiçbirini doğrulamadığı"nı söylüyorlar.

Bu durumda, bilimsel görüşler arasında, fosillerin değerlendirilmesi açısından olduğu kadar arkeolojik verilerin değerlendirilmesi açısından da farklılıklar vardır. Giderek davranışsal değişim mi, yoksa birdenbire değişim mi? Süreklilik mi, yoksa toplumların birbirlerinin yerini alması mı? Bunlar, yüzyılımızın büyük bir bölümü süresince, bugünkü insan toplumlarının kökenine yönelik tartışmaların temelini oluşturagelmiştir. Bu soruların yanıtlanamamış olması, bugünkü insan davranışının varlığının tarihöncesi kayıtta nasıl görüneceğinin açık seçik olarak sergilenmesinde karşılaşılan belirsizlikleri yansıtmaktadır.

Neandertallerle (sağdaki) *bugünkü insanın parmak ucu kemiklerinin karşılaştırılması, Neandertallerin ne denli iri yapılı olduğunu ve ellerini incelikle kullanma becerilerinin sınırlı olması gerektiğini gösterir.*

Leş Yiyici mi, Avcı mı?

Şimdi ilk modern insanın yaşamını ekonomik yönden ele alabiliriz, elbet yine daha önceki insanlarınkiyle karşılaştırarak. Erik Trinkaus'un ana çizgilerle belirttiği gibi, bizim amacımız, "görece kısa süreli bir evrimsel süreçten sonra, ilk modern insan biyokültürel sistemini, insan davranışının tek örneği durumuna getiren seçimsel yararların neler olduğunu göstermektir. Geçiş süreci, hem insan biyolojisini hem de kültürünü kapsayan bir olgu olduğuna göre, soruna insandaki biyolojik ve kültürel değişiklikler ve bunlar arasındaki karşılıklı etkileşimler açısından yaklaşılmalıdır". Bu bölümde ilgi, biyolojik etkenler üzerine yoğunlaşacaktır.

Daha önce belirttiğimiz gibi, arkaik insanlarla bugünkü insan arasındaki en çarpıcı yapısal ayrım, en iyi biçimde Neandertallerde kendini gösteren iri ve kaba vücut yapısıdır. Kemik yapısı, büyük ölçüde, gördüğü işleve uyarlandığından, Trinkaus'a göre, "arkaik insanların kaba, iri yapısı, güç ve dayanıklılığın bir yansımasıdır". Neandertallerin bacak kemiği yapısı, "bunların, uykuda olmadıkları zamanlarının önemli bir bölümünü arazide sürekli dolaşarak geçirdikleri" anlamına gelmektedir. İlk modern insanların görece narin yapılı ve daha uzun bacaklı oluşu, amaca yönelik yürümeyi içeren "önemli ölçüde daha yetkin bir devinim biçimi" geliştirmelerine olanak sağlamıştır" diyor Trinkaus. Son zamanlarda, Tel Aviv Üniversitesi'nden Yoel Rak, arkaik ve bugünkü insanın pelvis (leğen bölgesi) yapıları arasındaki önemli değişikliğin, ikincisinin aynı zamanda daha iyi koşabildiğini gösterdiğini söylemiştir.

Devinim yeteneğindeki belirgin değişikliklere ek olarak, bugünkü insan, kollarının yapısındaki incelmeyle kanıtlandığı gibi, ellerini de farklı biçimde kullanıyordu. Elleri kullanma becerisinde, kaba kas gücünden inceliğe doğru bir gelişmenin açık göstergesi olan bir değişim söz konusuydu. Trinkaus bu konuda şu yorumu yapıyor: "Bugünkü insanın evrimsel geçmişi, onun kol gücünün düzeyinde önemli ölçüde bir azalmaya, ellerinin daha incelikli biçimde kullanılmasına yönelik bir değişime, ağır bedensel işlerde güçlü kavrama yeteneğinden yana bir sınırlamaya, dirsek ve parmakların daha fazla uzamasına ve elle tutup kavrama alışkanlıklarında başkalaşımlara tanık olmuştur". Başka bir deyişle, Trinkaus'a göre, arkaik insanların evrimsel stratejisi kas gücüne kilitlenmiş olmasına karşın, bugünkü insanınki daha çok, beceriye dayanmıştır; aletlerin akıllıca kullanımı bedensel gücün yerini almıştır.

Avlanma ve bitkisel besin toplamaya dayalı, ekolojik yönden güçlü, karma bir ekonomik yaşantıyı sürdürme çabasındaki ilk bugünkü insanların usta avcı olduğu su götürmez. Bunun kanıtlarına üretilen aletlerle eşyalarda ve yenen hayvanların kalıntılarında çokça rastlanmaktadır. Ancak, bugünkü insanın beslenme, yaşam sürdürme yöntemlerinin arkaik insanlarınkinden ne ölçüde farklı olduğu konusunda görüş ayrılığı sürmektedir. Sözgelişi, ilk bugünkü insanın, avcılığı neredeyse bir insansı (hominid) etkinliği olarak geliştirdiğini savunan Güney Metodist Üniversitesi'nden Lewis Binford şunları söylüyor: "100 bin-35 bin yıl önce, avcılığa dayalı yaşam biçiminin ilk solgun ışıkları ufukta beliriyor. Bizim soyumuz giderek gelişen süreçler sonucunda değil, görece kısa bir süre içinde birdenbire ortaya çıkmıştır". Arkaik insanlar, etçil hayvanların öldürdükleri avlardan kapabildikleriyle yetinen, belki ara sıra da küçük çapta avlanmalar dışında, düzenli avcılık olarak nitelendirilebilecek hiçbir şey yapmayan, fırsatçı leş yiyicilerden pek farklı değillerdi. Binford'a göre arkaik insanlar, avcı-toplayıcı yaşam biçimini simgeleyen gelişmiş bir ekonomik ve toplumsal örgütlenmede önemli bir beceri olan önceden tasarlama yetisinden önemli ölçüde yoksundu. Arkaik insanların, "yakın geçmişin avcı-toplayıcılarına özgü planlı beslenme yöntemlerinden yoksun olduğunu dolayısıyla da besin arayışı sırasında oldukça alt düzeyde yönlendirilmiş bir hareketlilik" sergilediğini söyleyen Trinkaus da bu düşünceyi paylaşmaktadır. Başka bir deyişle Trinkaus, arkaik insanların arazide dolaşarak ayaklarına takılan av artıklarını ya da leşleri alıp götürdüğünü anlatmak istemektedir. Binford'un değerlendirmesi büyük ölçüde, arkeolojik alanlardaki hayvan kalıntılarının çözümlenmesine dayanırken, Trinkaus'un yorumu, arkaik insan iskeletinin iri, kalın yapısından sonuçlar çıkarmaya yöneliktir.

Arkeolojik alanlardaki hayvan kalıntıları üzerinde geniş kapsamlı araştırmalar yapan Richard Klein, "Bu konuda Binford aşırı uçta yer alıyor. Arkaik insanların bugünkü insan kadar usta avcı olmadıkları açıktır; bunu Afrika'daki fosil buluntularında açıkça görebiliyorum" demektedir. Klein'in incelemeleri, bugünkü insanın, çevresine çok daha egemen olduğunu, dolayısıyla daha önce gördüğümüz gibi, bulunması güç, tehlikeli av ya da başka besin maddelerini sağlayabildiğini gösteriyor. Ne yazık ki, Avrupa ve Asya'daki hayvan kalıntıları üzerinde şimdiye dek böyle dizgesel bir çalışma yapılmamıştır. Orta Paleolitik alanlardaki hayvan kemiklerinin, temelde çok genç ya da çok yaşlı bireylere ait olduğunu, ölmüş bir sürünün yaş durumunu gerçeğe daha yakın biçimde yansıtan kemik yığınlarının yalnızca Üst Paleolitik alanlarda bulunduğunu, birincilerin leş yiyicilerin, ikincilerinse usta avcıların damgasını taşıdığını ileri sürenler vardır. Ayrıca, kimi üst Paleolitik alanlarda, ağırlık salt bir türden yanadır, rengeyiği ya da dağkeçisi gibi. Bu durum, var olan kaynaklardan, daha önce görülmedik şekilde bir ölçüde düzenli olarak yararlanıldığı biçiminde algılanmıştır. Buradan, Klein şu kanıya varıyor: "Bu sonuçlar doğru olabilir ama buluntular daha ayrıntılı biçimde incelenmedikçe, kesin bir şey söyleyemeyiz".

Böylece tartışma Orta'dan Üst Paleolitik'e geçiş aşamasında oluşan davranışsal değişimin boyutunda yoğunlaşmaktadır. Giderek artan bir değişim mi, yoksa köklü bir değişim mi? Sanatsal anlatım ve gerçek teknolojik yeniliğin yanı sıra, geniş yaşam alanları, daha yoğunluklu yerleşim alanları ve uzak yöreler-arası ilişkilerde kendini gösteren çok daha yoğun bir toplumsal çevrenin ilk ortaya çıkışı, çoğu antropologların kültürel devrimden çok, biyolojik etkenlere bağladığı önemli değişiklikleri yansıtmaktadır. Ancak arkaik insanların amaçsız biçimde dolaşarak önlerine çıkan yiyeceklerle yetindikleri varsayımı inandırıcı değildir. Şempanzelerin, besin kaynaklarını bir ölçüde bilinçli biçimde kullandıkları biliniyor: Hangi ağacın ne zaman meyveye döneceği ya da özellikle kurak zamanlarda nerelerde su bulunabileceğini bilmeleri gibi. Kimi zaman sabahleyin bir grup şempanze ikiye bölünerek, her biri ayrı bir yerde beslendikten sonra, sanki aralarında anlaşmışcasına akşam üzeri aynı yerde buluşabilirler.

Şempanzelerinkinin üç katı büyüklüğündeki beyinleriyle, arkaik insanların, beslenmeye yönelik etkinliklerini planlamakta en az onlar kadar, belki de onlardan çok daha bilinçli davranmış olmaları doğaldır. Berkeley'de Kaliforniya Üniversitesi'nden Margaret Conkey konuya ilişkin gözlemini şöyle açıklıyor: "Arkaik insanların elleriyle yaptıkları nesnelere Lövaluva çekirdek aletleri gibi bakacak olursanız, hiç de acemi işi şeyler olmadıklarını görürsünüz onların. Arkaik insanlar kullandıkları malzemenin nasıl bir şey olduğunu ve nasıl bir dünyada yaşadıklarının bilincindeydiler. Ben onların tıpkı bizler gibi olduğunu söylemiyorum, ama farklılıkların abartılmış olduğunu sanıyorum." Arkeolojik ve paleontolojik verilerin yetersiz oluşu, değişik değerlendirmelere yol açmaktadır. Bununla birlikte tartışılmayacak bir nokta varsa, o da, arkaik *sapiens*'lerin yaşamsal etkinliklerinin çok fazla kas gücü ve dayanaklılık gerektirdiğidir.

Arkaik insanlarla bugünkü insanın kültürleri ve geçim yöntemlerinde, en azından Orta ve Üst Paleolitik arası dönemle karşılaştırıldığında, belirgin bir farklılık olduğu açıkça görülür. Böylesine bir farklılığın varlığı göz önüne alındığında, bugünkü insanın, ileri düzeydeki toplumsal ve ekonomik örgütlenmesi ve teknolojisi sayesinde, yarışmada önemli bir üstünlük sağlamış olmasını anlamak zor değildir. Afrika'dan Çıkış kuramının doğru olduğunu varsayarsak, bugünkü toplumlar yerel arkaik toplumlarla karşılaştıklarında, bu yarışımcı üstünlük nasıl kendini gösterebilirdi? En aşırı biçimiyle, sonradan gelen toplumlar yerli arkaik toplumların yerini nasıl alabilirdi?

Birlikte Var Oluşun Kanıtları mı?

Çokmerkezli Evrim kuramının yandaşları, toplumların birbirlerinin yerini almalarının kan dökerek gerçekleşmiş olması gerektiğini sık sık ileri sürmüşlerdir (Soykırımın ilk örneklerinden biri!) Milford Wolpoff'un, "Avrupa ve Asya'ya yayılan Rambo (vahşi) Afrikalılar" tiplemesini anımsayın. Wolpoff, bir insan topluluğunun bir başkasını şiddete başvurmadan ortadan kaldırmasının düşünülemeyeceğini söylemiştir. Ancak bu bağlamda önemle vurgulanması gereken bir nokta da, Amerika ve Avustralya yerlilerine yönelik neredeyse soykırım boyutuna erişen örneklerde olduğu gibi, bu tür şiddetin yakın tarihteki örnekleri, arkasında çoktandır yerleşmiş savaş deneyimi olan sömürgeci yayılma geleneğinde görülmüştür. Şiddete başvurmaksızın toplumların birbirlerinin yerini alması gerçekten olanaksız mıdır? Kesinlikle öyledir, denemez.

Herşeyden önce, Arkaik ve bugünkü toplumlar arasında doğrudan ilişki olduğunu kanıtlayacak arkeolojik bulgular yoktur. Örneğin, arkaik ve bugünkü insan kalıntılarının tartışmasız birlikteliğine hiç rastlanmamıştır. İlerde görüleceği gibi, Neandertallerin Orinyasiyenlerden teknolojik bilgi edindiklerini gösteren dolaylı kanıtlar vardır, ama şiddet olgusuna ilişkin hiçbir arkeolojik işaret yoktur.

İnsanın geçmişine baktıkça, savaş arkeolojisi hızla sönükleşerek, tarımın, yerleşik yaşantının gelişmeye başladığı Neolitik Çağ (10 bin yıl önce) ötesinde kaybolmaktadır. İlk uygarlıklarda anıtsal mimari çoğu kez, düşmana karşı kazanılan bir zaferin simgesi olarak görünüyor. 5 bin ve 10 bin yıl önceki dönemlerde bile, şiddet olaylarını betimleyen resimlere ve oymalara kimi zaman rastlanmaktadır. Fakat tarımsal devrimin başlangıcının ötesine gidildiğinde, savaş betimlemelerinin hemen hemen tümüyle kaybolduğu görülür. Yine burada da, kanıt yokluğu, yokluğun kanıtı olarak yorumlanamayacağı gibi, yalnız başına arkeolojik kayıt da -eksikliklerine karşın- kanlı çatışmaların doğrudan kanıtı olarak görülemez. İnsanlık tarihinde çok önemli bir yer tutan savaş, toplumların tarımsal, dolayısıyla da yerleşik yaşantıya geçmesi üzerine ortaya çıkan toprak mülkiyetine gereksinimle bağlantılıdır. Şiddetin bir tutkuya dönüşmesi, toplumların genişlemeye başlaması ve güçlü askerî örgütler kurabilecek düzeye erişmesiyle olmuştur. Öyleyse şiddet, insanoğluna özgü kaçınılmaz bir gereksinim midir, yoksa yalnızca belirli koşullara bir uyarlanma mıdır? Savaş, bugünkü insanın arkaik toplumların yerini aldığı zaman ortaya çıkmış olabilir; ancak, şöyle ya da böyle oldu-

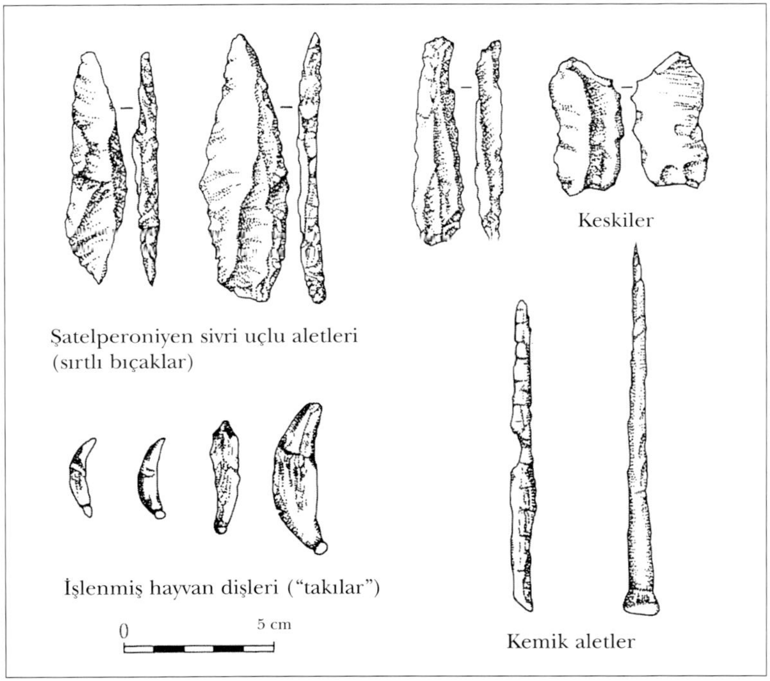

Kemik, geyikboynuzu ve fildişi alet ve eşyaların ilk örneklerini kapsayan Şatelperoniyen teknolojisi, Orta Paleolitik ve Üst Paleolitik endüstriler arası döneme özgü bir nitelik sergiler. Kimi arkeologlar, bu endüstrinin Neandertallerden bugünkü insana evrimleşen bir toplumun ürünü olduğunu ileri sürerken, diğerleri, bunun iki ayrı kültür arasındaki doğrudan ilişkilerin sonucu doğduğunu, dolayısıyla evrimsel sürekliliğin bir göstergesi olamayacağını söylemektedirler.

ğu konusunda kesin bir şey söylemek henüz olanaklı değildir. Bu durumda başka seçenekler var mıdır?

Chris Stringer'a göre, "İşgalci toplumların yerli halkı ortadan kaldırmak için başvurabileceği birçok yol vardır: Doğal kaynaklara yönelik rekabet ve yabancıl (egzotik) hastalıkların bulaştırılması gibi. Bağışıklı olmadıkları hastalıkların kendilerine bulaştırılması sonucu çöken topulumlara ilişkin, tarihte pek çok örnek vardır". Bu örneklerin hiç kuşkusuz en çarpıcı olanlarından biri, Pizzaro'nun, bir bölük İspanyol askeriyle dev İnka İmparatorluğu'nu yerle bir etmesidir. Bu olayda atları da kapsayan üstün teknolojinin varlığı elbet önemli bir etkendir; ama asıl çökertici etken, bağışıklıktan yoksun İnka toplumunu silip süpüren ölümcül çiçek hastalığıydı.

Besin kaynaklarına yönelik basit yarışmaya ilişkin tarihsel örnekler bulmak daha zordur, ama Buffalo'daki New York Eyalet Üniversitesi'nde antropolog Ezra Zubrow, bu konuda kimi kuramsal çözümlemeler gerçekleştirmiş ve bunlardan şaşırtıcı sonuçlar elde etmiştir. Avrupa bağlamında bunu şöyle dile getiriyor Zubrow: "Neandertaller, salt bin yıllık bir dönemde yok olabilirlerdi"- tarihöncesi kayıtta görülen durum. Yaşam sağlama

Toplumların Tükenişi

Avrupa'da Neandertallerle bugünkü toplumlar, yer ve zaman bağlamında, özellikle batı yörelerinde yaklaşık iki bin yıl süreyle birbirlerinin çağdaşı olmuşlardır; Neandertaller Orta Avrupa'da 38 bin yıl önce, Batı Avrupa'da da 32 bin yıl önce kaybolmuşlardır. Bu tükenişin olası nedeni bilinmemekle birlikte, birdenbire oluşu, bunun dramatik bir biçimde olması gerektiğini düşündürmektedir.

Olasılıkları en aza indirgemek amacıyla Ezra Zubrow, iki toplum arasında, değişik demografik koşullar altındaki etkileşimin sonuçlarını incelemeye yönelik birtakım yöntemler geliştirmiştir. Bu çalışmalar şu iki temel sonucu ortaya koymuştur: Birincisi, etkileşimin sonuçları karmaşık olabildiği gibi, kimi zaman da beklenmedik yönde ortaya çıkabilir; ikincisi, başarı açısından bir toplumla diğeri arasındaki küçük farklılıklar, çok kısa bir dönemde umulmadık ölçüde büyük sonuçlar doğurabilir. Besin kaynaklarına yönelik yarış bağlamında, *Homo sapiens*'lerin yaşam sağlama yeteneklerinde *Homo neanderthalensis*'lerinkine oranla yüzde 1'lik bir farklılık, sonuncuların 30 kuşak (bin yıldan daha kısa bir süre) sonra yok olmasına yol açabilir.

Zubrow, "etkileşimsel büyüme modelleri" geliştirmiştir. Toplum dinamikleri, iki ayrı topluma ait bireylerin birbirleriyle karşılaştığı ve sonuç olarak birbirlerini etkilediği gerçeğine dayanır. Bu tür karşılaşmalardan birkaç çeşit olası sonuç çıkar: 1) Birden geri çekilme; 2) Besin kaynaklarına yönelik yarış; 3) Savaş; 4) Ticaret ve değiş tokuş. Etkileşimsel modeller bunların biri dışında hepsini kapsamaktadır.

Demograflar, toplumları çok değişik biçimlerde tanımlıyorlar. Fakat bu bağlamda en önemli araç, toplumdaki yaş ve cinsiyet gruplarına ilişkin ölüm oranlarını yansıtan yaşam çizelgesidir. Yaşam çizelgeleri iki temel biçimde kullanılabilir: Birincisi, bir yıl gibi kısa bir süre içinde toplumdaki tüm grupların geçmişindeki ölüm olaylarını yansıtmaktır; Zubrow'un deyimiyle, toplumdaki ölüm olaylarının anlık fotoğrafını çekmek. İkincisi, aynı yaş ve cinsiyetten bireylerin oluşturduğu bir toplulukta, doğumdan ölüme kadarki ölüm olaylarını izlemektir. Bu durumda, anlık bir görüntü değil, bir ölüm olayı dizisi söz konusudur. Zubrow, her iki modelin unsurlarını birleştirmiş ve kuşaklar boyu birbirlerini izleyen grupların yazgılarını kurgulamıştır. Bu yüzyılın ilk yıllarından beri demografların vurgulayageldiği nokta, toplum biyoloğu Afred Lotka'nın ortaya attığı dengeli toplumla ilgilidir. Dengeli, kararlı toplumlar, doğum ve ölüm tablolarına (grafiklerine) göre Batı, Kuzey, Doğu ve Güney sözcükleriyle simgelenen dört ayrı gruba ayrılabilir. Bu gruplandırma, bir ölçüde, dünyanın değişik yörelerindeki bu tür toplumların güncel demografik (nüfus) özelliklerine dayanır. Örneğin en düşük doğum ve ölüm oranları Batı grubunda, en

becerilerindeki (ölüm oranında yaklaşık yüzde 2'lik farklılığa varan, önemsiz bir oran) toplumun yıkımına neden olabilecek bir etken gibi görünmüyor pek. Fakat biyolojik açıdan bizim algılamalarımız, çoğu kez, içinde bulunduğumuz andaki deneyimlere dayandığından, görece uzun süreler boyunca oluşan küçük farklılıkların etkisini anlayamıyoruz. Yaşamsal etkinlikte küçük bir farklılık, bin yıl gibi bir süre sonra, bir toplumun gönenip yücelmesine yol açarken, bir başkasının çöküşünü hazırlayabilir. Zubrow'un elde ettiği sonuçlar, bugünkü insanın, arkaik toplumları gerçekten yalnızca kaynak payla-

yüksekleri ise Güney grubunda görülmektedir. Her bir grupta, doğum ve ölüm oranları derece derece değişen 20 alttablo vardır.

Birbirleriyle karışmadıkları sürece, bu altablolarda yansıtılan toplumların herhangi biri, demografik özelliği değişmeksizin, kuşaklar boyu sürer. Ancak, ilk kuşaktaki ölüm oranı azıcık artacak olursa, düşüş başlayabilir ve her bir toplumdaki ölüm oranı kuşaktan kuşağa artar. Ölüm oranında salt bir kezlik bir artış, yalnızca yüzde 2 oranında bile olsa, toplumun tükenişiyle sonuçlanır. Bu yalın model, toplumların en alt duzeyde bir karışmışlığa bile ne denli duyarlı olduklarını gösterir.

Zubrow'un, Neandertallerle bugünkü insan arasındaki etkileşimle ilgili olarak geliştirdiği modolin kendisinin daha da duyarlı olduğu görüldü. Bu tümüyle etkileşimsel büyüme modelinde, bir toplumun ölüm oranını etkileyen iki unsur vardır: Birinci kuşağın ölüm oranı ve birinci kuşaktaki diğer toplumun ölüm oranı. Çıkan sonuç şudur: Bir toplumdaki ölüm oranında bir düşüş, *diğer* toplumdaki oranı artırır; bir toplumdaki ölüm oranında bir artış ikinci toplumda bir düşüşe neden olur. İkinci bir toplumla yarışımcı (rekabetçi) etkileşime bağlı toplu ölüm oranına katkı, küçük çapta bile olsa (yüzde 2,5 dolaylarında), etkileşimin sonucu şaşırtıcı biçimde büyük olur.

İlk kuşakta küçük çapta ölüm oranı düşüklüğünün söz konusu olduğu bir toplumda (önceki modelde olduğu gibi), yaş ortalaması, birinci toplumda düşerken ikincide yükselir ve ikinci toplumun yaş ortalamasındaki artış, birinci toplumun yaş ortalamasındaki düşüşten daha büyük olur. Ayrıca, her iki toplumun yaş ortalamasındaki değişiklik, genç gruplarda en yüksek düzeye erişerek, daha uzun süreli sonuçlar doğurur. Sonuç olarak, koşulların giderek değiştiği, katlanarak seyreden artışlar ortaya çıkar.

Zubrow rekabetçi etkileşim nedeniyle, ölüm oranında başlangıçta her zaman küçük yüzdeli artışların yaşandığı bu tür birçok toplumsal etkileşimi izlemiş ve hep aynı sonuçla karşılaşmıştır: Başlangıçta olumsuz etkilenen toplumun hızla tükenişi. Zubrow'a göre, Neandertal ve bugünkü insan toplumları arasındaki etkileşim göz önüne alındığında, *Homo sapiens*'lerden yana (modellerdeki rakiplerinin ölüm oranında başlangıçtaki bir kezlik artışa eşit) küçük bir üstünlük, toplumların birbirlerinin yerini almasını hızlandırabilir. Aynı yerde birlikte var oluş, diyelim, 50'şer kişilik iki grup için söz konusuysa, bir Neandertal bireyinin yitmesi, bin yıldan daha kısa sürecek bir tükeniş sürecini başlatabilir. Dört bireyin yok olması durumunda, bu süreç daha da hızlanarak tükenişi 15 kuşaklık bir süreye indirgeyebilir. Demografik üstünlüğün düzeyi ya kimileyin sınırlı çaptaki şiddetli çatışmalara, ya da sınırlı kaynaklardan yararlanma becerisine bağlı olabilir. Zubrow'un, çalışmaları şiddet unsurunu dışlamıyorsa da toplumların hızla birbirlerinin yerini almasının, beklenmedik biçimde, onsuz da olabileceğini göstermiştir.

şımında çok küçük üstünlükleri sayesinde ortadan kaldırdığını doğrulamıyor, ama onu akla yatkın bir seçenek durumuna getiriyor.

Dünyanın iki ayrı bölgesi, Ortadoğu ve Avrupa'da ele geçirilen kanıtlar, arkaik ve bugünkü toplumların birarada yaşamış olduklarını göstermektedir. Daha önce görüldüğü gibi, bu iki toplum 50 bin yıl süreyle Ortadoğu'da birbirlerinin çağdaşı olmuşlardır. Aynı zamanda şunu da gördük ki alet teknolojisi açısından bu iki toplum arasında belirgin bir farklılık yoktu. Öte yandan bu, Erik Trinkaus'un deyimiyle, "genetik açıdan büyük ölçüde farklı bu iki grubun en az bin kuşaklık bir süre boyunca yaşamlarını sürdürmelerine yetecek denli farklı davranış biçimlerinin /ya da toprak kullanımının" var olduğu anlamına gelebilir. Ya da birarada var oluş, gerçek olmaktan çok, görünüşte söz konusu olabilir. Sözgelişi, arkaik ve bugünkü toplumların Ortadoğu'da gerçekte hiç karşılaşmadıklarını düşünen Ofer Bar-Yosef şöyle söylüyor: Mikrofanunaya dayalı fosil bulgulardan, bu iki toplumun, iklimsel dalgalanmalara bağlı olarak, uyum içinde göç ettiklerini düşünebilirsiniz. Soğuk dönemlerde toplumlar güneye kayınca, yerlerini Neandertaller alıyordu; kuzeye gittiklerinde ise Neandertaller bölgeyi terk ediyorlardı (Bir tür köşe kapmaca).

Çoğu antropologların, Ortadoğu'ya ilişkin fosil ve arkeolojik kayıtlarda, arkaik ve modern toplumların herhangi bir biçimde karşılıklı etkileşimde bulunduklarını gösteren hiçbir kanıta rastlamamalarına karşın, Avrupa'da durum farklıdır. Batı Avrupa'da Orta ve Üst Paleolitik sınırda, arkaik insanlara da, bugünkü insana da ait olmayıp, her ikisinin bir karışımı olan bir taş alet geleneği söz konusudur. Şatelperoniyen (Chatelperronian) endüstrisi olarak anılan bu gelenek, kemik, geyikboynuzu ve fildişi alet ve eşyaların ilk örneklerini kapsamaktadır. Ara dönem özelliği taşıması nedeniyle, Şatelperoniyen endüstrisinin, Neandertallerden bugünkü insana doğru evrimleşen bir toplumun endüstrisini yansıttığı söyleniyor.

Dolayısıyla bu görüş, Çokmerkezli Evrim kuramının bir öğesini oluşturur. Ancak 1979'da, Bordeaux Üniversitesi'nden François Lévêque, Güney Fransa'da St. Césaire'da (Şatelperoniyen alanı) bir iskelet buldu. Eğer Şatelperoniyen endüstrisi gerçekten Neandertallerden bugünkü insana doğru evrimleşen bir geçiş dönemi toplumunun ürünü olsaydı, bunun, Şatelperoniyen insanının vücut yapısına yansımış olması gerekirdi.

Lévêque'in çalışma arkadaşı olan Bernard Vandermeersch, "Durum kesinlikle böyle değildi" dedikten sonra şunları ekliyor: "St. Césaire iskeleti çok tipik bir Neandertaldi; bu, açık seçik bir biçimde ortadaydı". Sonradan ikinci bir iskelet daha bulundu, o da bir Neandertaldi. Vandermeersch şöyle söylüyor: "Neandertallerle bugünkü toplumlar arasında bir ölçüde doğrudan ilişki olduğunu ve Neandertallerin kimi teknolojik bilgiler edindiğini düşünebilirsiniz". Bu alana ve diğerlerine yönelik tarihlendirmelere göre, Neandertallerle bugünkü insan, en az bin yıl, ya da daha uzun bir süre belki de aynı bölgede birarada yaşamışlardır. Bu konuda Chris Stringer, "Bu durum, 'katil Afrikalıların arkaik insanları çiğneyip geçtiği varsayımını gülünç duruma düşürür. Bu denli uzun süre birlikte var oluş söz konusu olunca, diğer açıklamalar daha olası görünüyor" demektedir.

Bugünkü insanın kökenine ilişkin kimi davranış biçimlerine yönelik bu araştırma, tarihöncesi yaşam konusundaki verilerin karmaşıklığını apaçık sergilemektedir. Bu araştırma aynı zamanda, insanın çok önemli bir özelliğinin ortaya çıkışını da gösteriyor: Özellikle teknoloji alanında kendini gösteren yaratıcılık ve ilerlemeyle ilgili bir özellik. Son iki bölümde, bizi gerçek anlamda insan yapan görece soyut kimi davranışsal özellikleri derinlemesine irdeleyeceğiz: Simgecilik ve dil.

6

SİMGECİLİK VE İMGELER

Fildişinden boncuk yapmak kolay iş değildir, hele elinizde en kabasabasından taş, kemik aletlerin dışında takımlarınız yoksa. Kesme, zımparalama, delme ve parlatma gibi hepsi de uzun zaman ve incelik isteyen işlemler söz konusudur. Usta bir işçi belki günde, her biri bir santimetre çapında beş boncuk üretebilir. New York Üniversitesi'nden arkeolog Randall White, "Boncuklara bu denli çok emek verebiliyorsanız, onların sizin gözünüzdeki değeri elbet artar" diyor.

White'ın, Washington Meydanı'nın hemen dışındaki bürosunda, tarihöncesi boncuk üretimine yönelik deneysel bir araştırmada hammadde olarak kullanılmak üzere duvara dayalı duran fildişleri var. Aynı laboratuvarın çekmecelerinde 35 bin yıl önce insan eliyle yapılmış çok sayıda fildişi boncuk özenle yerleştirilmiş olarak durmaktadır. Bunlar o sıralarda teknolojinin,

Fransa, Dordogne'daki Lascaux Mağarası'nda Boğalar Salonu.

kullanıma dönük olağan işlevinin artık ötesine geçmiş olduğunun kanıtlarıdır. "İlk kez bugünkü insan aklının işlerlik kazandığı gibi güçlü bir duyguya kapılıyorsunuz" diyor White ve ekliyor: "Orinyasiyen halkının (Batı Avrupa'daki ilk bugünkü insanlar), boncukları salt süs olsun diye değil de, bilinçle yaratılmış kültürel anlatımın bir parçasını oluşturan bedensel süsleme aracı olarak kullanmış olduğu akla yatkın bir varsayımdır."

Teknoloji açısından geri halkların bile, bireysel ve toplumsal kimliğin bir simgesi olarak ister bez, tüy, kabuk, kavkı ve boya kullanarak, ister vücuda dövme yaptırarak ya da kesi (yara) açtırarak, ister saça biçim vererek olsun, bedensel süslemelere yer verdiği, kültürel antropologlarca biliniyordu. Özel amaca yönelik süslemeler yaygındı kuşkusuz; ancak bunların tümünün temelinde, belki de çoğu artık yerleşmiş ve derin bir bağlılıkla yerine getirilen törelere dayalı toplum yapısının kuralları yatıyordu. Chicago Üniversitesi'nde antropolog Terrence Turner'in belirtmiş olduğu gibi: "Vücudun yüzeyi toplumsallaşma oyununun oynandığı simgesel bir sahneye ...bedensel bezemeler de...bunun anlatım aracına dönüşüyor. Süslenme ve süslenmiş vücutlarını başkalarına sergileme, bireysel açıdan ne denli anlamsız ya da önemsiz görünürse görünsün, toplumsal açıdan ciddi bir olgudur."

Arkeolojik araştırmaların konusunu, eski insanlardan kalan somut nesneler oluşturur. Bu nedenle, boncuklar, gerdanlıklar gibi takılar, toplumsal kimlik ve konumun belirlenmesine yönelik arkeolojik araştırmalar için çok zengin bilgi kaynaklarıdır. White, tarihöncesi Batı Avrupa'da bugünkü insanın (Orinyasiyenler) ilk ortaya çıkışıyla eşzamanlı arkeolojik kayıtlarda, bedensel süslere, süslemelere ilişkin pek çok belge topladığı gibi, kavramsal, simgesel, teknik ve lojistik açıdan da, başından beri ileri düzeye erişmiş görünen Orinyasiyen bedensel süslemelerinde bir patlama olduğunu da saptamıştır. Orada, ne simgesel anlatımın ilkel biçimlerinden daha gelişmişlerine doğru giderek bir geçiş, ne de sürekli, kararlı bir gelişme olmuştur; tam tersine, hiçbir şeyin öncelemediği, her yönüyle bugünkü insan davranışının birdenbire ortaya çıkışı söz konusudur.

Sanat ve İnsan

Daha sonra bu bölümde göreceğimiz gibi, tam anlamıyla bugünkü insanın evrimleşme biçiminin bu birdenbireliği ve sonuçları, antropologlar arasında tartışma konusu-

Bu biçemsel insan figürleri, olasılıkla ipe bağlanmış köleleri, ya da ellerinde sopalarıyla, sağdan sola doğru yürüyen savaşçıları simgelemektedir. 1951'de Louis ve Mary Leakey tarafından Tanzanya'nın Kundusi yöresinde bulunan bu resimler 25 bin yaşında olabilir.

dur. Yine de Orinyasiyenler, (olasılıkla giysilere dikilmiş ya da bilezik, kolye biçiminde dizilmiş) boncuk ve gerdanlıkları bedensel süsleme aracı olarak kullanmaya başlayınca, Buzul Çağı sanatı ya da Üst Paleolitik Sanat diye bilinen tarihöncesi dönem sanatında yeni bir sayfa açılmıştır. 35 bin-10 bin yıl önce, Batı Avrupa'daki (özellikle Fransa ve İspanya'da) insanlar çoğu kez, derin, ulaşılması hemen hemen olanaksız yörelerde, kimileri gözalıcı kümeler halinde pek çok oyma, boyama resimler yapmışlardır. Resim sanatının en iyi örnekleri arasında yer alan Fransa'nın Perigord yöresindeki Lascaux ve Kuzey İspanya'nın Cantabrian yöresindeki Altamira mağaralarındaki betimlemeler, 20 bin yıl önce yaşamış halkların ürünleridir.

Berkeleyli antropolog Margaret Conkey, Buzul Çağı kültürlerine ilişkin bu olağanüstü betimlemeler konusunda, "20 bin yıl öncesinin sanatı bugünkü insanın *kökeni* ile ilintili değilse de, bugünkü insanın *ne anlama geldiği* ile ilintilidir." demektedir. Bu erken dönemde, insanlar her nerede (örneğin, Avrupa, Afrika, Avustralya, hatta belki de Amerika) yaşamışsa, sanat, toplumsal ve kültürel etkinliklerin bir öğesini oluşturmuştur. Conkey şöyle söylüyor: "Bunun toplumlararası ilişkilere yönelik görüşmelerle ilgili olduğunu sanıyorum; günümüz etnografisinde, sanatı ve imgesel betimlemeleri böyle yorumluyoruz."

Fildişine oyulmuş mükemmele yakın minyatür at betimlemeleri, mağara duvarlarına yapılmış, görenleri ürperten, dev boyutlarda renkli bizon, at ve mamut resimleri,

1879'da Kuzey İspanya'da Cantabria'da bulunan Altamira Mağarası 1902 yılına değin tarihöncesine ait olarak kabul edilmemişti. Bu mağara, Fransa'daki Lascaux Mağarası ile birlikte, alçak tavanları bizon resimleriyle bezeli Üst Paleolitik mağaraların en güzel örneklerindendir.

rengeyiği boynuzuna işlenmiş ilginç kompozisyonlar (bir fok, bir somon, bir yılan, bir minik çiçek, kimi yapraklar ve başka işaretler), gerdanlık olarak, pek çok etçil hayvan (aslan ve tilki) dişi, mağaralarda gizemli biçimde düzenlenmiş imgeler, yarı insan, yarı hayvan canavar figürleri. Buzul Çağı sanatını işte bunlar oluşturuyordu (Uzun geçmişte kalmış bir kültüre, ya da daha doğrusu birçok kültüre ait imgeler). Şimdiye değin Avrupa'da 200'den fazla resimli mağara ve 10 binin üzerinde -taşınabilir sanat diye de adlandırılan- süslemeli nesne ortaya çıkarılmıştır. Bu nesnelerin kimileri birer sanat yapıtı (belki de töresel amaçlarla kullanılan bir hayvan yontusu ya da oyulmuş bir taş tablet gibi), kimileri de (mızrak atacağı ya da deri kazıyıcıları gibi) özenle süslenmiş aletlerdi.

Sanat Sanat İçin mi?

Altamira, 1868'de ortaya çıkarılan ilk resimli mağara idi. Ancak oradaki gözalıcı imgelerin tarihöncecilerce, uzak geçmişteki bir çağın ürünleri olarak benimsenmesi için otuz yıl gibi bir sürenin geçmesi gerekmiştir. O zaman bile, bunlar, basit beyinlerin ürünleri olarak görülürdü. Son zamanlarda Santa Cruz'da Kaliforniya Üniversitesi'nden John Halverson, bu tezi yeniden gündeme getirmiştir: "Sanatsal anlatım, düşünsel yeteneğin yanı sıra el becerisi de gerektiren, yeni gelişmiş bir yeti, salt kendi kendisi için yinelenen bir etkinlikti. Bilinen biçimiyle, insan bilincinin, yapısal açıdan *Homo sapiens sapiens* beyni ile eşzamanlı ve tam gelişmiş olarak ortaya çıktığını düşünmek saçmadır."

Atlar, bizonlar ve diğer hayvanlara ilişkin betimlemeler bireysel olarak, kimileyin de kümeler biçiminde görünüyorlar, ama doğaya uygun bir düzenlemeye yaklaşan bir çevrede ender olarak yer alıyorlar. Betimlemeler gerçeğe uygun olmalarına karşın, doğal ortamlarından kopukturlar. Halverson'a göre bu, Buzul Çağı sanatçılarının, çevrelerinde gözledikleri şeyleri, onlara herhangi bir mitolojik anlam katmadan betimlediklerini gösteriyordu. Sanatçıların, düşünceye dayanmayan "imgeler üreten otomatlara benzediğini söylüyordu Halverson. İmgeler yalın, anlatımsallıktan yoksun olup, açıkça "dinsel güdülemelere bağlanabilecek hiçbir şey" içermiyor. Sahip olduğumuz biçimiyle insan bilincinin, tarihöncesi dönemin bu evresinde henüz gelişmemiş olduğunu düşünen Halverson, "Zihinsel gelişmenin bu erken evresinde algı ve kavramın ayırdına varılmamış olabilir" demektedir.

Halverson böylesine iddialı bir savda bulunmakla, insan-hayvan yaratıkları, soyut benek kümeleri arasındaki kırmızı ve siyah at imgelerini, ne oldukları ve anlama geldikleri bilinmeyen geometrik işaretleri ve gerçekçi figüratif sanat tanımına uymayan diğer pek çok örneği görmezlikten geliyor. Dahası, bu insanlar kursaklarında rengeyiği ve ormantavuğu varken, akıllarında (yani, resimlerinde) atlara, bizonlara neden yer versinlerdi? Bu imgelerin "düşünsel temelden yoksun olduğu" görüşü pek akla yatkın değildir; bir tür, seçme ve imgelemenin işlenmiş olduğu açıkça görülüyor.

Aynı şekilde, uzak (şimdi ise yok olmuş) bir kültürün ürünü imgelere (resimlere) bakan bir kimse, dinsel bir güdülemenin etkili olup olmadığını nasıl bilebilirdi? 'Çobanla kuzuları' imgesi bir Hıristiyan'ın gözünde dinsel duygu ve simgelerle yüklüdür. Ama aynı imgeyi bir Yanomamö Kızılderilisine gösterirseniz, onun gözünde salt bir adam ve hayvandan başka bir anlam taşımayacaktır. Dinsel, mitolojik simgeler örtük anlamlarla doludur; bunlar aynı dilden, kültürden olanlar için ciltlere sığmayacak anlamlar taşırken, yabancı birisine yalnızca şaşırtıcı, tuhaf imgeler ya da anlamsız, olağan nesneler biçiminde görünebilir. İngiltere'de Durham Üniversitesi'nden antropolog Robert Layton, Üst Paleolitik sanata ilişkin imgelerin o dönemin insanı için mitolojik açıdan derin anlamlar taşıdığını önemle belirtmektedir.

Layton, "Bu sanatta tanık olduğumuz böylesine sıkı sıkıya örülmüş imgesel anlatımların ardında bir tür mitolojinin bulunmadığını düşünmek güçtür. Ancak ne yazık ki,

Bedensel Süslenme: Boncukların Dili

İnce çakmaktaşı bıçakları, kemik ve fildişi aletleri, eşyaları kapsayan Orinyasiyen yaşam alanları Fransa, Almanya ve Belçika'da yer almaktadır. Orinyasiyenler, rengeyiği, tüylü mamut, yabanıl at, bizon ve Avrupa kızılgeyiği avlayarak geçinen küçük gruplar halinde yaşıyorlardı. Bu yataklarda yumuşak taş, kabuk ya da kavkı, diş, geyik boynuzu ve mamutdişinden yapılmış boncuklarla gerdanlıklar da bulunmuştur. Bu nesnelerin çoğu belki de gerdanlık olarak takılmak ya da giysilere dikilmek üzere delinmişti.

Üst Paleolitik yerleşim alanlarını Orta Paleolitiklerden ayıran özelliklerden biri, hammaddelerin, onlarca hatta yüzlerce kilometre uzaklıktaki yörelerden sağlanabilmesidir. Bu alanlara, oralara yerleşenlerce getirilmiş, ya da büyük bir olasılıkla değiş tokuş yoluyla elde edilmiş olabilen bu hammaddeler özellikle, takı yapımına yönelikti. Bu yabancıl (exotik) nesneler, ekonomik açıdan değilse bile toplumsal açıdan değer taşıdığı gibi, büyük bir olasılıkla grubun kimliğini, ve bireyin toplumsal konumunu da simgeliyordu.

Simgecilik kavramı, bu takıları takanları avcılığa dayalı yaşam biçimleriyle özdeşleştiriyor görünen hayvan dişi gerdanlıklar sayesinde daha açık ve somut bir anlam kazanıyor. Sözgelişi, Güneybatı Fransa'daki Orinyasiyen alanlarında bulunan gerdanlıkların hemen hepsi, etçil hayvan dişlerinden, özellikle tilki dişinden yapılmıştır. İngiliz antropologlar Marilyn ve Andrew Strathern'in, Yeni Gine toplumları üstüne çalışmalarında belirttikleri gibi, bireysel süslemeler çoğunlukla gerçekçi değillerdi; başka bir deyişle bunlar simgeledikleri nesneleri tümüyle yansıtmıyorlardı. İnsanlar kendilerini çevrelerindeki varlıklarla, örneğin kuşlarla özdeşleştirmek istedikleri zaman, gerçek kuş maskları yerine, kuşların kemikleri ve tüyleri gibi parçalarını takıyorlardı. Tümü, parçası aracılığıyla çağrıştırma yöntemi (metonymy), antropologların hiç de yabancısı olmadığı bir uygulamadır.

Fransa Orinyasiyenlerinden kalma diş-gerdanlıklar tüm süs eşyalarının yaklaşık üçte birini oluşturur. Diğerleri çoğunlukla, insan eliyle işlenerek üretilmiş, emek-yoğun boncuklar, gerdanlıklardır. Randall White, Güneybatı Fransa'da, Vêzére Vadisi'ndeki (Abri, Blanchard, Castanet ve La Souquette) üç önemli Orinyasiyen alanından çıkarılan bu tür nesneleri incelemiş ve en az beş değişik yöntemle üretilmiş dokuz çeşit gerdanlık saptamıştır: 1) Köklerinden delikli hayvan dişleri; 2) Kemik, geyik boynuzu ya da fildişinden yapılmış daire ya da oval biçiminde delikli boncuklar; 3) Fildişinden, delikli, uzun boncuklar; 4) Taş ya da fildişinden, sepet biçiminde delikli boncuklar; 5) Kemik ya da fildişinden, oymalı ve delikli gerdanlıklar; 6) Tüp ya da disk biçiminde delikli taş boncuklar; 7) Takı olarak, kullanılmak üzere, bozulmamış ama biçimleri değiştirilmiş hayvan kemikleri; 8) Süs olarak takılmak üzere, bir ucu dairesel kulp biçiminde yontulmuş fosiller ya da işlenmiş kemik, geyik-boynuzu ya da fildişi nesneler; 9) Takı olarak kullanılmak üzere bir ucu delinmiş ama kalan kesimi bozulmamış (fosil ya da gerçek) deniz kabukları.

Mamutlar, Fransız Orinyasiyen'i evresinde de, Üst Paleolitik dönemin çoğunda da enderdi; bunu, söz konusu üç mağarada da bu hayvanların kemiklerinin bulunmayışından anlıyoruz. White'a göre, Vézére Vadisi doğuya, şimdiki Almanya'ya deniz kabuğu gönderilen, buna karşılık oralardan fildişi getirilen bir değiş tokuş merkezi olmuş olabilir. Bu üç alanda da boncuk üretimine mamutdişinin görece yumuşak dış katmanından çıkarılan, en çok 10 cm boyunda, 0,45-1,4 cm çapındaki çubuklarla başlanırdı. Bu çubuklar mamutdişinin bulunduğu alanlarda üretilmiş olmalı, çünkü Vézeré Vadisi'nde tam mamutdişine rastlanmamaktadır.

İlk aşamada mamutdişi çubuğun çevresi bir ya da iki santimetrelik aralıklarla dairesel biçimde kesilerek halkalara ayrılır ve bunlar ana gövdeden birer birer koparılır (Orinyasiyen alanlarında bunların yüzlercesi bulunmuştur). Daha sonra, katmanlı yapıdaki bu halkalardan, bir ucu diğerinden daha ince, asimetrik parçalar çıkarılır. Kaba görünümlü bu parçalar kimi hayvan dişlerine (özellikle, kızılgeyik ve rengeyiklerinden kalan köpekdişlerine) benzemektedir. White, Orinyasiyen sanatının, doğal formları taklit etmeye yönelik olduğunu söylüyor; dolayısıyla bu benzeyiş belki de rastlantısal değildi. Boncuğun üst kesimi- ki bu aşamada yaklaşık 0,2 cm kalınlıktadır- sivri uçlu bir delgiyle kabaca delinir. Son olarak zımparalayıp parlatmayla yarı yarıya küçültülen yongadan, incelikle delinmiş izlenimi veren bir boncuk elde edilir.

Boncukların nasıl kullanıldığı henüz tam olarak bilinmemektedir. Batı toplumları üzerine yapılan örneksemeler (analogy), elde kesin kanıtlar bulunmamasına karşın, bunların kolye ya da bilezik parçaları olabileceği varsayımını güçlendirmektedir. Ara sıra, ikili boncuk takımlarına rastlanmış olması, bunların küpe ya da kulak tıkacı olarak kullanılmış olabileceğini düşündürmektedir. Üst Paleolitik döneme ilişkin bu buluntular, çok sayıda boncuğun motifler halinde giysilere dikilmiş olduğunu gösteriyor; ancak Orinyasiyen kültürüne ilişikin olarak, böylesine doğrudan bir kanıt yoktur.

1

2

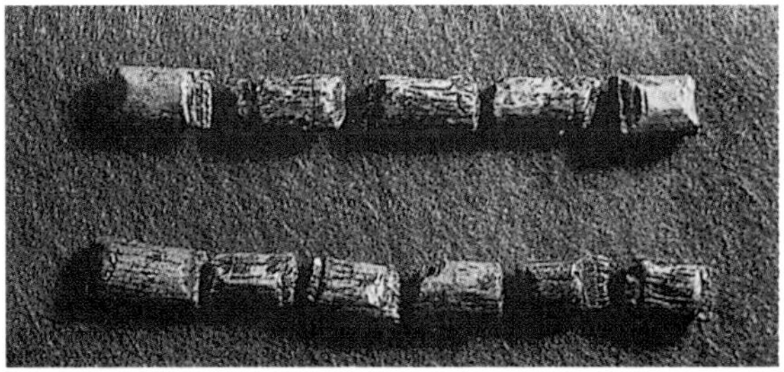

3

4

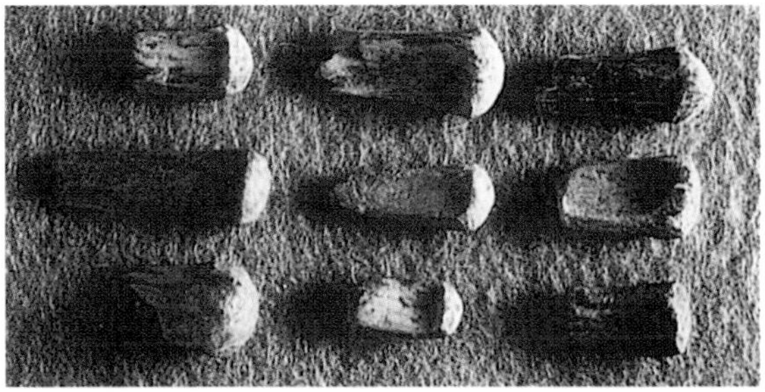

5

6

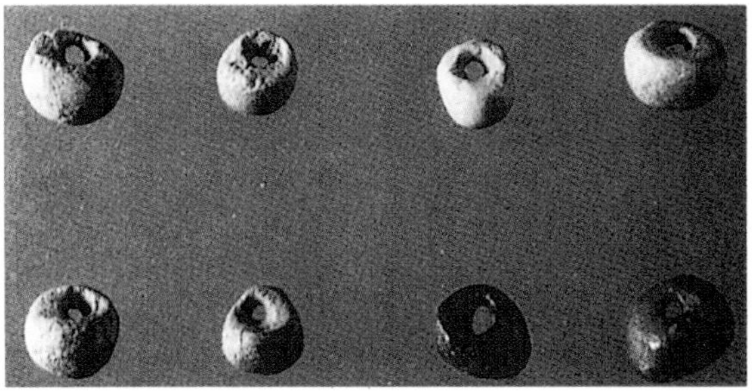

Avustralya yerlilerinin sanatı, çoğunlukla ruhsal dünya ile ilintili, temelde törensel bir nitelik taşır. Kuzey Bölgesi'nde, Nourlangie'de bulunan bu örnek, altı-parmaklı bir ruhu betimlemektedir.

bunun nasıl bir şey olduğunu belki de hiç öğrenemeyeceğiz" diyor. Layton'a göre, kendi mitlerimizi de başkalarınınkileri de öğrenmek için can atarız, ama dolambaçlı anlatımlar ve (tümüyle ya da parçalar biçiminde) örtülü simgelerin varlığı düşünüldüğünde, dışardan birisinin açık seçik anlamlar çıkarma şansı yok denecek denli azdır. Layton bu gözlemini şöyle dile getiriyor: "Bir Üst Paleolitik insanla karşılaşıp da kendisine, bu resimlerle somutlaştırılan mitlerin ne anlama geldiğini sorsaydınız, sonunda belki de adamcağızın kürklü yakasına yapışıp öfkeyle bağırarak, size az önce anlatmış olduğu tuhaf, içinden çıkılmaz öyküyle gerçekte ne demek istediğini öğrenmek durumunda kalırdınız."

İmgeler yaratabilmeye yönelik zihinsel yetkinlik insana, nesnelerle oynayarak dilin ötesine geçme olanağı sağlar; simgeleşen imgeler bir güç (iktidar) ortamında devinirler. Sözgelişi, Güney Afrikalı San halkı için geyik, canlı haliyle, gücü kudreti simgelerken, özellikle Şamanlarca sanatsal olarak betimlendiğinde onun da ötesinde anlamlar taşır. İlerde göreceğimiz gibi, Sanların gözünde geyik imgeleri başka başka yerlere giden su arkları gibidir. Öte yandan, Üst Paleolitik halkı, tek bir hayvana, Sanların geyiği somutlaştırdıkları gibi, simgesel bir anlam yüklememişlerdir. Bunların sanatına atlarla bizonlar egemendir. Bu hayvanlar, ruhlar dünyası ile ilişki kurmaya mı yarıyorlardı, tıpkı Sanlarda olduğu gibi?

Breuil'ün Av Büyüsü
Leroi-Gourhan'ın Yapısalcılığı

Antropologlar, aldatıcı biçimde, kimi zaman dillenip konuşan kimi zaman da dilsizleşip susan Üst Paleolitik sanatı izlemeyi neredeyse tutku derecesine vardırdılar. Buzul Çağı imgeleri üstüne "sanat sanat içindir" yargısının ötesinde önemli ilk değerlendirme, yıyecek arayışında başarıyı güvenceye almaya yönelik söylencesel bir sistem olan bir tür av büyüsünü temsil ediyordu. Bu düşünce, yüzyılımızın başlarında antropologların, Avustralya yerlilerince yapılmış resimlerin çoğunun, büyüsel ve totemcil törenlerin (ritüellerin) bir parçasını oluşturduğunu ortaya çıkarmalarıyla doğmuştur. 1903'te Salomon Reinach, aynı durumun Üst Paleolitik sanat için de geçerli olabileceğini ileri sürmüş ve bunların ikisinin de avcı-toplayıcı toplumlar olduğunu, her ikisinin de birkaç tane türü, çevrelerindeki diğer türlere göre daha çok önemsediğini belirtmiştir. Bu nedenle, Reinach'a göre, Üst Paleolitik insanı totemcil hayvanlarla av hayvanlarının bereketli olmasını sağlamaya yönelik resimler yapmıştır (Tıpkı Avustralya yerlilerinin yaptığı gibi). Antropologlar bu tür örneksemeye etnografik analoji diyorlar: Yararlı ama hiçbir zaman kusursuz olmayan bir yöntem.

Bununla birlikte, av büyüsü kavramından söz edildiğinde akla gelen ilk ad ve Reinach'ın düşüncelerine derinden bağlanan entellüktüel konumu sayesinde onlara büyük ölçüde ağırlık kazandıran Rahip Henry Breuil adıdır. Yüzyılımızın ilk onlu yıllarından başlayarak hemen hemen 60 yıl süren seçkin kariyeri boyunca Breuil, Avrupa'nın her tarafında mağaralardaki imgeleri kaydetmiş, haritalamış, kopya etmiş ve saymıştır. Dahası, Üst Paleolitik sanatın evrimsel gelişimine yönelik bir kronoloji dizgesi de geliştirmiştir. Av büyüsü olarak, Paleolitik sanat kavramı antropolojide hep önde gelen, tutulan bir kavram olmuştur.

Fakat ertesi günkü avlarının bereketli olmasını sağlayacak ruhları yardıma çağırmak amacıyla toplanan avcıları betimleyen karanlık ve özel bir yerdeki resim, besin sağlama çabasındaki insanların dünyasını en yalın çizgilerle betimlemektedir. Avcı-toplayıcı yaşam biçimlerine ilişkin daha kapsamlı araştırmalar ışığında bir değerlendirme yaparsak, bunların dünyası, anlam, animistik güçler ve mitolojik anlatımlarla dolu bir dünyadır. Bu sanat, onların bu karmaşık dünya ile bağdaşabilmelerini, uzlaşabilmelerini sağlayan birçok unsurdan biridir. Bu nedenle, bu av büyülerinin, yalın katıksız biçimleriyle, paleolitik sanatı tam olarak yansıtması olanaksızdır.

Süslemeli mağaralara ilişkin çalışmaları başlatan Rahip Henri Breuil, Lascaux Mağarası'nın 1940'ta bulunuşundan kısa bir süre sonra orada incelme yaparken görülüyor (sağda, parmağıyla işaret eden).

Rahip Breuil 1961'de öldüğünde, herşeyi kucaklayan daha önceki tüm varsayımları sonuçta dışlayan bir değişim entellektüel alanda, zaten başlamıştı. Fransız arkeolog André Leroi-Gourhan, "sonradan gelen kuşaklarca mağara duvarlarına düzensiz, dağınık biçimde yapılmış resimler... [yani] kültürel kaos" bulma umuduyla, bu sanat üstüne incelemelere başlamıştı. Av büyüsü varsayımına göre, imgeler mağaralarda gelişigüzel dağılmıştı; Breuil de zaten hiçbir düzenlilik saptamamıştı. Leroi-Gourhan ise bunun tam tersine, imgelerin gelişigüzel bir dağılım sergilemediğini şu sözleriyle açıklamıştır: "Gerçekten, Paleolitik sanatı inceleyen bir kimsenin gözüne çarpan ilk unsurlardan biri tutarlılıktır. Mağara duvarlarına olsun, fildişine, geyik boynuzuna, kemiğe ve taşa olsun, pek çok çeşitli biçemlerle yapılmış resim, oyma ve heykellerde, paleolitik sanatçılar benzer davranışlarla, aynı tür hayvanları betimlemeyi yineleyip durmuşlardır. Bir kez bu birliktelik saptanınca, araştırmacıya yalnızca, bu sanatın zaman ve mekan açısından düzenleniş biçimlerini sistematik olarak açıklığa kavuşturmanın yollarını arayıp bulmak kalıyor." İyi ama bu nasıl bir düzendi?

Mağaralardaki betimlemelerin, çoğunlukla, o insanlarca eti yenmeyen hayvanlara ait oluşu, av büyüsü varsayımı için bir sorun oluşturuyordu. Çoğu durumlarda, yaşam alanlarından çıkarılan hayvan kemiklerine ilişkin bulgular, rengeyiğinin besin olarak önemli bir yer tuttuğunu, ancak onun resimlerine pek az rastlandığını göstermektedir. Atlar ve bizonlar içinse, bunun tersine bir durum söz konusudur. Claude Lévy-Strauss'un bir zamanlar Sanlarla Avustralya yerlilerinin sanatlarında gozlemiş olduğu gibi, kimi hayvanların sık sık betimlenişi, onları "yemenin iyi" olduğundan değil, "düşünmenin iyi" olduğundan ileri gelmektedir. Leroi-Gourhan'ın çabası, Paleolitik insanın, mağarasının duvarlarını süslerken, neler düşündüğünü anlamaya yönelikti. Bu soruna bulduğu yanıt, erkeklikle dişilik arasındaki ayrımla ilgiliydi.

Leroi-Gourhan'ın bulgularına göre, at imgesi erkekliği, bizon ise dişiliği simgeliyordu. Erkek geyikle dağkeçisi erkekliği; mamut ve öküz dişiliği temsil ediyordu. Gourhan'ın varsayımı, yalnızca eşeysel simgelemenin ötesine giderek, bu simgelerin her bir

Lascaux Mağarası'nın Eksenel Galerisi'ndeki bu "Çin atları" Üst Paleolitik sanatın incelikle işlenmiş örneklerindendir.

mağaradaki dağılımını da kapsıyordu. Sözgelişi, mağara girişlerinde genellikle geyik imgeleri yer alırken, iç kısımlarda at, bizon ve öküz betimlemeleri egemendir. Etçil hayvan resimleri genelde enderdir ve çoğunlukla mağaraların dip kesimlerinde yer alırlar. Leroi-Gourhan, mağaralarda gözlediği bu örüntünün bir bakıma Paleolitik insan için önemli olan bir düzeni, belki de onun toplumsal örgütleniş biçimini, ya da çevresindeki dünyayı algılayış biçimini yansıttığını belirtmiştir.

Annette Laming-Emperaire adında başka bir Fransız antropoloğu da mağaralardaki imgelerin belirli bir düzeni, erkek-dişi ikilisinin de bu düzenin bir parçası olduğu konusunda Leroi-Gourhan'a katılıyordu. Ne var ki, kimi zaman bu iki tarihönceci, hangi hayvanların erkekliği, hangilerinin dişiliği simgelediği konusunda anlaşamıyorlardı. Laming-Emperaire bu durumu, "Paleolitik sanata yönelik bu yeni görüşü eleştirenlerin eline koz vermek" olarak değerlendiriyordu. Yaşamının sonuna doğru Laming-Emperaire, kimi mağaralardaki süslemelerin, insanın kökenine ilişkin söylencelerin resimsel anlatımları olduğu görüşünü ileri sürmeye başlamıştı; ne yazık ki bu varsayımını daha fazla geliştirme olanağını bulamadan 1977'de öldü.

1986'da Leroi-Gourhan öldüğünde, onun güncel, egemen durumdaki, herşeyi kucaklayan çatı önerisi de Breuil'inkiyle aynı yazgıyı paylaştı; kısacası, altüst oldu. Margaret Conkey bunu şöyle yorumluyor: "Arkeologlar sanattaki çeşitliliklere yönelmeye, tekçi (monolithic) yorumlardan kaçınmaya başladılar. Anlamsal çeşitlilikler ve sanatsal içerik, araştırmacıların ilgi odağı durumuna geldi."

Çeşitli Yorumlar

Leroi-Gourhan'ın ölümüyle, Paleolitik sanatı incelemeye yönelik ikinci büyük dönem sona erdi. O zamandan beri hiçbir kimse tek başına bu alana egemen olmamıştır. Bu, bir bakıma, çeşitliliği savunan görüşlerin gündeme gelişinin bir işaretiydi. Örneğin Paris'te, Paleontoloji Enstitüsü'nden Denis Vialou, mağaralardaki imgelerin dağılımının bir düzene bağlı olduğu görüşünü desteklemekle birlikte, bunun Leroi-Gourhan'ın sözünü ettiği, gibi küresel anlamda bir düzen olmadığını şöyle belirtiyor: "Her bir mağara başlıbaşına ayrı bir sanatsal anlatım örneği olarak ele alınmalıdır". Bu arada, Paris yakınlarındaki, Musée des Antiquités Nationales'dan (Ulusal Antikite

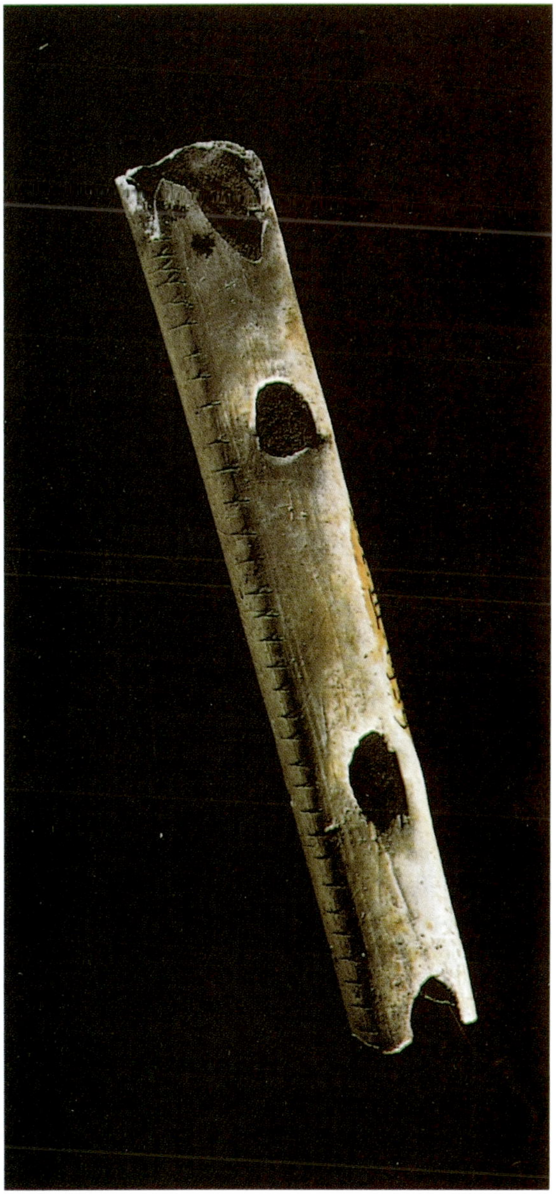

Kemikten oyulmuş flüt örnekleri, Üst Paleolitik'in ilk yerleşim alanlarında bulunmuştur. Buradaki flüt, kuş kemiğinden yapılmış olup 25 bin yaşındadır.

Müzesi) Henri Delporte, değişik türden modeller arayışı içinde, duvar sanatı ile taşınabilir sanatı karşılaştırırken, Conkey, imgelerin üretildiği toplumsal ortamı öne çıkarmaktadır. Öte yandan Randall White, imge-üretiminin gerisindeki teknolojiyi irdelemekte ve Jean Clottes, Michel Lorblanchet gibi, kimi Fransız arkeologlar da aynı doğrultuda çalışmalar yapmaktadırlar.

Conkey, dikkatleri, Buzul Çağı sanatına yönelik değerlendirmelerimize kaçınılmaz biçimde temel oluşturan günümüz ölçütlerine ya da önyargılarına çekerken, "Üst Paleolitik imgeciliğine "Sanat" etiketini takmakla, belki de onu sorgulama olanaklarını yok etmiş olduk; çünkü bu terim estetik unsurunun varlığını öngördüğü gibi, bu etkinliklere Batılı gözüyle bakmamızı da zorunlu kılar" demektedir. Gerçekten de Leroi-Gourhan, Buzul Çağı ortalarına ait mağara süslemelerini bir zamanlar "Batı sanatının kökenleri" olarak tanımlamıştı; bu, bir ölçüde, bu tür imgeciliğin 10 bin yıl kadar önce sona ermiş olması; bir ölçüde de, Buzul Çağı imgeciliğine özgü kimi tekniklerin (perspektif gibi) Rönesans'ta yeniden yaratılmış olması nedeniyle elbet yanlış bir değerlendirmeydi. Conkey, bu tür önyargıları aşabilme çabasıyla, "imgelerin *ne anlama geldiğini* sormaktansa, onları anlam-*yüklü* kılan şeyin ne olduğunu kavramaya çalışmalıyız" önerisinde bulunarak, küçük ama önemli bir değişiklik getirmiştir.

Buzul Çağı terimi, bir çeşit anlatım birliği olarak ele alınmaktadır. Bu değerlendirme yanlıştır; çünkü gerek zaman gerekse mekân açısından, bu sanatta geniş ölçüde bir çeşitlilik söz konusudur. Bundan önceki bölümde incelediğimiz Buzul Çağı'ndaki dört kültür (Orinyasiyen, Gravetiyen, Solutreyen, ve Magdaleniyen), genelde materyal teknolojisindeki değişikliklerle sınırlıdır. İmge-yaratımı, gerek önem, gerekse araç-gereç açısından bu dönemler boyunca da sürmüştür.

Bu bölümün başında belirtildiği gibi, Üst Paleolitik Dönem'in ilk evresini oluşturan Orinyasiyen kültürü, bedensel süslemeler ve oyma nesnelerde bir patlamaya tanık olmuştur; ancak bu kültürde mağara süslemelerine hemen hiç rastlanmamaktadır. Magdaleniyen evresine (18 bin-10 bin yıl önce) gelinceye dek, mağara duvarlarını resimleme gerçek anlamda önem kazanmamıştır. Gerçekten Buzul Çağı'ndan kalma imgelerin yüzde 88'i bu geç döneme ait Lascaux ve Altamira mağaralarından gelmektedir. Bu nedenle, kimi bilim adamları sanatsal betimlemelerin Üst Paleolitik'in başlarında birden yaygınlaşmaya başladığı görüşünü sorgulamaya yönelmişlerdir; bu görüşe ilerde yeniden döneceğiz.

Olağanüstü resimsel betimlemelerin büyüsüne öylesine kapıldık ki, Üst Paleolitik Dönem'e ilişkin tartışmalarda, müzik etkinliklerinden çoğu kez hiç söz edilmiyor. Orinyasiyenlerden Magdaleniyenlere değin Üst Paleolitik insanları kuş, rengeyiği ve ayı kemiğinden flütlerin yanı sıra belki de başka çalgılar da yapmışlardır. Müzik, Sanlar ve Avustralya yerlileri için imge yaratımı ve kullanımının önemli bir parçasıdır; bu, belki de Avrupa'daki Üst Paleolitik avcı-toplayıcı insanlar için de geçerlidir. Böylece yavaş yavaş, alım satım ve değiş tokuş yoluyla gelişen, pekişen, yaygın toplumsal ve siyasal birlikler kurabilen, mitolojik yönden zengin, avcılıkta ve toplayıcılıkta usta bir Üst Paleolitik halkı görüntüsü ortaya çıkıyor.

Toplanma Alanları

Margaret Conkey'e göre, Altamira Mağarası, komşu grupların güzün biraraya geldikleri bir toplantı yeri olmuş olabilir. Toplanmaların nedeni, toplumsal ve siyasal olduğu kadar ekonomik de olabilirdi (Tıpkı tarih çağlarında yaşayan avcı-toplayıcı toplumlarda olduğu gibi). Örneğin, Güney Afrika'da Kalahari yöresinden Kung San halkı yılın çoğunu, çekirdek ailelerden oluşan yaklaşık 25 kişilik küçük gruplar halinde geçiriyorlar. Ancak kurak mevsimlerde,birkaç grup, sürekli su kaynaklarının çevresine birbirine görece yakın konumda toplanır; böylelikle de yüzü aşkın insan birarada barınır ve beslenir. Bu toplanmaların nedeni ekonomik zorunluluklara, güvenli su kaynaklarına yakınlığa bağlanıyorsa da, evlenmelerle, siyasal birliklerle de güçlenip gelişen toplumlararası ilişkiler yoğundur.

Kungların komşuları olan ve ekolojik açıdan daha da dar bir alanda yaşayan G/Wİ Sanlar da yılın çoğunu, ara sıra, görünüşte ekonomik nedenlerle biraraya gelerek, küçük, göçer kabileler halinde geçirirler. Toplanmalar, geçici su birinkintilerinin oluştuğu yağmurlu mevsimde gerçekleşirse de, bunların en önemli nedeni yine toplumsal ve ekonomik ilişkilerdir. Bu tür yaşam biçimleri tüm avcı-toplayıcılarda görülür, dolayısıyla aynı durum Üst Paleolitik halkı için de geçerli olmuş olabilir. Conkey, Altamira'nın tavanlarındaki bizon ve diğer hayvan imgelerinin düzenlenişinin, dağınık ama dayanışma içindeki gruplar arasındaki toplumsal ilişkileri yansıtabileceğini söylemiştir. Mağaranın süslemeli tavanındaki temel örüntüyü oluşturan hemen hemen iki düzine çok renkli bizon betimlemesi, genellikle tavanın çevresine yerleştirilmiştir. Conkey, bunların burada toplanan değişik grupları simgeleyebileceği görüşündedir. Ayrıca, iki at, bir kurt, üç erkek domuz ve üç tane de dişi geyik olmak üzere, başka betimlemeler de vardır.

Altamira Mağarası'nın bir toplanma yeri olduğu varsayımını destekleyen arkeolojik buluntular, burada ortaya çıkarılan oymalı nesneleri kapsamaktadır. Cantabrian bölgesinde, Magdaleniyen kültüründen kalma zikzaklı çubuklar, yarımay biçimli ve iç içe görünümlü motifler gibi birçok değişik desen, fildişi ve taş nesnelerin yüzeylerini süslemektedir. Bu, çok sayıda desenler arasında, her biri coğrafi anlamda sınırlı, yerel biçemleri akla getirebilecek 15 temel form saptanmıştır. Öte yandan Altamira'da çok sayıda değişik biçem birarada bulunmaktadır; bu nesneler Altamira'ya ayrı ayrı gruplarca ve değişik zamanlarda getirilmiş olabilirse de, bir yerde toplanma olasılığı daha akla yatkın görünüyor. Kızılgeyiklerin, deniz salyangozlarının güzün bol oluşu, bu toplanmaların görünüşteki nedenidir; gerçekte amaçlanan şey toplumsal ilişkilerdir.

Şimdiye değin Lascaux'da, burasının da başlıca toplanma yerlerinden biri olduğunu gösterecek hiçbir arkeolojik buluntuya rastlanmamıştır; dahası, belirli bir mevsimde (örneğin av hayvanlarının ya da balığın bol olduğu zamanlarda) orada toplanılmasını

Düşlem Ürünü Boyalar

Tarihöncesi insanlardan geriye kalan aletlerden, nesnelerden çağrışım açısından en zengin olanları, kaya sığınakları ve mağara duvarlarını süsleyen resimlerdir. Bunlar Batılı dünya görüşü açısından, eski mitoloji bağlamında çok önemli dinsel, törensel anlamlar taşır. Ne var ki, bu resimleri kolayca yorumlayıvermek de olanaklı değildir. Son zamanlarda antropolglar bu resimlerin dokusunu çözümlemede fizik ve kimyadan yararlanmışlardır.

Avrupa'daki mağara resimlerini hızlandırılmış kütle spektrometrisi radyokarbon tekniğinden yararlanarak doğrudan tarihlendirme ilk kez, bir Fransız araştırma ekibince 1990'da gerçekleştirilmiştir. O günlerden bu yana, mağara sanatının en önemli kimi örnekleri aynı yöntemle incelenmektedir, ancak bu resimlerin çoğunun tarihlendirilebilmesi için daha birçok yılın geçmesi gerekecektir. Resimsel imgelerin kesin olarak tarihlendirilmesi, Üst Paleolitik insanın tarihine, ilişkin bir kronolojinin oluşturulmasına olanak sağlayabileceği gibi, kültürel anlatımla bağlantılı olabilecek biçemsel çeşitliliğin yorumlanmasını da kolaylaştırabilecektir.

Bu resimlerin doğrudan tarihlendirilebilmesine değin, elverdiğince, yerleşim alanlarındaki malzemenin mağaralardaki resimlerle ilintili olabileceği düşüncesine dayanan dolaylı yöntemler kullanılıyordu. Fransız tarihöncecileri Breuil ve Leroi-Gourhan, birbirinden bağımsız olarak, resimlerin biçeminde zamanla ortaya çıkan değişikliklerden yararlanarak, resimli mağaraların kronolojilerini saptamışlardır. Ne var ki 1992'de, Fransız ve İspanyol bilim insanlarından oluşan bir ekibin, İspanya'daki Altamira ve El Castillo Mağaraları'ndaki biçemsel yönden benzeşen bizon resimleriyle, Fransız Pirenelerindeki Niaux Mağarası'ndaki değişik biçemli bizon resmi üzerinde gerçekleştirdiği radyokarbon testlerinden elde ettiği sonuçlar, anılan dolaylı yöntemin güvenli olmadığını göstermiştir. Bu ekibin saptadığı tarihler şöyle sıralanıyordu: 14,000, 12,990 ve 12,890 yıl. Açıkça görülüyor ki resimlerin yaşı ile biçemi her zaman örtüşmemektedir.

Boyalar üstüne incelemeler, yalnızca tarihlendirmeyle sınırlı kalmamıştır. Prienelerdeki, tarihöncesi araştırma grubunun, Fransız hükümetince atanmış başkanı Jean Clottes, Paris'te, Louvre Müzesi araştırma laboratuvarından Michel Menu va Phillippe Walter'la ortaklaşa yürüttüğü çalışmalar sonunda, Buzul Çağı resimsel betimleme yöntemleri konusuna bir ölçüde açıklık getirmiştir. Bunların elde ettiği sonuçlardan birisi de, boya üretme yönteminin zamanla değişmesine karşın, biçemin aynı kalması olasılığıdır.

Şimdiye değin en yoğun olarak incelenen mağara, Vicdessos Vadisi'nin kireçtaşı kütlesinde yer alan ve Avrupa'daki Buzul Çağı sanatının en güzel örneklerini barındıran Niaux Mağarası'dır. İki kilometreyi aşan hemen hemen yatay konumdaki resimsel imgelerin 1906'da gün ışığına çıkarılışından bu yana, söz konusu mağara yoğun araştırma-

Fransa'da Ariége'deki Niaux Mağarası'nın Siyah Salonu'nun duvarını süsleyen bizon resimleri, yaklaşık 12 bin yıl önce geç Magdaleniyen ressamlarınca yapılmıştır.

lara sahne olmuştur. Mağaranın en süslemeli bölümü olan Siyah Salon karanlık bir kesimdeki yüksek bir oyuktan oluşan bir yan odadır. Burada, paneller biçiminde düzenlenmiş bizon, at, geyik ve dağkeçisi resimlerinden oluşan kompozisyonlar, yapılışlarında yaratıcılık ve bilincin etkili olduğu izlenimini vermektedir.

Niaux'ta kullanılan siyah boyanın, odunkömürü ve manganez dioksit karışımından oluştuğu çoktandır düşünülüyordu. Clottes ve arkadaşları, yakın geçmişte mağaranın her tarafındaki resimlerden ve bitişiğindeki Réseau Clastre Mağarası'ndan alınan çok küçük siyah ve kırmızı 59 boya örneğini, modern testlerle çözümlemişlerdir. Belirli mineralleri saptamak amacıyla bir X ışını dodektörüne bağlanan bir taramalı elektron mikroskobu kullanan, boyanın tüm karışımını belirlemek için de proton-çıkışlı x-ışını emisyonundan yararlanan araştırmacılar, boyanın kimyasal yapısı konusunda ayrıntılı bilgiler edinmişlerdir. Karışıma giren tüm maddeler doğal ve yerel kaynaklı olmasına karşın, bunların boya üretmek için biraraya getirilmesi tümüyle insan işiydi.

Boya yapımında kullanılan maddeler (pigmentler) ve mineral dolgu maddeleri, Üst Paleolitik insanlarca özenle seçilerek, özel bir karışım oluşturmak üzere 5-10 mikrona dek inceltiliyordu. Siyah boya, tahmin edilmiş olduğu gibi, odunkömürü ve manganez dioksitti. Ancak ilgi, daha çok, dolgu maddeleri üzerine yoğunlaşmıştı. Dolgu maddeleri, renklere canlılık verdiği gibi, adından da anlaşılacağı üzere, boyayı kalınlaştırmaya da yarar. Dört değişik türü olduğu anlaşılan bu maddeleri, araştırmacılar birden dörde kadar sıralamışlardır: Talk, barit, potasyum feldispat ve biyotit (mika) ağırlıklı feldispat potasyum-Clottes ve arkadaşları bu dolgu maddelerini kendileri de denemişler ve bunların çok etkili olduğunu görmüşlerdir.

Siyah Salon'daki resimlerin çoğunda odunkömürü ve maganez dioksit karışımı kullanılmıştı, ama bu karışım mağaradaki bu tür diğer boya karışımlarından farklıydı. Odunkömürü parçacıklarının olağandışı irilikte oluşu, figürlerin çiziminde odunkömürü çubuklarının kullanılmış olmasıyla tutarlıydı. Bu ilk çizimin üzerinde, manganez dioksit ve biyotitli potasyum feldispat karışımı (dördüncü formül) bir katkı maddesinden oluşan bir boya vardı. Boyadaki düşük miktarlı katkı maddelerinin kimyasal yapısını çözümleyen araştırmacılar, oldukça ayrıntılı biçimde incelenen bir panelde birkaç değişik boya karışımının kullanılmış olması gerektiği sonucuna varmışlardır. Üç bizon betimlemesinin yer aldığı panelin tümündeki dolgu maddesinin aynı olmasına karşın, iki ayrı boya karışımı kullanılmıştır. Clottes ve arkadaşlarına göre, paneldeki resim, birden çok girişimde yapılmış olabileceği gibi, aynı karışımı kullanan ama karışıma giren maddeleri farklı yörelerden sağlayan ayrı ayrı ressamlarca da yapılmış olabilir.

Siyah Salon'daki resimlerin büyük çoğunluğunda dördüncü formül kullanılmışsa da, başka üç çeşit dolgu maddesi daha vardır. Clottes, o kanıdadır ki resimlerin çoğunda dördüncü formülün kullanılmış olması, bunların yapılışında zaman açısından olası, ama kültürel yapı açısından kesin bir birlik, tutarlılık olduğunu düşündürmektedir. Ona göre, mağaralarda, resimlerin yapılışına eşlik eden törensel etkinlikler, boyaların üretilişi sırasında da aynı işlevi görmüş olabilirler.

Mağaradaki kimi resimlerin ilk tarihlendirmeleri, değişik zamanlarda değişik dolguların kullanıldığını gösteriyor: 14 bin-13 bin yıl önce kullanılanlar feldispat içerirken, 12 bin yıl öncesine değin kullanılanlarda çok miktarda mika (biyotit) vardır. Bu farklılığın, kolay bulunabilirlik gibi pratik nedenlerden mi, yoksa törensel (ritüalistik) kaygılardan mı kaynaklandığı bilinmiyor. Ancak gerçekten önemli olan bir nokta varsa, o da, bu dönemde yapılan resimlerin biçeminin şaşırtıcı biçimde aynı ve süreğen olmasıdır.

Siyah Salon'la ilgili olarak çıkan başlıca sonuç, burasının önemli bir kutsal yer olarak görülmesi gerektiğidir: Panellerdeki figürlerin önce çizilip sonra boyanması, çoğu kez mağaranın dip tarafındaki diğer resimlerde bulunmayan bir ön tasarlamanın varlığını göstermektedir. Clottes, böylesine bir ön tasarlamanın oldukça önemli törensel etkinliklerle ilintili olduğunu söylüyor. Çünkü, Fransız tarihöncecisi Michel Lorblanchet'in, kimi resimleri deneysel olarak kopya etmesiyle gösterdiği gibi, önce tasarlanıp çizilmeden, doğrudan boya ile yapılan resimler çabucak bitirilebiliyordu. Mağara derinliklerinde bir girişimde yapılıp, daha sonra da belki hiç yanına uğramayan bu tür betimlemeler, Üst Paleolitik mitolojisinde yine de önemli bir işlev üstlenmiş olabilir. Kimyasal çözümlemeler bu resimlerin nasıl ve ne zaman yapıldığının aydınlığa kavuşturulmasında yardımcı olabilir; ne var ki soruna ilişkin şu en önemli soruyu yanıtlamakta bu etkin yöntemler bile yetersiz kalmaktadır: Bu resimler Üst Paleolitik insan için ne anlama geliyordu?

gerektirecek ekolojik bir neden de görünürde yoktur. Bununla birlikte, mağaradaki resimlerin özgün düzenleniş biçimi, burasının belirli dönemlerde bir toplanma yeri işlevi gördüğünü kanıtlamaya yetmektedir. Avustralya yerlileri için, dağlar ve mağaralar gibi doğal oluşumlar, ekolojik bakımdan değil, onların, eski tinsel geleneklerle bağlantıları açısından, çoğu kez toplumsal bir önem ve anlam taşır olmuştu.

Robert Layton, Kuzey İspanya'daki birçok arkeolojik alanı kapsayan araştırmaları sırasında, gelişigüzel olmayan bir dağılım örüntüsü saptamıştır. Altamira'yı da kapsayan belli başlı yerleşim alanlarının her birinin, çevresindeki daha küçük yerleşim yerlerinin merkezi durumunda göründüğünü şu değerlendirmesinden anlıyoruz: "Görece gelişmiş alanlar bir çeşit merkez konumunda görünüyor". Layton'un yorumuna göre, süslemeli büyük mağaraların her biri, yaklaşık 30 kilometre çapında bir "küresel etki" alanına sahiptir; bu, belki de siyasal birliklerin kolayca sürdürülmesine elverişli uzaklıklarla sınırlı, bir siyasal egemenlik alanıdır. Öte yandan, Fransa'daki mağara yerleşimlerinde böylesine bir yapılanmaya şimdiye dek rastlanmamıştır.

Şamanizm Belirtileri

Üst Paleolitik sanatın en gizemli yanlarından birini, gerçek hayvan resimleri arasına serpiştirilmiş çizgisel ızgaralar, benekli çizgiler, iç içe eğriler, çubuksu çizgiler, dörtgenler gibi tuhaf görünümlü geometrik desenlerin varlığı oluşturmaktadır. Batı sanatının olağan bir özelliğini taşımadığı açıkça görülen bu "işaretler", Paleolitik sanatın değişmez öğeleridir. Rahip Breuil'e göre, bu geometrik motifler, kapanlar, tuzaklar ve hatta silahları da kapsayan av takımlarını simgelemektedir. Onun, Paleolitik sanatı av büyüsü olarak değerlendirmesiyle de tutarlıdır bu: Leroi-Gourhan ise bunları, sanatta yapısal ikililik kavramı kapsamında değerlendirmiştir. Beneklerle noktasal vuruşlar erkekliği, ovaller, üçgenler ve dörtgenler dişiliği simgeliyordu.

Son zamanlarda, Güney Afrikalı arkeolog, David Lewis-Williams, bu iki değerlendirmenin de yanlış olduğunu, bu imgelerin daha çok, sanrılayan (halüsinasyon gören) kimselerin düşsel ürünleri, olduğunu ileri sürmüştür: Bu varsayımı, Güney Afrika'daki San sanatı üstüne bir araştırmasına ve üst Paleolitik toplumları da kapsamak üzere, avcı-toplayıcı toplumlardaki insansal imge yaratma geleneğinin çoğunun temelini oluştu-

Izgaralar, daireler ve benekler gibi geometrik biçimler, bir zamanlar kapan, tuzak gibi av takımlarının betimlemeleri olarak değerlendiriliyordu. Ancak, trans durumundaki insanlarda görülen kimi basit sanrılamalar (halüsinasyonlar) sırasında oluşan düşsel imgeleri çağrıştıran bu betimlemeler, Üst Paleolitik sanatın Şamancıl özellikler taşıdığını gösterebilir. Bu örnek, Kuzey İspanya'daki Castillo Mağarası'nda bulunmaktadır.

rabilecek nöropsikolojik bir modele dayanmaktadır. Daha önce başkaları, Üst Paleolitik sanatın Şamancıl unsurlar içeriyor olabileceğini söylemişlerdir; ancak Lewis-Williams'ın, meslektaşı Thomas Dawson'la birlikte geliştirdiği nöropsikolojik model, bu varsayımı daha da ileriye götürmüştür. Lascaux Mağarası'nın bulunuşunun 50. yılı dolayısıyla 1990'da düzenlenen bir toplantıya, Lewis-Williams bir bildiri sunmak üzere çağrıldığında, bu modelin güncel tartışmalarla ilgili olduğu benimsenmiş olmasına karşın, arkeologlar arasında anlaşmazlığın sürdüğünü belirtmek gerek.

Lewis-Williams, çalışmasına, Güney Afrika'da Namibia'daki Apollo 11 Mağarası'ndan, kimileri (Lascaux'dan tam 10 bin yıl daha geriye) 27 bin yıl öncesine dek giden, tarihöncesi kaya sanatı örneklerini incelemek amacıyla başlamıştı. Afrika sanatı, Avrupa Buzul Çağı sanatına göre, insan betimlemelerine daha çok yer vermesine ve daha çizgisel bir görünüm sergilemesine karşın, aynı türden geometrik biçimler içerir. San sanatı, Güney Afrika'daki bu imgecilik geleneğinin görece yeni bir kesimini oluşturduğu gibi uzun bir süre, küçük çapta mitolojik betimlemelere de yer veren temelde öyküleyici ve süsleyici bir nitelik taşır. Kimi yanlış çıkışlar ve başarısızlıklardan sonra Lewis Williams, bir esin kaynağı olarak gördüğü etnografiye, özellikle de Kalahari San kültürüne ilişkin öykülere yönelmiştir.

Daha önce de belirtildiği gibi, San sanatında geyik imgeleri çok önemli bir yer tutar-tıpkı Güney Afrika'nın çoğu yöresinde olduğu gibi. Kalahari üstüne yoğun etnografik ve antropolojik çalışmalar, geyiğin birden çok şeyi simgelediğini ortaya koymuştur; çünkü o, kız çocuğun ergenleşmesi, erkek çocuğun ilk avını vurması, evlenme, yağmur yağdırma, sağaltım gibi her önemli olayla ilgili törenlerde yer alıyordu. Ancak açıkça görüldü ki geyik imgesi öyküleyici, süsleyici düzenlemelerden çok, Şamancıl betimlemelerin temel öğesini oluşturuyordu. Ruhlar dünyasıyla iletişim kurabilen kimseler

Güney Afrika'da Natal Drakensburg'da, Bamboo Hollow'da bulunan, San sanatına ait bu betimleme, bir zamanlar "av büyüsü" olarak yorumlanıyordu; fakat günümüzde, Şamancıl bir uygulama olarak değerlendirilmektedir. Buradaki hayvan, avcıların hedefi olmayıp, bir tür "yağmur hayvanı" dır; çevresindeki insan figürleri de avcıları değil, trans durumundaki Şamanları simgelemektedir.

olarak görülen Şamanlar toplumun mitolojisini ayakta tutmakta önemli bir işlev görürler. San geleneğinde bu işlev, törensel etkinlikler sırasında kendi kendine trans durumuna geçme, ardından da, trans durumundayken beliren düşsel imgelerin resimlerini yapmaya koyulma biçiminde kendini gösterir. Sonuç olarak, San sanatına Şamancıl unsurlar egemendir.

San sanatı üstüne çalışmaları sırasında Lewis- Williams, Transkei'nin Tsolo kesiminde oturan yaşlı bir kadının bilgisine başvurmuş. Bir Şamanın kızı olan bu kadın, artık yok olmuş Şamancıl töreleri, uygulamaları çok iyi bildiğini söylemiş. Onun anlattıklarına bakılırsa Şamanlar, ilaç kullanma ve yoğun havalandırma (hiperventilasyon) gibi uygulamaları kapsayan ama her zaman ritmik şarkılar, danslar ve kadınların el çırpmaları eşliğinde gerçekleştirilen çeşitli yöntemlerle kendi kendilerine transa geçebilirler. Trans durumu derinleştikçe, Şamanların tüm bedenleri şiddetle titremeye başlar. Kimi zaman da bunlar, dayanılmaz ağrı çekiyormuşçasına kıvranarak bir değneğe dayanmak durumunda kalabilirler; dahası "ölerek" öte dünyadaki ruhları ziyarete gittikleri gibi, sanrısal imgeler de görebilirler. Bu arada bir geyiğin alnı ve boynu kanatılır; bu kan bir kimseye güç vermesi için, boynundaki ve boğazındaki kesilerin üstüne ovularak sürülür. Daha sonra da, kendilerinden geçişleri sırasında gördükleri sanrısal imgeleri, çoğu kez kanın bir kısmını da kullanarak, bu özel durumdaki ruhsal dünya ile kurdukları iletişimin bir simgesi olarak, öylece betimlemek üzere resim yapmaya yönelirler. Yaşlı kadın, Lewis -Williams'a, bu resimlerden güç sızdığını, onlara el basmakla bu gücün elde edilebileceğini söylemiş.

Lewis- Williams, trans sırasında görülen sanrısal imgelerle ilgili deneysel çalışmalar üstüne yaptığı araştırmalar sonunda, bilim adamlarının bu konuyla 19. yüzyılın sonlarına doğru ilgilenmeye başladığını, ancak sistematik incelemelerin 1940'lı yılların başında Alman Psikolog Heinrich Klüver'le gündeme geldiğini görmüştür. Bu bilim adamı ve araştırmaya sonradan katılan altı meslektaşı, bilinci kaymış bir deneğin, sanıldığı gibi rastlantısal ve anarşik duygulardan çok, düzenli sanrılamalar yaşadığını gözlemlemişlerdir. Deneklerde bilinç kayması oluşturabilmek amacıyla araştırmacılar, elektrikle uyarmanın yanı sıra, titrek ışığa tutma, ilaçlarla uyuşturma, geçici sağırlaştırma ve yoğun havalandırma gibi birçok değişik yöntem kullanmışlardır.

Araştırmalar, trans durumundaki bir kimsenin ilkin, titrek ışık, pırıltı, devingen biçimler gibi, görsel sistemde oluşan entopik ('görsel alanda' anlamına Yunanca bir sözcük) imgeler "görmeye" başlar. Bu imgeler, ızgaralar, paralel çizgiler, zikzaklar, benekler, sarmallar ve çeşitli iç içe büklümlere, kıvrımlara dönüşebilir. Daha derin trans aşamasında bu geometrik biçimler, bireyin o sıradaki ruhsal durumuna ve kültürel deneyimine bağlı olarak, gerçekmiş gibi görünebilir. Bir araştırmacı bu durumu şöyle açıklıyor: "Böylelikle, ne olduğu tam olarak belli olmayan yuvarlak bir nesne, başlangıçtaki algısal aşamada (eğer denek açsa) bir portakal, (cinsel dürtüler altındaysa) bir meme, (susamışsa) bir bardak su, (düşmanca ya da korkulu duygular altındaysa) bir teröristin bombası gibi görünebilir". Genel olarak, San toplumundan bireyler, iç içe büklümleri, kendileri açısından önemli olan bal peteği biçiminde görürler.

Laboratuvar bulgularına göre, daha derin bir trans aşamasında deneğin çevresinde dönen bir girdap ya da burgaçlı tünel görünür. Bu durumda dış dünya giderek kaybolur; iç dünya ise daha da canlanır, renklenir. Burgacın duvarlarında genellikle, kareli örüntüler üzerine tutturulmuş ikonsu imgeler belirir. Geometrik ve ikonsu formlar çoğu kez birbirine karışır. Deneyimli Şamanlar çabucak derin transa geçerek, bu imgeleri, başlatmak üzere oldukları törensel etkinliğin özelliğine göre yönlendirebilirler. Dahası, sanrısal deneyimlerini, kendi yarattıkları bir dünya olarak değil de, kısa bir süre için yerleşmek üzere geldikleri bir dünya (ziyaret edebilme ayrıcalığına sahip oldukları bir ruhsal dünya) olarak görürler.

Bu en derin trans aşamasındaki sanrısal imgeler yarı insan, yarı hayvan kılığındaki garibelere (teriantroplara = therianthrope: Yunanca *hayvan* ve *insan* sözcüklerinden türeme bir terim) dönüşebilir. Bu alanda ilk araştırmacılardan biri, bir insan başının bir kedi başına dönüşmesinden söz etmiş; bir başkası da kendi deneyimini şöyle anlatmıştır: "Kendimi bir tilki sandım, birden bu hayvanın kılığına girdim. Kendimi tıpkı bir tilki gibi duyumsuyor, uzun kulaklarımı ve tüylü kuyruğumu açık seçik görebiliyordum; bir tür içedönüş (introversion) sonucu, tüm benliğimle bir tilkiye dönüşmüşüm gibi oldu".

Lewis-Williams ve Dowson, nöropsikolojik yazında yer alan bu ve diğer bilgiler yardımıyla, giderek derinleşen üç trans aşamasına karşılık, üç aşamalı nöropsikoloji olarak adlandırdıkları modellerini geliştirdiler. Şamancıl sanat sonuçta, bu modelde tanımlanan üç-aşamalı sanrılamalardan kaynaklanmışsa, onun bu aşamalara karşılık oluşturacak imgeler içermesi gerekecektir. Örneğin, kimi geometrik işaretler (entopik imgeler), simgesel resimler (yorumlamalar) ve yarı insan/ yarı hayvan yaratıklar (teriantroplar) gibi. Şamancıl özelliklere sahip olduğu bilinen San sanatında bunlar açık seçik bir biçimde görülür.

Lewis-Williams, "Nöropsikolojik model, Üst Paleolitik sanata olduğu kadar San sanatına da uyar; bu 'uyum' hiçbir zaman yalınkat olmayıp tam tersine karmaşık bir görünüm sergilediği gibi, onun rastlantısal olmadığı kanısını da güçlendirir." demektedir. Sözgelişi, altı entopik formun altısı da Üst Paleolitik sanatta yer almaktadır, ancak bu durum mağaralardaki tüm geometrik biçimlerin nedenlerini açıklamaz. Bilinç kaymasıyla bağlantılı olanlarsa sanrılamanın ilk aşamasının ve onunla ilintili imgelerin bir kanıtı olarak görülmektedir.

İkinci aşamayı oluşturan entopik formlara ilişkin yorumsal betimlemeleri açıklamak daha da güçtü. Bununla birlikte, Lewis-Williams ve Dowson, Pirenelerdeki Niaux Mağarası'nda bulunan, abartılı biçimde betimlenmiş, dış hatları zikzaklı, eğri, dağkeçisi boynuzları ile Dordogne'deki La Mouthe Mağarası'ndan bir taş lamba üzerindeki benzer biçimde abartılı dağkeçisi boynuzlarının bu bağlamda belirleyici olabileceğini söylüyorlar. Güney Afrikalı araştırmacılar da, Rouffignac'ta boyama ve oyma mamut resimleri Dordone'da da çeşitli hayvanlara ait dişlerin iç içe eğriler biçiminde betimlemeleri bulunduğunu söylemektedirler. Lewis-Williams ve Dowson bunların kesin değerlendirmeler olmadığını kabul etmekle birlikte, "San sanatındakiler kadar inandırıcı örneklerin gün ışığına çıkmasını beklemektedirler." Tümünün en karmaşığı olan üçüncü aşama daha güçlü ipuçları veriyor. İkonik ve geometrik imgeler

Fransa'da Trois Fréres Mağarası'nda bulunan, Büyücü diye adlandırılan bu yarı insan/ yarı hayvan figürü, Üst Paleolitik sanatın bir kesimine ışık tutacak önemli bir ipucu olabilir.

arayışı içinde olan Lewis-Williams ve Dowson, Peche Merle Mağarası'ndaki ünlü at resimlerini örnek göstermektedirler; dış kenarları siyah çizgilerle belirtilmiş olan bu resimlerin iç kesimleri kırmızı ve siyah beneklerle doldurulmuştur. Yorumlanması daha da güç olan gizemli teriantrop imgelerinin bulunması, Üst Paleolitik ve San sanatları arasında bir koşutluğu yansıtmaktadır. Geçmişte bu tür imgeler çoğu kez maskeli avcılar ya da Şamanlar olarak yorumlanıyordu; bu elbet, toynakları insan ayağı biçimindeki teriantrop resimlerinin varlığını açıklamaz. Bir zamanlar bu teriantorp betimlemelerinin "insanlarla hayvanları kesin bir biçimde bibirinden ayırt edemeyen ilkel bir beynin" ürünü olduğunu ileri sürenler bile vardı.

Bu son görüş bir yana, Lewis-Williams ve Dawson, kimi törenler sırasında Şamanların hayvan figürlü süsler kullanmış olabileceği düşüncesini benimsemiş olabilirler, ama bu tür imgelerin genel niteliğinin, transın üçüncü aşamasıyla yakından ilintili olduğunu ileri sürmektedirler. Bu görüş, San sanatı için olduğu kadar Üst Paleolitik Dönem'e ait resimler, oymalar için de geçerlidir.

Garibelerin Gizemi

Teriantroplar Üst Paleolitik sanatın küçük ama önemli bir kesimini temsil eder. Fransız Pirenelerindeki Les Trois Fréres Mağarası'nda bulunan, ve büyücü olarak bilinen bir garibe figürü bunların en ünlü örneğidir. Bu mağarayı ayrıntılı biçimde inceleyen Paris Paleontoloji Enstitüsü'nden Lewis Vialou bu imgeyi şöyle betimliyor: "Gövdesi, kimliği belirsiz iri yapılı bir hayvan gövdesine; arka bacaklarının dizlere kadarki kesimi, insan bacağına; kuyruğu bir kurt ya da tilki kuyruğuna benzememektedir. Ön bacakları anormal yapıda olup, ön ayakları insan eli biçimindedir. Tepesinde bir çift geyik boynuzu bulunan tuhaf yüzü, kuş yüzüne benzemektedir". Bu büyücü, diğer Paleolitik imgelerde görülmedik biçimde, duvardan dosdoğru, izleyene bakmaktadır (İzleyeni hayretten donduran bir bakış, bakışın da ötesinde, bir belerme).

Büyücünün alt yanında, belirgin bir düzende olmaksızın kümlenmiş hayvanları betimleyen derince oymalı paneller vardır. Bunların ortasında, art bacakları insanınkilere benzeyen başka bir insan-hayvan imgesi yer almaktadır. Art bacakları insan bacağına benzeyen hayvan resimleri Üst Paleolitik sanatta, toynaklı insan imgeleri gibi yaygındır. İnsanımsı yüzlü, bizon gövdeli, başlı ve boynuzlu bu teriantrop ayakta durmaktadır. Ön bacakları büyücününküler gibi tuhaf görünümlü olan bu yaratık, elinde bir yay ya da çalgıyı andıran bir şey tutmaktadır. Vialou, "Bu imgenin tam önünde başka bir hayvan figürü var" dedikten sonra betimlemesini şöyle sürdürüyor: "Arka bacaklarıyla gövdesinin art yanı bir rengeyiğininkilere benzemekte ve dişilik organı apaçık görünmektedir. Vücudunun diğer kesimleri tümüyle bir bizondur. Omuz başına çevrili başı, ilk bireye bakmaktadır. Bu ikisi arasında özel bir şeyler olduğundan kuşkum yok."

Lascaux'ta da buna benzer bir imge vardır. Boğalar Salonu'nun girişindeki ilk yaratık figürü bir bilmecedir. İki çok düz boynuzu olmasına karşın, 'unicorn' (tek boynuzlu düşsel at) olarak adlandırılan bu yaratığın şişkin gövdesini kalın bacaklar taşımakta, başı ise, bilinen hiçbir hayvanın başına benzememektedir. Gövdesinin üzerine çizilmiş altı halka vardır; ayrıca, tamamlanmamış bir at çizimi de yer almaktadır. Gözünüzü kırparak başına dikkatlice bir kez daha bakacak olursanız, sakallı bir adam başına dönüştüğü-

Lascaux Mağarası'nın Boğalar Salonu'ndaki bu gizemli figür, iki boynuzu olmasına karşın, çoğu kez unicorn (tekboynuzlu) olarak anılıyor. Yarı insan/yarı hayvan görünümlü bu yaratık, Üst Paleolitik sanatta görülen ve olasılıkla Şamancıl sanat özelliklerini yansıtan bir teriantrop örneğidir.

nü görürsünüz. Bu gizemli imge, Lewis-Williams ve Dowson'a göre, transın üçüncü aşamasındaki sanrısal teriantrop türlerine çok uymaktadır.

Güney Afrikalı araştırmacılar, Üst Paleolitik sanatın üç-aşamalı nöropsikolojik modelle örtüştüğünü dolayısıyla da şamacıl özellikler taşıdığını ileri sürerken, imgelerin anlamını açıklamış oldukları savında bulunmamaktadırlar. Bu bağlamda Lewis-Williams ve Dowson şunları söylüyorlar: "Anlam kültürle bağlantılıdır; bizler, her nerede bulunursa bulunsun, Şamancıl sanatın altında yatan nörolojik unsurları öne çıkarıyoruz. İnsanların entopik imgeleri nasıl kurup yönlendirdiği, ne tür ikonik imgeleri betimlediği gibi unsurlar kültürel yapıdan etkilenecektir." Bu bir palet üzerine sıralanmış renk renk boyalarla, istenilen her türlü resmi yapabilmek gibi bir şeydir. İmgelerin gizemliliği sürecektir, ama bu sanatın Şamancıl bir sanat olduğunun-gerçekten de öyle ise- bilinmesi, onu çözümlemeye yönelik çalışmalara en azından bir temel oluşturabilir.

Lewis-Williams'a göre, Üst Paleolitik sanat Şamancıl bir sanatsa, imgeleme olgusunun kökenlerine, başka bir deyişle, iki-boyutlu çizgilerin üç boyutlu nesneleri canlandırabileceği düşüncesinin kaynağına yönelik bir ipucu elde edilebilir demektir. Tarih öncecilerle psikologlar, bu sorun üstünde yıllar boyu durmuşlar ve bu çok önemli buluşun gerçekleştirilmesini sağlayan zihinsel süreçleri anlamaya çalışmışlardır. Son zamanlarda ortaya atılan bir düşünceye göre, simgesel figüratif imgeler, bir ilerleme süreci, zihinsel açıdan giderek bir olgunlaşma olarak soyut, nonfigüratif işaretlerden doğmuştur. Bu sanatın Şamancıl olduğu görüşü bunu gereksiz kılar.

Sanrılama konusunu ele alan kimi çalışmalar, geometrik olsun, ikonik olsun, imgelerin sanki bir duvara ya da tavana yansıtılmışçasına, ya da bir gözlemcinin deyimiyle, "imgeleminizin önünde yapılıyorlarmışcasına" yüzeylerde göründüğünü ortaya koymaktadır. Daha gerçekçi bir bağlamda, Şamanlar, sanki bu dünya ile ruhlar dünyası arasındaki bir perde ya da geçitmiş gibi görünen bu imgeleri çoğu kez, kaya yüzeylerindelermiş gibi algılarlar. Lewis-Williams bunu şöyle açıklıyor: "Onlar bu imgeleri sanki onlar oraya ruhlar tarafından konmuş gibi görürler; bunları resme dönüştürürken de, zaten orada var olan şeylere yalnızca dokunmakla, daha sonra da onları işaretlemekle yetindiklerini söylerler. Bu nedenle ilk betimlemeler, bizim onları yorumladığımız anlamda figüratif resimler olmayıp, başka bir dünyaya ait, donup kalmış düşsel imgelerdi."

Değişimin Boyutları Tartışılıyor

Antropologlar, elbet Üst Paleolitik sanattan bir anlam çıkarmaya yönelik çalışmalarını sürdürecekler, eski bir yaşam biçiminin kültürel dokusunu çözümlemeye çalışacaklardır. Bu yaşam biçiminin bugünkü insan aklının bir ürünü olduğu açıkça görülmesine karşın, bizim aklımız onu henüz kavrayabilecek yetkinlikte değildir. Anlama yönelik bu tür arayışlar sürerken, sanatın genel görünümüne ilişkin değerlendirmeler, özellikle, Üst Paleolitik Dönem'in başlamasıyla birlikte, sanatsal ve simgesel anlatımda bir patlama olduğu yolundaki genellemeler, sorgulanmaktadır. Bu sanatın gündeme gelişi, ister ansızın ister yavaş yavaş olsun, bugünkü insanın kökeniyle yakından bağlantılıdır. Çokmerkezli Evrim yandaşlarının sandığı gibi, *Homo sapiens*'ler arkaik *sapiens*'lerden yavaş yavaş türemişlerse, bugünkü insan usunun ürünü olan sanatsal anlatım olgusunun da yavaş yavaş gelişmiş olması gerekirdi. Öte yandan, Afrika'dan Çıkış modeli doğruysa ve bugünkü insanlar anlık bir türleşme sonucu ortaya çıkmışlarsa, sanatsal yeteneklerinin de birden gelişmiş olması, daha sonra bu insanlar Avrupa'ya göç ettiklerinde, bu kazanılmış sanatsal yetilerini de yanlarında götürmüş olmaları gerekirdi (Afrika'da belki de, devekuşu yumurtası kabuğundan yapılmış kimi ürünler dışında, Geç Taş Devri öncesinden kalma sanatsal anlatım örneklerine pek az rastlanmaktadır).

Son zamanlarda, Pensilvanya Üniversitesi antropologları Philip Chase ve Harold Dibble, sanatsal geçişi aydınlığa kavuşturmak kararlılığıyla, Orta ve Üst Paleolitik Dönemlerdeki sanatsal, simgesel anlatım biçimlerine ilişkin kanıtlar aramışlardır. Bunların vardıkları sonuç oldukça kesindi: "Orta ve Üst Paleolitik Dönem sanatları arasındaki en çarpıcı farklılık, ikincisinin zengin ve oldukça gelişkin bir sanatsal anlatım biçimi sergilemesine karşın, birincisinin bundan neredeyse tümüyle yoksun olmasıdır." Chase ve Dibble, Orta Paleolitik insanlarının diğer primat türlerine oranla birbirleriyle elbet daha yakından ilgilendiklerini, bu durumun, "yaşlı bireylerin ve orta derecede bedensel özürlülerin yaşamlarını sürdürebilmiş olmaları"yla kanıtlandığını; dahası, "ölülerini gömme geleneğine ilişkin bulguların, güçlü duygusal bağların varlığını, dolayısıyla bir grubun ölmüş üyelerinin bile, diğer insan-dışı primatlarda görülmedik bir saygı gördüğünü" ortaya koyduğunu söylemişlerdir. Ne var ki, tam olarak gelişmiş bir imgesel ve simgesel anlatım biçimi sergilenememektedir.

Üst Paleolitik imge sanatına ilişkin kimi kanıtlar varsa da bunlar sınırlı düzeydedir: Örneğin, 35 bin yıldan az önce Bulgaristan'da Bacho Kiro alanında bulunan zikzak motifli bir kemik parçası ve Macaristan'ın 50 bin yıllık Tata alanından çıkarılan, kullanma sonucu aşınmış ve kırmızı toprak boyasıyla boyanmış oymalı bir mamutun azı dişi. Bu tür buluntuların en eskisi ise 300 bin yıl kadar önce Peche de l'Azé'ın Fransa yakasındaki alana ait, üzerine bir dizi çifte kemerli çizgi oyulmuş bir öküz kaburgasıdır. Yaklaşık 250 bin yıl öncesine tarihlendirilen Güney Fransa'nın Terra Amata konaklama alanını da kapsayan birkaç eski yerleşim alanında toprak boyaya rastlanmıştır. Yine de Chase ve Dibble'e göre, yalnızca, cılız parıltılar biçimindeki bu buluntular, bugünkü insana özgü simgeciliğin işlemekte olduğunu göstermez. Bunlar, Kafatası Kültü (Cult of Skulls) gibi, Neandertal mitolojisine ilişkin sözüm ona kanıt öğelerinin birçoğunu, belli belirsiz belgelerin, kimi fazlaca işçimen araştırmacılarca aşırı iyimser biçimde yorumlanmasının bir ürünü olarak değerlendirmektedirler.

Kafatası Kültü, bir bireyin beyni çıkarıldıktan sonra, kafatasının törensel biçimde bir yere konulduğu varsayılan yamyamlık (canibalizm) geleneği ile ilgilidir. Bunun en ünlü örneği, İtalya'da Grotta Guarttari'den Monte Circeo I kafatasıdır. 1939'da

Fransa'da Peche de l'Azé'da bulunan belki de 300 bin yıllık bir öküz kaburgasına ait bu ayrıntı, oyma kemer dizilerini sergilemektedir; bunlar gerçekten oyma kemerlerse, bu parça bilinen en eski oymalardan biri olmaya adaydır.

bulunan bu Neandertal kafatasının, beyin dokusu çıkarılmak üzere tabanı açıldıktan sonra, taşlardan oluşturulan bir çember içine tepe taklak oturtularak, çevresine törenle yerleştirilen geyik kemiği sunularıyla kutsanmış olduğu söylenmektedir. Bu ve buna benzer birkaç buluntu, Neandertallerin, oldukça gelişmiş bir mitolojinin yanı sıra, soyut bir anlayışa da sahip olduklarının göstergesi olarak yorumlanmıştır. Ne var ki, birbirlerinden bağımsız olarak araştırmalar yapan birkaç bilim adamı, Monte Circeo'nun, sanıldığı gibi olmadığını göstermiştir. Sözgelimi, Berkeley'de Kaliforniya Üniversitesi'nden Tim White ve İndiana Üniversitesi'nden Nicholas Toth, kafatasının gövdeden bilerek koparıldığına ve beynini çıkarmak amacıyla da tabanından açıldığına ilişkin herhangi bir işaretin bulunmadığını göstermişlerdir. Etnografik örneklerden bilindiği kadarıyla, bu tür uygulamalar kemikte tipik kesi izleri bırakır; ancak bunlar Monte Circeo I'de yoktur. New Mexico Üniversitesi'nden Mary Steiner, mağaradaki geyik kemiği birikimlerinin, sırtlan inlerindeki tipik kemik yığınları olduğunu kanıtlamıştır. Turin Üniversitesi'nden Giacomo Giacobini de Steiner'in görüşünü destekleyerek, bilimsel yazında genellikle, "taştan taç" olarak anılan taşlarla çevrili daireninse, ona bakanların gözünde, gerçekliğin ötesinde bir şey olduğunu ileri sürmektedir.

Bu tür özenli çalışmalar, eski insanların özellikle soyutlama ve simgesel anlatıma ilişkin zihinsel yetilerinin doğru değerlendirilmesi açısından önemlidir. Chase ve Dibble'e göre bu tür çalışmalar, bugünkü insanın imgeleştirme ve simgesel anlatım yeteneğinin, yine bugünkü insanla birlikte gündeme geldiği görüşünü desteklemektedir. Ancak herkes aynı görüşü paylaşmamaktadır. Örneğin, Arizona Eyalet Üniversitesi'nden John Lindly ve Geoffrey Clark, "Chase ve Dibble'in sonuçlarının, Orta'dan Üst Paleolitik'e geçiş sürecinde belirgin bir kopukluk görme eğilimindeki antropologlar tarafından, bu iki dönem arasındaki başlıca farklılığın, dolayısıyla da arkaik Homo *sapiens*'lerle, anatomik anlamda bugünkü insanlar arasındaki büyük evrimsel 'uçurumun' diğer bir 'kanıtı' olarak değerlendirilebileceğinden kaygılanıyoruz" diyerek bu görüşe şiddetle karşı çıkmaktadırlar. Lindly ve Clark, arkeolojik kayıtlara yönelik incelemelerinde, simgeciliğin gündeme gelişiyle, anatomik anlamda bugünkü insanın ilk kez ortaya çıkışının eş zamanlı olduğu konusunda hiçbir kanıta rastlamamışlardır (başka rastlayan da yoktur). Bunlar, sanatsal anlatım açısından, Orta'dan Üst Paleolitik'e geçişin, anlık bir olay değil giderek gelişen bir süreç olduğunu ileri sürmektedirler; dahası Üst Paleolitik Dönem'deki sanatsal anlatım yetkinliğinin zamanla geliştiğini, dolayısıyla Magdaleniyen sanatının Orinyasiyen sanatından daha ileri düzeyde olduğunu belirtmektedirler.

Randall White, Orinyasiyenlerin sanatsal yönden Üst Paleolitik'in son evrelerine ait toplumlardan daha geri düzeyde olduğu yolundaki, Lindly ve Chase'in görüşüne karşı çıkarak şunları sölüyor: "Başta Batı, Orta, Doğu, Avrupa kaynaklı bedensel süslemeler olmak üzere, Orinyasiyen ve Gravetiyen sanatına ilişkin zengin kanıtları kavrama çabası içindeyim; buluntuların bolluğu baş döndürücü boyutlardadır." Cambridge Üniversitesi'nden Paul Mellars da, Lindly ve Clark'ın görüşüne aynı şekilde karşı çıkarak "Üst Paleolitik Dönem'in başlarındaki simgesel ve teknolojik "patlama"nın öneminin, aynı dönemin sonraki evrelerinde kendini gösteren "kültürel yetkinlikteki" yücelişlerle bir bakıma azaldığı savını hiçbir zaman tam olarak anlayabilmiş değilim" demektedir. Bu tür değişikliklerin nüfus arttıkça, kültürel evrim sürdükçe beklenebileceği görüşünde olan Mellars, sözlerini şöyle sürdürüyor: "Geç Üst Paleolitik kültürel 'yoğunlaşma'ya ilişkin kanıtların, Üst Paleolitik'in *başlangıç*'ındaki çok daha köklü yenilikleri önemsizleştirdiğini ileri sürmek, Neolitik Devrim'in önemini Bronz Çağı'nda herşeyin daha da karmaşıklaştığı gerekçesiyle gözardı etmek gibi bir şeydir".

Simgesel Anlatımı Yorumlamanın Güçlüğü

İmge yaratıcılığı ve simgeciliğin kökenlerini araştırmada arkeologların karşılaştığı sorunlardan biri, onların, bizlerin karmaşık olarak algıladığımız somut, korunmuş ürünleri incelemekle sınırlı oluşlarıdır. Sözgelişi, doğal biçimde yuvarlaklaşmış bir taş gibi en yalın nesneler bile, oldukça karmaşık bir törenin ana konusunu oluşturabilir ancak bizler bunu anlamayabiliriz. Aynı şekilde, ağaç kabuğu, kum gibi zamanla yitip giden gereçler üzerine işlenmiş imgeler, araştırmacıların gözüne hiçbir zaman görünmeyeceklerdir. Bununla birlikte, daha önce de belirttiğimiz gibi, imge yaratımı ve simgeciliğe ilişkin kanıtların bulunmayışının, kesinkes onların yokluğu anlamına gelmediğini söylemek, ileri sürülebilecek en zayıf savunmadır. Kimi arkeologlar için aynı kanıtları inceledikten sonra tam anlamıyla zıt yargılara varmak, bilim sosyolojisi ile onun metodolojisinde olduğu kadar, ayrı bir sorundur.

Nasıl ortaya çıkmış olursa olsun, imgesel ve simgesel anlatımın bugünkü insan kültürünün önemli bir boyutunu oluşturduğunu ve böyle olmayı sürdüreceğini biliyoruz. Son bölümde, dil ile düşünce arasındaki yakın birlikteliğin ortaya çıkışını araştıracağız. Bunların hepsi birbirlerine, düşünsel, bilinçsel bağlarla sıkı sıkıya bağlantılıdır.

7

DİL VE BUGÜNKÜ İNSANIN KÖKENLERİ

Çoğu tahminlere göre, günümüzde 5000 dolaylarında dil konuşulmaktadır. Princeton Üniversitesi arkeologlarından Clifford Geertz'in şu gözlemi ilginçtir: "Biz insanlarla ilgili en önemli gerçeklerden biri, hepimizin dünyaya bin çeşit yaşam sürdürmemize elverecek doğal bir donanımla gelmemize karşın, sonuçta ömrümüzü bunlardan ancak birini yaşamış olarak tamamlamamızdır". Yazar aslında 5000, hatta daha doğrusu sonsuz çeşit diyebilirdi; çünkü dil, bir kültürün oluşmasında en başta gelen araçtır; dahası kuramsal olarak sonsuz sayıda dil olasılığı vardır. Biyolojik evrendeki bu en güçlü iletişim aracı, birbirlerinden kültürel engellerle ayrılan pek çok dünyayı yaratıp biçimlendirir. Bu kültürlerin her birinin kendine özgü bir mitolojisi, geleneği, göreneği, ahlaki değerleri, tarihi, kısacası ortak bir bilinci vardır.

Fosilleşme süreci boyunca, kimi zaman kafataslarının içine ince minerallerin dolması sonucu, kafatasının iç yüzeyindeki girinti ve çıkıntılara göre biçimlenen doğal döküm modelleri, insansı beyninin evrimsel gelişimini incelemeye yönelik çalışmalara kılavuzluk ederler.

Öğrenme yeteneğimiz, yeni çevresel koşullara uyum ve yeni güçlüklerle baş edebilmedeki üstün becerilerimiz *Homo sapiens*'lerin bir özelliği olarak görülmektedir. Fakat Geertz'in belirttiği gibi, asıl özgün yanımız, yalnızca öğrenme yeteneğine sahip olmamız değil, öğrenmeye olan bağımlılığımızdır. Geertz gözlemini şöyle aktarıyor; "Kunduzlar bent yaparken, kuşlar yuva kurarken, arılar balözü toplarken, babunlar toplumsal gruplar oluştururken ve fareler çiftleşirken temelde hep, genlerine kodlanmış bilgilere dayalı öğrenme yetilerine göre davranırlar. Öte yandan insan, barajlar ya da sığınaklar yaparken, besin ararken, toplumsal örgütler kurar ya da eş seçerken, bilgi akış çizelgelerine (flow charts), planlara kodlanmış bilgilere, avcılık deneyimlerine, ahlak kurallarına, estetik değerlere, kısacası belirli bir kalıba girmeyen yeteneklerin kavramsal yapılarına göre hareket eder.

İnsanı belirli bir kalıba girmeyen incelikli yeteneklerle donatan en önemli unsurlardan elbet biri olan dil, antropologlar için birçok çetin sorun yaratır. Bunların kimileri diğerlerine göre daha kolay çözülebilir. Konuşulan dil bugünkü düzeyine ne zaman erişebildi? Sözgelişi, Neandetallerin dil yeteneği günümüz insanınkinden daha mı geri idi? Doğal seçilim, böylesine karmaşık bir yeteneği ne tür bir işlev için tercih ediyordu? Görüleceği üzere, bireyler arasında daha etkin bir iletişim sağlamak gibisinden beylik bir yanıt yeterli olmayabilir. Doğrusu, kimi bilim adamları dil yeteneğinin doğal seçilim sonucu gelişmeyip, irileşmiş bir beynin rastlantısal yan ürünü olarak ortaya çıktığını ileri sürüyorlar. Tümüyle önermesel (propositional) dilin evrimine ilişkin bu ve diğer konular, tarihöncesi kayıtlara nasıl yansıyacaktı? (René Descartes tarafından ortaya atılan *önermesel dil* kavramı,

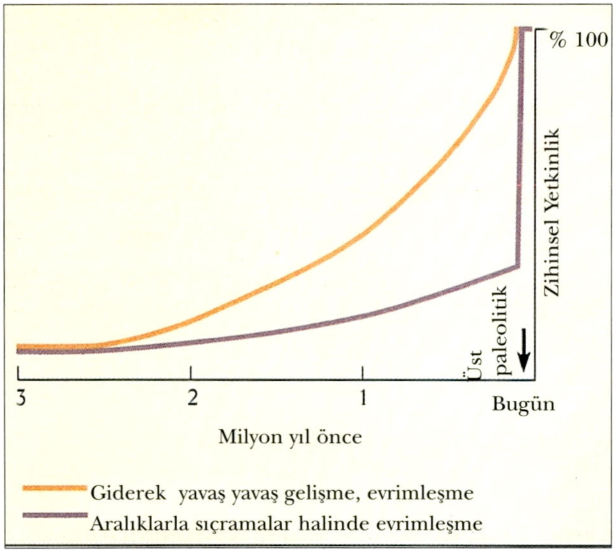

Konuşma dilinin kökeni üstüne başlıca iki görüş egemendir: Birincisi, tarih öncesi dönem boyunca dil yeteneğinin giderek geliştiğini öne sürerken, ikincisi bugünkü insanın evrimine koşut, anlık sıçramalar biçiminde evrimleştiğini savunmaktadır..

"değişik sözcükleri düzenleyerek konuşma ya da söylem üretme yetisi anlamına gelir"; bu yeti, insan ussallığının temelidir). İnsan kültürü bağlamında insan olmanın ne anlama geldiği konusunda çok önemli olan dilden daha soyut bir etkinlik, pek düşünülemez.

Dilin doğasına ilişkin nörobiyolojik deneylerin, düşüncelerin çoğu bu bölümün kapsamı ve amacı dışındadır. Burada, bugünkü insanın kökenleriyle çok yakından ilintili iki temel soruna değineceğiz: Birincisi, bugünkü insanın dili ne zaman evrimleşmiştir? İkincisi, evrimsel süreç bağlanımda dilin işlevi ne olmuştur?

Bu konuların dilin evrimi açısından tartışılması, daha önceki bölümlerde yöneltilen kimi soruları ister istemez çağrıştırıyor. Dil, olasılıkla Orta-Üst Paleolitik sınırda, bugünkü insanın, yaşamının başlangıcında, bir sıçramayla, görece birdenbire mi ortaya çıktı? Yoksa, yavaş yavaş gelişerek, anlık değil de, birikimsel ilerlemeler sonucu mu doğdu? Bu sorulardaki "dil" sözcüğünün yerine "imgeleme" ve "teknolojik yenilik" terimleri de (belki de salt analoji yoluyla değil, ama biyoloji ile bağlantılı olarak) özdeş anlamda kullanılabilir. Sözgelimi, imgeleme yeteneği olmaksızın, tümüyle bugünkü anlamda bir dil düşünülebilir mi ya da dil olmadan imgeleme söz konusu olabilir mi? Aynı soru, yeniliklerin ve elbet kendi kendini sorgulayıp denetleyebilen bir bilinçlenmenin çağdaşlık düzeyi ile ilgili olarak da yöneltilebilir.

Öyleyse modern dilin ne zaman ortaya çıktığı nasıl saptanacaktır? Herşeyden önce, dolaylı biçimde de olsa, dil yeteneğine dayalı ürünler aracılığıyla; çünkü, sonradan ortaya çıkan yazıyı saymazsanız, dil arkeolojik kayıtlara doğrudan yansımaz. İkincisi, sözlü dilin oluşmasını sağlayan beyin ve ses telleri gibi organlar aracılığıyla.

Yakın Geçmişte Birdenbire Ortaya Çıkış mı?

Randall White'a göre, 100 bin yıldan önceki dönemlerde yaşamış insanların çeşitli etkinliklerine ilişkin kanıtlar, "modern insanın *dil* olarak nitelendirebileceği bir şeyin o zamanlar hiç var olmadığını" göstermektedir. Ancak White, bu noktada anatomik açıdan bugünkü insanın evrimleşmesiyle, toplumsal ve kültürel anlamda olmasa da, nörobiyolojik anlamda dil yeteneği ile donanmış insanın ilk kez belirdiğini ileri sürüyor. En sonunda, dil olgusunun tam anlamıyla gerçekleştiği Üst Paleolitik Dönem'e/ Son Taş Devri'ne gelindi. White şöyle söylüyor: "Bu devrim, son derece uzun bir savaşım sonunda, sinir sistemi bakımından gelişmiş *Homo sapiens*'lerce gerçekleştirilmiştir. 35 bin yıl öncesine doğru, bu toplumlar... bugünkü anlamda dil ve kültürde uzmanlaşmışlardı".

Başka bir deyişle White, modern *Homo sapiens*'lerle onların öncellerinin dil yetenekleri arasındaki farkın önemli olduğunu söylüyor. Dil yeteneklerindeki gelişme, yalnızca bir ya da iki yararlı nüansın eklenmesi gibi basit bir gelişme değildi. Tersine, bugünkü insanı ileri bir toplumsal ve kültürel ortamda, uzun bir öğrenme süreci gerektiren zihinsel bir aygıtla donatan önemli bir evrimsel değişim gündeme geldi. Bu aygıt, işlevi doğrultusunda, gizilgücünü tümüyle harekete geçirebilecek bir yapıya sahipti.

White, kendine göre, Üst Paleolitik'le eşzamanlı dilsel yetilerdeki çarpıcı ilerlemelere işaret eden yedi arkeolojik kanıt alanı sıralıyor. Bunlar belki de, 65 bin yıl önce ateşlenmiş ama yavaş yavaş yanan bir fitilin sonuçlarıdır. Bunlardan ilki, Neandertallerle başlayan, ama (ölüleri, eşyalarıyla birlikte gömme uygulamasıyla) yalnızca Üst Paleolitik'te gelişen bilinçli ölü gömme geleneği; ikincisi, salt Üst Paleolitik ve Son Taş Devri'yle başlayan, imgeleme ve bedensel süslemeler biçiminde yansıyan sanatsal anlatımlar; üçüncüsü, teknolojik yeniliklerle kültürel değişimin hızındaki ani ivmeler; dördüncüsü, toplumsal sınırların bir belirtisi ve ürünü biçiminde yansıyan kültürel gelişmelere ilişkin ilk gerçek bölgesel farklılıklar; beşincisi, uzak yörelerle ilişkiler ve gruplar arasında değiş tokuş edilen yabancıl nesnelere ilişkin güçlü kanıtlar; altıncısı, yaşam alanlarının önemli ölçüde genişlemesi (karmaşık dilin, planlama ve eşgüdüm açısından bir önkoşul durumuna gelmesi); yedincisi, temelde, hammadde olarak taşa bağımlı teknolojiden, kemik, geyik boynuzu ve kil gibi diğer gereçlere doğru bir yöneliş.

Gerçi bu unsurların bazılarının çok kısa sürede ortaya çıkışının, kimi bilim adamlarınca sorgulanmakta olduğunu biliyoruz, ama insan etkinliklerindeki bu "ilkler"in birlikteliği etkileyici görünüyor. White ve Richard Klein'la, Lewis Binford'u da kapsamak üzere, diğer birçoklarına göre bu kanıtlar, gerisinde karmaşık, tam anlamıyla modern konuşma dilinin ortaya çıkışının yer aldığı, tarihsel açıdan anlamlı bir değişimi doğrulamaktadır. Binford, Orta Paleolitik toplumlarda ileriye dönük planlamalara ilişkin herhangi bir kanıt bulunmadığını; bunların, gelecekteki olayları, etkinlikleri kestirip planlayabilmede Üst Paleolitik toplumların çok gerisinde kaldığını belirttikten sonra şunları söylüyor: " 'bu [değişim] nereden kaynaklanıyor?' diye sorulursa 'zekâ' diyeceksiniz, evet, ama ondan da önemlisi, soyutlamayı olanaklı kılan, dil ve özellikle, simgeleştirmedir. Özünde, sağlıklı ve biyolojik bir temele dayalı bir iletişim dizgesinin dışında, bu

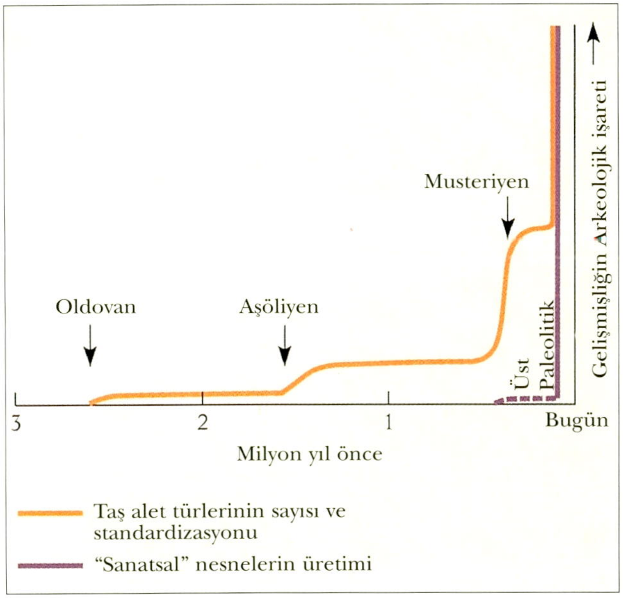

Arkeolojik kayıtların gelişmişliği, karmaşıklığı bir ölçüt olarak alınırsa, dil yetisi, tarihöncesi insansılarda (hominidlerde) geç ortaya çıkmıştır.

denli hızlı bir değişimin gerçekleşmesini sağlayan başka bir anlatım aracı düşünemiyorum". Temelde bu görüşü paylaşan Klein, Orta'dan Son Taş Devri'ne geçiş aşamasında avcılık becerilerindeki gelişmeye ilişkin kanıtlara da değinmektedir. Bu durumda, günümüz antropologları arasındaki yaygın kanıya göre dil, tarihöncesi dönemde bugünkü insanın kökeniyle eşzamanlı yakın bir gelişmedir. Öyleyse işe, teknolojiden yola çıkarak, konuya ilişkin arkeolojik kanıtların kimilerini incelemekle başlayacağız.

Dilin Başlangıçta Yavaş Yavaş Geliştiğine İlişkin Teknolojik Bulgular

Teknolojik değişimin genel serüveni 2,5 milyon yıl öncesinden başlayarak Üst Paleolitik Dönem'e dek izlenecek olursa, modern dilin geç kökenini doğrulayıcı bir kanıt sayılabilecek önemli bir gelişme ile karşılaşılır. Glynn Isaac (ölümü 1985) on beş yıl kadar önce New York Bilimler Akademisi'nce düzenlenen bir toplantıda bu gelişmeye ilişkin değerlendirmesinde, "Bir arkeologdan dil konusunda görüş bildirmesini istemek, bir köstebeğe ağaç tepelerinde yaşamanın nasıl bir şey olduğunu sormak gibi bir şeydir" demiştir. Ancak yine de arkeolojik bulguların ilginç sonuçlar ortaya koyabileceğini söylemekten de geri kalmamıştır. Sözgelimi, teknoloji tarihinin uzun geçmişinde, el ürünlerinin değişik unsurları, yaklaşık 1,6 milyon yıl önce ve 250 bin yıl kadar önce ansızın ortaya çıkan büyük "ilerlemeler" sonucu daha da çeşitlenmiş ve çok daha keskin çizgiler-

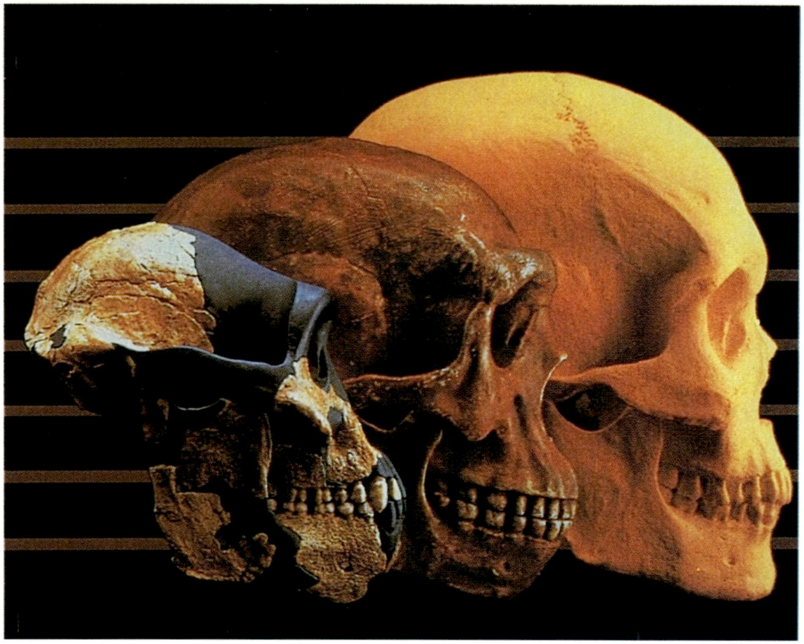

İnsan evrimi sırasında beyin kütlesi, ilk insansılardan biri olan Australopithecus afarensis (soldaki), Homo erectus (ortadaki) *ve* Homo sapiens *arasındaki bu karşılaştırmada görüldüğü gibi, üç kat büyümüştür.*

le belirginleşmişlerdir. Bu tarihler, sırasıyla *Homo erectus*'lar ve arkaik *sapiens*'lerin ortaya çıkışıyla eşzamanlıdır.

Bu gelişmeye ilişkin bir değerlendirmeye göre, insanın evrimsel gelişimi ilerledikçe, taş alet işçiliği daha da gelişerek, aynı türden ama çok daha nitelikli ve yetkin araçlar üretilir oldu. Satırlar giderek gerçek satırlara, kazıyıcılar da gerçek kazıyıcılara benzemeye başladı. Buna karşın Isaac, "aletlerin gelişmişlik düzeyinin yükselmesi kesinkes, bunlarla görülen işlerin sayısının da arttığı anlamına gelmediği gibi, gösterişli aletler de teknik açıdan, daha kullanışlı değillerdi. Bu nokta çoğu zaman gözden kaçmıştır" demektedir.

Isaac'ın savı doğruysa, git gide yükselen üretim standardının arkasında ne tür bir etken bulunmuş olabilirdi? Isaac bu soruyu şöyle yanıtlıyor: "Bana öyle geliyor ki, bizler bu taş-aletlerde, kültür olgusunu her yönüyle etkileyen değişikliklerin yansımasını görüyoruz. Alet yapımını belki de her zaman kapsamayan ama öte yandan gittikçe çoğalan tüm davranış biçimleri, karmaşık kural dizgelerine dayanıyordu. Bu, iletişim açısından, olasılıkla daha da gelişmiş sözcük dizimine (syntax) ve daha geniş bir sözcük dağarcığına, toplumsal ilişkiler bağlamında, artan sayıda, belirlenmiş kategorilere, yükümlülüklere ve yönergelere, yaşam sağlama açısındansa, artan miktarda bilgi ve teknoloji alışverişine dayanmaktadır.

Bu nedenle, Isaac'ın sözünü ettiği köstebek gözüyle bakış açısına göre, zamanla, toplumun gelişigüzel örgütlenişinde, yavaş da olsa, bir artış gerçekleşti. Açıkçası öyle görünüyor ki, ne yandan bakılırsa bakılsın, *Homo* atalarımız (*habilis* ve *erectus*) insansı maymunların günlük yaşamlarında gözlediklerimizin ötesine geçmişlerdir. Bu durum bizi pek şaşırtmamalıdır, çünkü bu dönem boyunca insansıların beyin büyüklüğü insansı maymunlarınkinin iki katına çıkmış. Bu gelişme, ilk *Homo* türüyle başlayıp, bugünkü insana dek pürüzsüz biçimde gelen dil yetisinde sürekli ve kararlı bir yükselişin arkeolojik kanıtı olarak görülebilir mi? Bunu "hayır" diyerek yanıtladı Isaac, çünkü teknolojik gelişim eğrisi, Üst Paleolitik'le birlikte yukarıya doğru keskin bir dönüş yapar; bunun önemli olması gerekir.

2,5 milyon-250 bin yıl önce, teknolojik ilerleme hızı (dolayısıyla da dil yetisine bağlı kültürel değişim), beyin boyutundaki artışa yakın bir koşutluk oluşturarak biyolojik bir evrim görüntüsü verir. Daha sonra, Üst Paleolitik'in özellikle son evrelerinde, beynin büyüklüğü aynı kalırken, teknolojik ilerleme hız kazanır (Modern dil yeteneğiyle donatılmış (?) bugünkü insan aklının işleyişinin kesin bir göstergesi). Başka bir deyişle, gerçek anlamda kültürel bir evrim gündeme gelmişti. Taş alet teknolojilerine ilişkin arkeolojik bulgulara bakarak, bir tür dil yetisinde, *Homo* cinsinin kökeniyle başlayan giderek bir ilerleme olduğu sonucu çıkarılabilir; ancak Üst Paleolitik'in ortaya çıkışının dilsel yetilerdeki bir gelişmenin sonucu olduğunu -ki gerçekten de öyle olmuştur- düşünme eğilimi ağır basıyor.

Bir Üst Paleolitik İşaret

Aynı türden bir gelişme, sanatsal etkinliklere işaret eden arkeolojik kanıtlarla ilgili ikinci alanda sergilenecektir. Bundan önceki bölümde gördüğümüz gibi, oymacılık, heykelcilik ve resim yapma gibi sanatsal etkinlikler, Üst Paleolitik alet teknolojilerini belirleyen yenilikler ve hızlı değişimlerle eşzamanlı olarak, tarihöncesi dönemde birdenbire ortaya çıkmıştır. Gerçekten, Üst Paleolitik sanatı önceleyen sanatsal etkinlikler, Üst Paleolitik alet teknolojisini önceleyen teknolojik etkinlikler kadar belirgin değildir. Eğer imgeler, dekoratif nesneler üretmeye yönelik yetenek ve eğilim, gerçekten dilsel yetilerle ilintili ise,

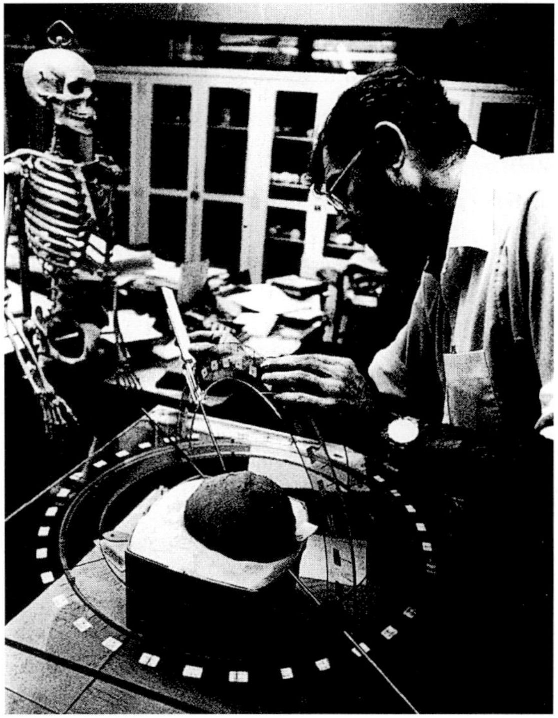

Kolombiya Üniversitesi'nden Ralph Holloway, insansı beyninin döküm modelleri üzerinde kapsamlı bir çalışma yapmıştır. Burada, beyin modelinin yüzeyinin ayrıntılı bir haritasını çizmek amacıyla, kafatası yapısını tasarlamaya yarayan bir aygıt (craniometric stereoplotter) kullanıyor.

bu durumda, arkeolojik kayıtlara ilişkin kanıtlar geç tarihöncesi dönemde çarpıcı bir ilerlemeye işaret edecektir.

Avustralya'da New England Üniversitesi arkeologlarından Lain Davidson ve William Noble, "Nesnelere benzeyen imgeler üretme, ortak bir anlam dizgesine sahip olan tarihöncesi toplumlarda ortaya çıkmış olabilir" görüşünü ileri sürmüşlerdir. "Ortak anlam dizgeleri" elbet dil aracılığıyla aktarılabilir. Bununla birlikte Davidson ve Noble, dilin ve imgeleştirmenin gelişmesinin, birbirine bağımlı ve yardımcı süreçler olduğunu söylüyorlar. Bu nedenle tarihöncesine ait simgesel imgeler, dilin bıraktığı somut izlerdir.

Öyleyse, arkeolojik kaydın teknolojik ve sanatsal alanları, konuşma dili yetilerinde önemli bir gelişmenin açık göstergeleridir. White, Binford, Klein ve diğerlerinin savundukları bu gelişme, arkeolojik kaydın diğer yönleriyle tutarlıdır: Yukarda sıralanan, White'in geliştirdiği yedi arkeolojik işaretten, teknoloji ve sanata ilişkin olanları, bunu en açık biçimde temsil edenleridir.

Beynin Yapısı, Değişik Bir Görünüm Sergiliyor

Bununla birlikte, özellikle beyin ve ses tellerine ilişkin anatomik verileri kapsamak üzere, tarihöncesi kayıtların diğer yönlerine baktığımızda, farklı ama pek net olmayan bir görünümle karşılaşırız. Genel olarak, geç tarihöncesinde çağ atlayıcı bir değişim olmaksızın,

Homo cinsinin ortaya çıkışı ile birlikte, beynin boyutlarının da büyümeye başlaması, insan evrimi boyunca dil yetisinin giderek geliştiğinin bir göstergesi olarak değerlendirilebilir.

Açıkça görüleceği gibi, paleontolojik bulgulara dayanarak dilsel yetilere ilişkin anatomik kanıtlar elde etmek kolay bir iş değildir. Ancak, görece doğrudan bir yöntemle, beynin büyüklüğündeki artışlar ölçülebilir. İnsan soyunun ilk temsilcileri *Australopithecus*'lar, aşağı yukarı 450 cc'lik, (insansı maymun beyni büyüklüğünde) bir beyin sığasına sahiptiler. *Homo* cinsinin ilk ortaya çıkışıyla birlikte beyin hacmi de büyümeye başladı. *Homo habilis*'te (yaklaşık 2 milyon yıl öncesinden belki de 1,7 milyon yıl öncesine kadar), beyin büyüklüğü 600-800 cc arasında değişiyordu. Onun soyundan geldiği sanılan *Homo erectus*'ta (1,7 milyon yıldan 250 bin yıl öncesine dek) ise, ölçümler 850-1100 cc sınırları içindeydi. Modern *Homo sapiens*'in ortalama beyin sığası 1350 cc kadardır (Neandertallerde bu ortalamanın, yaklaşık 1550 cc'lik bir sığa ile, bugünkü insanınkinden daha büyük olduğu unutulmamalı). Dilin evrimi açısından bunun anlamı nedir?

Harvard Üniversitesi'nden Terrence Deacon'a göre herşey, maymun beynindeki sinirsel iletişimin yanı sıra, genişlemiş insan beyninin genel yapısındaki değişikliklerin ye-

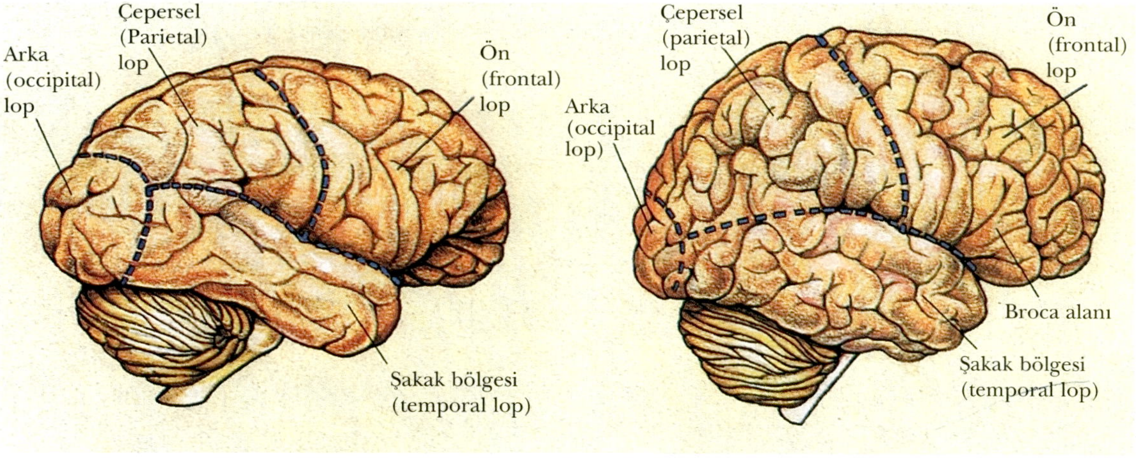

Şempanze (soldaki) *ve insan* (sağdaki) *beyinlerinin genel yapısının aynı olmasına karşın, kimi bölgelerin boyutlarında görece farklılıklar gözlenmektedir. İnsanlarda arka (occipital) lop, görece küçüktür; oysa çepersel (parietal)ve ön bölgeler iri yapılıdır.*

niden değerlendirilmesine dayanıyordu. Deacon, dilsel gelişmenin, insanın evrimsel geçmişi boyunca, beyin hacmindeki artışı izlediği sonucuna varmıştır. Şöyle söylüyor Deacon: "Dahası dil, insan beyninin evriminin yalnızca bir sonucu değil, o evrimleşmeyi doğuran ana etkendi. Nörolojik bulgular, dilin insan kültürüne, yakın geçmişte eklenmiş bir unsur olmayıp, iki milyon yıllık bir gelişim süreci izlediğini göstermektedir". Deacon, aynı zamanda, burundan konuştukları için, Neandertallerin konuşmalarını anlamanın bizim için güç olacağı gerçeğine karşın, onların dilsel açıdan yeterince gelişmiş olduklarını, dolayısıyla modern insanlarla konuşmuş olabileceklerini söylüyor.

Kolombiya Üniversitesi'nden Paleonörolog Ralph Holloway temelde bu düşünceye katılarak, "Bence, insanın dilsel davranışının kökenleri Paleontolojik geçmişe dek uzanmaktadır. Bunlar yaklaşık 2,5-3,5 milyon yıl önceki *Australopithecus* döneminde ortaya çıkarak gelişmeye başlamıştır. Form açısından başlangıçta elbet ilkel durumda olan bu dilsel yetenek, primatların, sistematik biçimde kullanılabilen, sınırlı düzeyde birtakım sesler çıkarabilme becerilerine dayanıyordu. Halloway, fosilleşmiş insan kafataslarının iç yüzeylerini incelemek ve kemik dokusunun yüzeyine geçen beyin kıvrımlarının belli belirsiz izlerinin haritasını çıkarmak amacıyla yıllarca uğraştı ve şu sonuca vardı: Beynin,

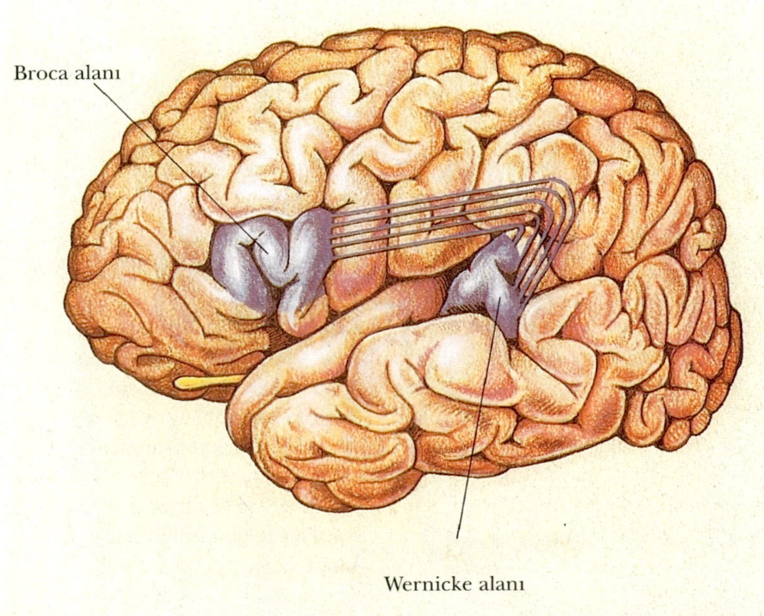

Geleneksel olarak, beynin iki bölgesinin, dil işlevi ile ilintili olduğu düşünülüyordu: Wernicke bölgesi ve Broca bölgesi. Ancak son yıllarda açıkça görülmüştür ki beynin birçok kesimi dilin konuşulması ve anlaşılmasıyla bağlantılıdır; bunlar prefrontal bölgenin her yanına dağılmış durumdadır.

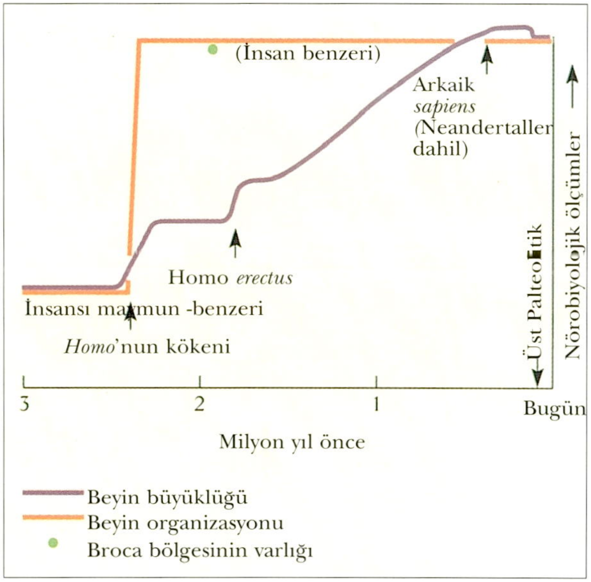

Genel organizasyon açısından beyin, bugünkü insanınki düzeyine, boyutsal açıdan erişmesinden çok önce erişir; bu nedenle de, ortaya çıkmakta olan dil yetisi konusunda çelişkili verilerin doğmasına yol açar. Broca bölgesi-ki dil yeteneğinin, bir zamanlar sanıldığı kadar güvenilir bir göstergesi değildir artık- Homo *cinsinin kökeni ile birlikte belirmektedir.*

insanınkine benzeyen genel yapısı (belirgin ön (frontal) loplar, görece küçük görsel loplar), ta başından beri, atalarımızda bulunmaktaydı. Bu yapı, ön lopların küçük, arka (occipital) loplarınsa görece büyük olduğu insansı maymunlarınkinden farklıdır. Holloway'a göre, fosil beyinlerin yapılarına ilişkin bu ve başka veriler, tarihöncesi insanın konuşma yeteneğinin erken gelişmeye başladığını gösteriyor. İnsan beyni fosilleri üzerinde Holloway'inkine benzer bir araştırma yapan Dean Falk da aynı genel sonuçlara varır. Falk, insanınkine benzer beyin yapısının *Australopithecus*'larda da bulunduğu konusunda Holloway'a katılmamakla birlikte, bunun ilk *Homo*'da var olduğunu kabul etmektedir. Çalışmalarını Albany'deki New York Eyalet Üniversitesi'nde sürdüren Falk, son günlerdeki bir değerlendirmesinde, "Dilin insansılarda ne zaman ortaya çıktığı konusundaki tartışmayı çözüme bağlayabilecek olan şey bir zaman makinesidir. Eğer hominidler dili kullanıp geliştirmiyor idiyseler, gittikçe kendiliğinden büyüyen beyinleriyle ne yapıyor olduklarını bilmek isterim" demiştir.

İnsan fosillerini dil yeteneği açısından inceleyenler, öteden beri dikkatlerini beynin sol yanında (genellikle) şakak yöresine yakın konumdaki Broca bölgesinde yer alan ve dilsel işlevlerden sorumlu başlıca iki merkezden biri olan küçük bir kitleye yöneltmişlerdir. Holloway'in yirmi yıl kadar önce belirttiği gibi, Kenya'nın kuzeyinde 1,8 milyon yıllık bir *Homo habilis* kafatası olan 1470 sayılı fosil, bu tür bir kanıt sağlamaktadır. Ne var ki, Washington Üniversitesi Tıp Merkezi'ndeki Marcus Raichle Laboratuvarı'nı da kapsayan birkaç laboratuvarca yürütülen son çalışmalar, Broca bölgesinin, dil yetisi ile, sanıldığı kadar ilintili olmadığını göstermiştir.

Bununla birlikte, canlı ya da ölü beyinler üzerindeki incelemelere dayalı bulgular, genellikle, tarihöncesi dönem boyunca (en azından *Homo* -sonrası dönemde), insanın dilsel yetkinliğinin, giderek sürekli biçimde geliştiğinin, ancak dev boyutlarda zihinsel bir sıçramanın bugünkü insanın ortaya çıkışıyla birlikte oluşmadığının kanıtları olarak yorumlanmıştır. Daha önce gördüğümüz gibi, bu sav, beynin boyutuna ve genel düzenlenişine dayanmaktadır. Bu bağlamda Holloway, bir zamanlar, bugünkü insan beynine kıyasla "yetersiz" ve "ilkel" olarak nitelenen Neandertal beynini yeniden incelemiştir. "Zavallı Neandertal Beyni: Dilediğin Gibi Değerlendir...", başlıklı bildirisinde Holloway,

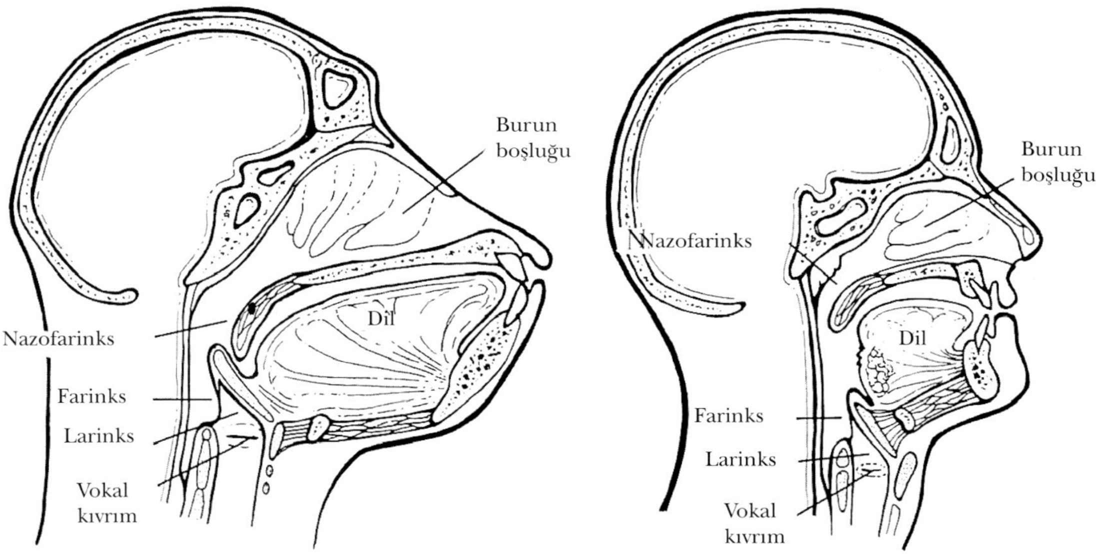

Şempanzenin ses donanımında (soldaki)*, tüm memelilerde olduğu gibi, boynun yukarı kesiminde yer alan larinks, soluk alma ve yutkunmanın eşzamanlı olabilmesini sağlar, ama öte yandan, farinks boşluğunda oluşan sesler sınırlı düzeyde kalır. İnsanda ise larinks, ses donanımının* (sağdaki) *aşağısında bulunduğu için daha çok çeşitli seslerin oluşmasını olanaklı kılarken, soluk alma ve yutkunmanın aynı anda oluşmasını engeller.* Australopithecus*'un ses donanımı şempanzeninkine benziyordu.*

Naendertal beyninin, "yapısal organizasyon açısından bizimkinden hiçbir temel eksikliği bulunmayıp, tümüyle Homo karakterli" olduğunu belirterek "Neandertallerin dili vardı" biçiminde kesin bir yargıya varmıştı.

Ses Telleriyle Gelen Mesaj

Beyin, kuşkusuz, konuşma (dil) olgusunun gerçekleşmesinden sorumlu anatomik aygıtın öğelerinden yalnızca biridir. Beyindeki dil merkezleri, larinks, farinks, ses telleri, dil, dudaklar, altçene ve üstçeneden oluşan ses donanımının çeşitli öğelerinin işlevlerini düzenleyip denetler. Bu donanım, büyük ölçüde, yumuşak dokudan (kas, kıkırdak, deri gibi) oluştuğu için, fosil kayıttan silinip gider (Çok yazık, çünkü insanın ses donanımı, gördüğü çok özel işlevi yansıtan, oldukça özgün bir yapıya sahiptir). Philip Lieberman, Edward Crelin ve Jeffrey Laitman'ın son yıllarda ortaya koydukları gibi, yine de herşey yok olup gitmemektedir.

İnsan dışında, tüm memelilerde, larinks, boynun yukarısında yüksek bir konumda yer almaktadır. Bu durum iki ayrı sonuç doğurmaktadır: Birincisi, larinksin, nazofarinks (burun boşluğunun "arka kapısı" yanındaki havalandırma boşluğu) içine kilitlenmesini, böylelikle de, su içerken hayvanın soluk alabilmesini sağlamak gibi önemli bir işlev görür. İkincisi, larinksin yüksek konumda yer alışının doğal sonucu olarak, farinks boşluğunun (ses kutusunun) küçük oluşu yüzünden, hayvanın çıkarabileceği sesler çok sınırlıdır. Dolayısıyla, belirli memeliler için, ses oluşturma (vocalization), temelde, larinkste oluşan seslere nitelik kazandıran ağız boşluğu ve dudakların biçimine bağlıdır.

İnsanlarda larinks, boynun çok aşağısında yer aldığı için eşzamanlı yutkunma ve soluma olanaksızdır; dolayısıyla bunlar besinleri ve sıvıları yutarken boğulma tehlikesiyle yüz yüze gelebilirler. Bu çapta tehlikeye karşılık, larinksin aşağı konumunun kimi yararlar sağlaması gerekir. Bu yarar da, en belirgin olarak, ses tellerinin yukarısında daha çeşitli niteliklerde seslerin oluşmasına olanak sağlayan çok daha geniş bir farinks boşluğu biçiminde kendini gösterir. New York, Mount Sinai Tıp Fakültesi'nden Laitman. "Gerçek anlamıyla söz üretebilmemizin anahtarı genişlemiş farinkstir" demektedir.

Laitman ve arkadaşları, bebeklerdeki bedensel gelişmenin bu bağlamda insanın evrimsel gelişimini özetleyerek yinelediğini ortaya koymuşlardır: Bebek doğduğunda tıp-

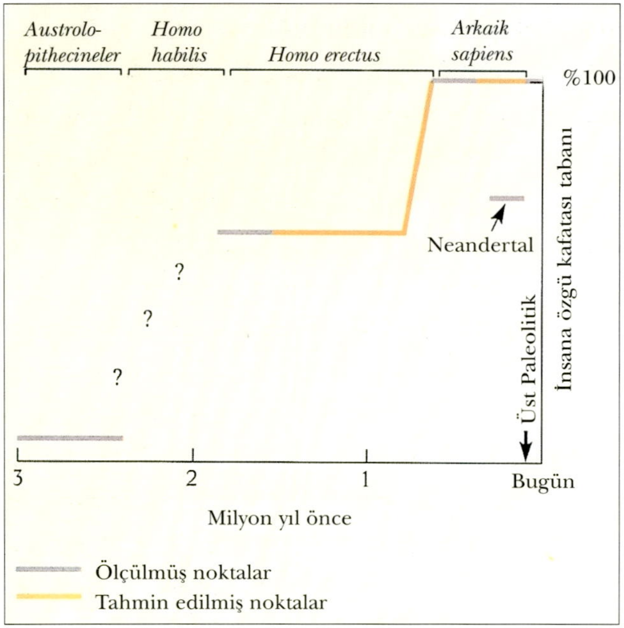

İnsana özgü ses donanımının bir göstergesi olarak, kafatası tabanının (basicranium) biçimi bugünkü yapısına, [Neandertallerlerde özel nitelikli (idiosyncratic) bir azalmayla] arkaik sapiens'*lerin ortaya çıktığı zaman kavuşmuştur.*

kı memelilerde olduğu gibi, larinks, boynun yukarı kesimindedir; bu, onların meme emme sırasında boğulmalarını önler. Aşağı yukarı bir buçuk yıl içinde, larinks aşağıya doğru kayarak yaklaşık 14 yıl sonra, erişkin insanınki düzeyine varır; konuşma yeteneğinin gelişimi, bu kayma süresine denk düşer.

Bu gerçek, ses donanımının tüm öğelerinden yoksun olan taşlaşmış (fosilleşmiş) kafataslarını inceleyen antropologlara nasıl yardımcı olabilir? Laitman bu soruyu şöyle yanıtlıyor: "Araştırmalarımız sırasında, arkadaşlarım da, ben de, kafatasının tabanının (basicranium) biçiminin, larinksin konumuyla ilgili olduğunu saptadık. Kafatası tabanı, üst solunum yolunun tavanı işlevi gördüğünden, bu durum şaşırtıcı değildir". Memelilerde, temel olarak, kafatası tabanı yassı, insanda ise kemerlidir. Narin yapısı nedeniyle, kafatası tabanı, toprağa gömülme ve taşlaşma sırasında çoğu kez kırılıp parçalanır; ancak kimi zaman da sapasağlam kalabilen bu kesim, ses donanımlarının ilk anatomik yapısı konusunda ipuçları verebilir. Yassı bir kafatası tabanı, dil yetisinin yokluğunun bir göstergesi olarak alınabilir; oysa aynı kesimdeki kemerlenme dereceleri, değişik düzeylerde dil yeteneği ile ilgili ipuçları olarak değerlendirilebilir.

Böylece, Laitman ve arkadaşları, bulabildikleri kadar çok sayıda bütün ve bütüne yakın tabanlı insansı (hominid) kafatası incelemişlerdir. Şöyle söylüyor Laitman: "Birincisi, incelediğim tüm *Australopithecus*'larda tipik, insansı maymunlarınkine benzer bir kafatası tabanı görürsünüz. Bu durum, bunların insan ses yapısına özgü kimi ün'lüleri çıkarmalarının mümkün olamıyacağını gösterir. İkincisi, fosil kayıtta, tam olarak gelişip biçimlenmiş bir kafatası-tabanı örneği bulabileceğimiz en erken dönem, arkaik *Homo sapiens* diye anılan insanların yaşadığı 300 bin - 400 bin yıl öncesine düşmektedir."

Kafatası tabanındaki bu kemerlenmenin, yani ses oluşturabilme sınırlarındaki genişlemenin varsayımsal belirtileri ne zaman görülmeye başladı? Laitman, "Bunun *Homo erectus*'la başlamış olduğunu söyleyebiliriz. Turkana Gölü'nün doğusundaki fosil yataklarında bulunmuş 1,6 milyon yıllık sevimli bir *Homo erectus* fosiline ait 3733 kod sayılı bir kafatasını incelediğimiz zaman, kafatası tabanındaki kemerlenme derecesinin yaklaşık altı yaşındaki bir çocuğunki kadar olduğunu gördük. Böylece de, *Homo erectus*'ların insansı maymunlara kıyasla çok daha geniş sınırlar içinde sesler çıkarabildikleri sonucuna vardık" demektedir. Bununla birlikte, *erectus*'lar "boat", "father" ve "feet" (sırasıyla çizme, baba ve ayaklar) gibi İngilizce sözcüklerdeki ünlüleri tam olarak çıkaracak düzeye erişmiş olamazlardı. Yine de, eğer ses donanımına ilişkin sonuçlar doğruysa, insan evriminin erken dönemlerinde dil yeteneği oldukça gelişmiş görünüyor. Kimi Neandertallerde ise, kafatası tabanı erectus'unki ölçüsünde kemerlenmiş olmadığından, ters yönde (olağandışı bir gelişme) bir evrimleşme söz konusudur. Laitman, Neandertal kafatası tabanındaki yassılaşmanın, onun olağandışı vücut yapısıyla, özellikle de öne doğru uzamış yüz yapısıyla ilintili olabileceğini düşünmektedir. Bu da, kimi günümüze özgü ün'lü seslerin çıkarılmasına, dolayısıyla da burundan konuşmalara yol açmış olabilir. Bu bulgulara dayanarak Laitman, dil yeteneği bakımından Neandertallerin bugünkü insan kadar gelişmiş olmadığı - onların tükenişlerinin ardındaki olası bir etken- sonucuna varmıştır. Ne-

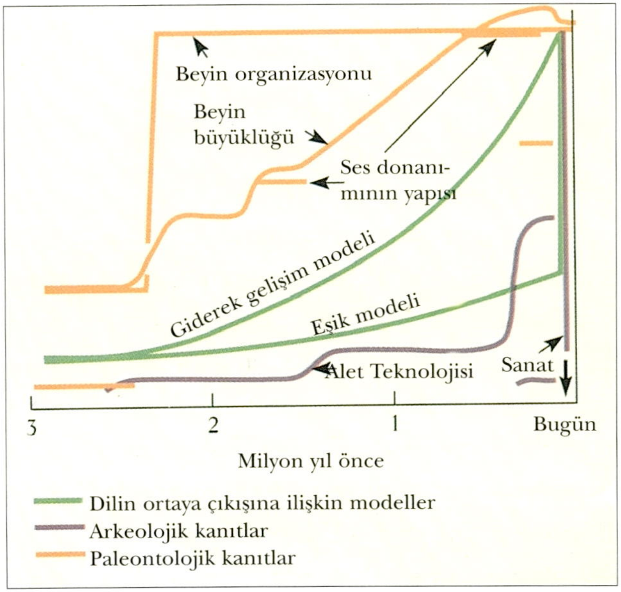

Paleontolojik ve arkeolojik verilerin hiçbiri dil yetisinin giderek yavaş yavaş mı evrimleştiği, yoksa birdenbire mi ortaya çıktığı konusuna yeterince ve tutarlı bir açıklama getirememektedir.

andertallerin ne ölçüde konuşabildikleri, bu bağlamda *Homo erectus*'ların eriştikleri düzeyin gerisine düşüp düşmedikleri gibi sorular tartışmalı kalmaktadır.

Bu açıdan ilk *Homo*, yani *Homo erectus*'un atası olan *Homo habilis* ne durumdaydı? Bunların dil yeteneği ilk başlangıç aşamasının ötesine geçtiğine göre, larinksin evrimsel anlamda inişe geçişi çok önceden mi başlamıştı? Yazık ki elde sağlam, yani eksiksiz bir kafatası-tabanı örneği bulunmadığından, bu sorular da en azından şimdilik askıda kalmaktadır.

Bu durumda, bugünkü insan dilinin, giderek sürekli biçimde ilerlediği görüşünün tersine, onun görece geç dönemlerde birdenbire ortaya çıktığı savı çözüme kavuşturulamamış oluyor. Arkeolojik veriler birinci varsayımı, paleontolojik bulgularsa ikincisini destekliyor biçiminde yorumlanmaktadır. Ancak bu değerlendirmelerden birinin yanlış ya da eksik olduğu açıkça görülüyor.

İnsansı Maymun Dili

Kimi bakımlardan, arkeoloji ve Paleontoloji alanlarına ilişkin iki zıt görüş insan dilinin doğası üstüne sürüp giden kuramsal ikiliğe paralellik oluşturur. Başta ünlü dilbilimci Noam Chomsky'nin savunduğu süreksizlik okulu (discontinuity school); dili, insansı maymunların beyinleriyle doğrudan hiçbir evrimsel ilintisi olmayan ve insana özgü bir yeti olarak görür; öte yandan süreklilik okulunun (continuity school) yandaşlarına göre dil, insansı maymunlara benzeyen atalarımızdan kaynaklanarak sonuçta genetik açıdan en yakın akrabalarımız olan insansı maymunların temel iletişimsel ve zihinsel becerilerine yansıyan sürekli zihinsel evrimin (cognitive continuum) bir parçasıdır.

Otuz yılı aşkın bir süredir, psikologlarla diğer araştırmacılar, yaşayan insansı maymunlarda, özellikle şempanzelerde dil yetisinin altında zihinsel temeller arayarak bu kuramsal bölünme sorununu çözüme bağlamaya çalışıyorlar. Ne var ki araştırmalar metodoloji üzerine kimileri gerçekten verimsiz, sert tartışmalar yüzünden tıkanmakta, dolayısıyla da sonuçlar sağlıklı biçimde değerlendirilememektedir. Birçok araştırmacı, insansı maymunlarda bir ölçüde dil yeteneği saptayabildiklerini ileri sürmüşlerse de, bunların değerlendirmelerinin geçerliliği tartışmalıdır. Ancak yakın geçmişte bir pigme şempanzesi (Pan paniscus), yani bonobo, üzerine yürütülen bir çalışma, yöntemsel unsurlar bağlamında ipuçları vermiş ve dil yetisi konusunda bir sinirsel (nörological) altyapının varlığını gösteren inandırıcı kanıtlar sağlamıştır.

Georgia Eyalet Üniversitesi, Dil Araştırma Merkezi'nde çalışan Sue Savage-Rumbaugh, Kanzi adındaki 10 yaşında bir erkek bonobo'nun (şempanzenin) kendisine söylenen bileşik cümleleri anlayabildiğini kanıtlamıştır (İnsansı maymun dili üstüne çalışmalarda bir ilk). Buna göre Kanzi, sayısı artık çoğalan, anlayabildiği sözcüklerini, tıpkı bebeklerde olduğu gibi, günlük olağan konuşmalarla yoğun olarak yüz yüze getirilmesi sonucu belleyebilmiştir. Sözcükler Kanzi'ye önce sesli olarak söylenmiş, ardından da bir simge tahtasına (lexigram) yansıtılmıştır (İnsansı maymun dili üstüne daha önce yapılan çalışmalar bir defasında birçok sözcüğün ezberletilmesine dayanıyordu). Kanzi, aynı zamanda, 260 sözcüklü bir simge tahtası aracılığıyla, yalın tümceler kurabildiğini de göstermiştir. Bu yeteneği, her ne kadar iki ya da üç sözcükten oluşan kısa, yalın tümceler kurabilmenin ötesine geçmiyorsa da, mantıksal bir tutarlılık gösteriyordu; örneğin bir eylemin ardından o eyleme ilişkin nesnenin gösterilmesi [("ye elma (elmayı ye anlamında)" ya da "gıdıkla Kanzi (Kanzi'yi gıdıkla)" anlamında] gibi. Bu nedenle, Kanzi'den, önermesel (propositional) dile özgü geniş, kapsamlı dilbilgisel becerilerden çok, anlamlı, kalıplaşmış tümceler beklemek en doğrusudur. Bu konuda Savage-Rumbaugh şunları söylüyor: "Kanzi'de insan diline yönelik zihinsel bir altyapı görüyoruz; insan beyninin üçte biri büyüklüğündeki bir beynin ürünü olan bu altyapı elbet sınırlı düzeydedir ama kesin olarak vardır". Dilin gelişmesine ilişkin daha sonraki aşamaların seyri bu yöntemle doğrudan ele alınmamakla birlikte, Savage-Rumbaugh'un elde ettiği sonuç, eğer doğruysa, böylesine bir gelişmenin insan evriminin erken evrelerinde başlamış olabileceği düşüncesini destekleyecektir.

Dil Neden Gelişti?

Şimdi, tam anlamıyla modern dilin evrimsel tarihini saptamayı bir yana bırakarak onun doğal seçilim açısından çok büyük önem taşıyan işlevine dönebiliriz. Bu bağlamda en başta gelen unsur iletişimdir. Beşeri konuşma dili, gerek anlamsal içerik gerekse iletişim olanağı bakımından tektir ve yalnızca insana özgüdür. Bilgi çağını yaşayan günümüz dünyasında iletişim kurabilmek için sürekli olarak dilden yararlanıyoruz; bu nedenle dilin kökenleri söz konusu olunca, iletişim tezi ilginç geliyor; dolayısıyla da avcı-toplayıcı toplumların, yaşamsal etkinliklerini düzenleyip planlayabilmeleri açısından, dilin ne denli büyük önem taşıdığını anlamak kolaylaşıyor.

Ne var ki, günümüzdeki yararlılığı, başlangıçtaki seçilim olgusundan ayırmak, evrimsel kuramların oluşturulmasında sürekli ve çetin bir gereklilikir. Son yıllarda çoğu bilim adamları şu ortak sonuca varmışlardır: Dil, beşeri iletişim açısından ne denli önemli olursa olsun, dilin kökenleri oldukça farklı bir şeyle ilintili olmuş olabilir.

İnsan beyninin evrimi üstüne apayrı bir çalışma yapmış olan, Kaliforniya Üniversitesi (Los Angeles) nörologlarından Harry Jerison bu konuda şunları söylüyor: "Dilin iletişimsel işlevi ilkin, dış dünya ya da gerçekler üstüne imgeler oluşturma sürecinin bir yan ürünü olarak ortaya çıkmıştır. Dolayısıyla dil yalnızca, zihinsel imgelemeye başka bir sinirsel (nöral) katkının ifadesi olarak düşünülebilir". Evrimsel gelişim süresince beyinler, türün günlük yaşamına uygun düşen bir iç dünya yaratabilecek biçimde evrimleşegelmişlerdir. Sözgelimi, amfibilerde görme duyusu, o dünyaya yönelik temel unsuru oluşturur; sürüngenlerde aynı işlevi, keskin bir koku alma duyusu üstlenmiştir. İlk memelilerde işitme duyusu ayrıca önem kazanmıştı; primatlarda, karışık bir duyusal donanım dış dünyaya ilişkin eksiksiz bir zihinsel model yaratabilir. Jerison'a göre, insan bunlara apayrı bir boyut eklemiştir: Dil ya da daha açık bir deyişle, kendi kendini irdeleyip sorgulayabilen düşünme ve imgeleme yetisi. Böylesine bir yeti ile donatılmış olan insan beyni, karmaşık, pratik ve toplumsal sorunlarla başedebilecek bir iç dünya modeli yaratır. Jerison, doğal seçilim sürecinin, dışa dönük iletişim üzerine değil de, kendi kendini irdeleyici içsel düşünce üzerine işlediğini, bu işleyişe de, aynı zamanda yetkin bir iletişim aracı olan dilin aracılık ettiğini söylüyor. Bu tez günümüzde geniş ölçüde desteklenmektedir.

Önermesel dilin iç dünyası, imgelemeyle (ve, az ilerde göreceğimiz gibi, kendi kendini denetleyen bilinçle) yakından ilişkilidir. İmgeleme, güçlü, çözümleyici olduğu kadar yaratıcı bir yetidir. Jerison'un deyişiyle, "Bizler başkalarının sözlerini duymakla ya da okumakla onların bilincine gerçek anlamda ortak oluruz". Eğer iç dünyanın yaratılışı kendi kendini irdeleyici içsel dilin evriminin ardındaki itici güç ise, ve bu da insanın binlerce yıl süren zihinsel evriminin önemli bir parçasını oluşturuyorsa, belki de insanın evrimleşme süreci boyunca beynin boyutlarında kendini gösteren çarpıcı büyüme, tıpkı Terrence Deacon'un nörolojik verilere dayanarak ortaya koyduğu gibi, temelde, dilin evrimiyle açıklanabilir.

Beynin hacmindeki büyümeyi git gide gelişen teknolojik yetkinliğe bağlayan diğer temel görüş, Jerison'a "pek inandırıcı gelmemektedir, çünkü alet yapımı için pek az beyin dokusuna gereksinim vardır." Buna karşılık "Basit, anlamlı bir söz üretebilmek için oldukça büyük bir beyin dokusu gereklidir."

Dil ve kendi kendini irdeleyen bilinç, pek çoğumuzun deneyimlerimizle bildiğimiz gibi, birbiriyle adamakıllı kenetlenmişlerdir. Bunlar aynı zamanda, doğal seçilim konusu olarak, evrimsel açıdan da mı ilintilidirler? Yüzyıllar boyunca, insan bilinci, çoğu kez mistik bir olay düzeyine varan felsefi tartışmaların odağı olmuştur. Ancak son yıllarda, birçok antropolog ve primatolog, bilinci, insanın kendilerinden evrimleştiği sosyal primatların dünyasında yararlı bir araç olarak görmeye başlamışlardır.

Toplumsal Bir Araç Olarak Dil

Tıpkı dilin beyinde daha iyi modeller oluşturmak için geliştirilmiş bir araç olarak görülebilmesi (Jerison'un savı) gibi, bilincin de aynı amaç doğrultusunda evrimleştiği söylenebilir. Özel olarak bilinç, karmaşık bir toplumsal çevrenin anlaşılmasını kolaylaştırmak amacıyla gelişmiş olabilir. Yeryüzündeki çoğu organizmalar besin sağlamak, düşmanlarından korunmak, eş bulmak gibi oldukça sınırlı ve sürekli biçimde yinelenen türden günlük sorunlarla karşı karşıyadırlar. Ne var ki primatlar, özellikle de büyük primatlar söz konusu olunca, yaşam daha da karmaşıklaşır. Bunların hayli gelişmiş düzeydeki toplumsallığı, çoğu organizmaların yaşamlarındakilerle kıyaslanamayacak türden belirsizlik ve kestirilemezlik unsurlarının doğmasına yol açar. Başka bireylerle dayanışmalar kurmak ya da dayanışmaları bozmak, başkalarının davranışlarını yönlendirmek, yönlendirilmeden kaçınmak için başkalarının davranışlarını yönlendirmek gibi, büyük primatların yaşamındaki yoğun toplumsal ilişkiler, zihinsel yeteneklere olan gereksinimi olabildiğince artırır. Bilincin doğası üstüne önde gelen araştırmacılardan biri olan Nicholas Humphery bu konudaki görüşlerini şöyle özetliyor: "Bu, diğer canlı türlerinde eşine rastlanmayan düzeyde bir zekâ gerektirir. Satrançta olduğu gibi, toplumsal ortaklar arasında da tipik bir etkileşim söz konusudur. Sözgelimi, bir hayvan kendi davranışı aracılığıyla, diğer bir hayvanın davranışını değiştirmek isteyebilir; ne var ki diğer hayvan da etkin ve zeki olduğundan, etkileşim olgusu çok geçmeden iki-yönlü bir tartışmaya ya da savunmaya dönüşür; bu durumda her bir "oyuncu", oyunun gidişine göre taktiğinde ve belki de amacında değişiklikler yapar. Böylece, salt oyunun şimdiki durumunu kavra-

İnsansı Maymun Dili

On yılı azıcık aşkın bir süre önce, insansı maymun dili üstüne çalışmalar inandırıcı görünmüyordu. Kolombiya Üniversitesi (New York) psikologlarından Herbert Terrace, Mart 1980 tarihli *Science* dergisinde yayımlanan önemli bir incelemesinde, insansı maymunların, eğitmenlerini taklit etmenin pek az ötesine geçebildiklerini, bu kadarını, değişik biçimlerde farelerle güvercinlerin de kolaylıkla yapabildiğini söylemiştir. Ona göre, insansı maymunlar simgeleri kullanırken, gramatik yapıya ilişkin en küçük bir bilinç belirtisi göstermemişlerdir. Bu konuda iki karşıt görüş çarpışıyordu: Bir yanda, insan dilinin insansı maymun benzeri atalarımızdan bu yana sürekli biçimde evrimleşerek geldiğini (cognitive continuum) savunan süreklilik okulu, öte yanda ise dili, insansı maymunlarla doğrudan hiçbir evrimsel ilişkisi bulunmayan ve tümüyle insana özgü bir yeti olarak gören süreksizlik okulu.

Şempanzelere işaretleri simgesel biçimde kullanabilmeyi öğretmek amacıyla birkaç girişimde bulunulmuştur. Burada, bir şempanze bir simge tahtası (lexigram) ile birlikte görülüyor. Bu yöntem, Georgia Eyalet Üniversitesi Dil Araştırma Merkezi'nde Duane Rumbaugh ve Sue Savage-Rumbaugh tarafından geliştirilmiştir.

1960'larda başlatılan insansı maymun dili üstüne çalışmalar, bu iki görüşten birincisi üstüne yoğunlaşmıştı. İnsansı maymunlarda, gramatik yapı çerçevesinde çeşitli simgeleri kullanma gibi, insansal dil öğelerinin varlığını ortaya koymaya çalışan araştımacılar, bu yakın akrabalarımızda beşeri dilin zihinsel altyapısını "cognitive substrate" ortaya çıkarmayı umuyorlardı. Başta Noam Chomsky olmak üzere, süreksizlik görüşünü savunanlara göre, insansı maymun dili üstüne araştırma yapanlar, var olmayan bir şeyi arıyorlardı. Bunlar, eğer dil insana özgü bir yeti ise, insansı maymunlarda bunun en ufak bir benzerinin bulunmaması gerektiğini, dolayısıyla da süreklilik görüşünün düşsel olduğunu ileri sürüyorlardı.

Sue Savage-Rumbaugh ilkin, Roger Fouts'un, Washoe adını verdiği bir şempanzeyi eğitmekte olduğu Oklahoma Üniversitesi'nde, daha sonra da Georgia Eyalet Üniversitesi'nde ve Yerkes Bölgesel Primat Araştırma Merkezi'nde olmak üzere, insansı maymun dili üzerine 1970'lerden beri çalışmalar yapıyordu. İnsansı maymun dili üstüne Herbert Terrace'ınkine benzer çalışmaların geçerliliğine ilişkin kaygılarıyla Savage-Rumbaugh, sonuçta önemli, yeni bir yöntem geliştirdiği Yerkes'e taşındı. Terrace, titiz laboratuvar koşullarında, şempanzeye gramatik yapılar kurdurmaya çalışırken, Savage-Rumbaugh gerek teknik açıdan gerekse amaçlar açısından değişik unsurlara öncelik verdi. Şempanzelere her defasında bir simge ezberleterek onların sözcük dağarcığını genişletmek yerine, daha doğal bir yöntem uygulamaya karar verdi. Buna göre, daha başlangıç aşamasında çok sayıda simge kullanarak, bebeklerin ana dillerini öğrenmelerinde olduğu gibi, doğal bir yaklaşım izliyordu.

Kimi insansı maymun dili programlarında, hayvanların, ellerini ve parmaklarını istenilen biçime getirmelerini yineleyerek öğrenmelerini amaçlayan Amerikan İşaret Dili kullanılıyordu. Sawage-Rumbaugh, bunun yorucu bir yöntem olduğu kadar, iletişimi de bozduğu görüşündeydi. Buna karşılık, Dil Araştırma Merkezi'nde, üzerinde 256 geometrik desenin bulunduğu bir tahtadan oluşan bir simge tahtası (lexigram) kullanılmaktadır. Bu yöntemde, yalın sözler ya da komutlar oluşturmak amacıyla eğitmenler, eylemleri, adları, sıfatları belirleyen simgeler üzerine parmaklarıyla dokunurlarken bir yandan da, şempanzenin, işittiklerini anlayıp anlamadığını sınamak üzere, bir tümce söylenir.

Savage Rumbaugh, iki yaşına doğru Kanzi'nin (bir tür erkek pigme şempanzesi), "tıpkı çocuklar gibi", yarım düzine kadar simgeyi ve söylenen sözcüğü "doğal biçimde öğrenebildiğini" söylemiştir. İnsanlarda dil öğrenimi görece yavaş bir süreç olup, altı yıldan fazla bir zaman gerektirir. Aşağı yukarı aynı süreden sonra Kanzi'nin dil yeteneği de değişerek, gerek anlama gerekse yapı bakımından daha da gelişti. Savage-Rumbaugh, daha yavaş ve daha sınırlı düzeyde olmasına karşın bu gelişimsel sürecin, insansı maymunlarda dilin zihinsel altyapısının varlığını gösterdiğini belirtmiştir.

On yaşına geldiğinde Kanzi, kendisine simgeler aracılığıyla gösterilen ya da söylenen yaklaşık 200 sözcüğü öğrenmişti. Burada önemli olan, onun sözcük dağarcığının genişliği değil, bu sözcüklerin onun için ne anlama geldiği idi. Deneysel psikologlar, çok aşağı düzeydeki hayvanların bile anlamlı ilişkiler kurma becerisi gösterebildiklerini bilirler. Çok zeki yaratıklar olan şempanzeler, dil yeteneğini hatırlatan ama gerçek anlama olgusunun yokluğunda, sesleri ve simgeleri nesnelerle ilişkilendirebilmeden başka bir şey olmayan karmaşık dilsel davranış örnekleri sergileyebilirler. Savage-Rumbaugh'a göre, bunun ötesine geçebilen Kanzi'nin yetenekleri, ilkel düzeyde de olsa, dilsel özellikler taşımaktadır.

Son zamanlarda, Dil Araştırma Merkezi'nde, Kanzi'nin anlama yeteneğini sınamaya yönelik bir dizi test uygulandı. Bu testlerde Kanzi'ye görünmeyen bir kimse, Kanzi'nin yerine getirmesi için birtakım komutlar veriyordu. Testi uygulayanların tümü kulaklık takmışlardı, böylece bunların verilen komutları duymaları, dolayısıyla da Kanzi'ye istemeyerek de olsa ipuçları vermeleri önlenmişti. Bu komutlar ya da tümceler önceden prova edilmediği gibi, birbirinden tümüyle farklıydılar. İlk yöneltilen tümceler görece kolaydı: "Kuru üzümleri kâseye koyabilir misin?" ya da "mısır gevreğini Karen'e verebilir misin?" gibi. Kanzi bunları kolayca yerine getirdi.

Savage-Rumbaugh ve meslektaşları bir adım daha atarak, kimi komutların yapısı bağlamında Kanzi'nin yaptığı ilginç bir ayrımı saptadılar. "Koloni odasına git de portakalı al" komutunun yalnızca, koloni odası ile Kanzi'nin orada bulacağı portakalın ilişkilendirilmesini içerdiği düşünülerek, komuta bu düzeyde bir karmaşıklık getirildi. Kanzi'nin önüne bir portakal konarak komut yinelendi. Ancak, yaklaşık 100 yineleyişin 90'ında Kanzi ikirciklendi; önündeki portakalla bir süre oynayıp oyalandıktan sonradır ki ancak koloni odasına gitti ve oradaki portakalı alıp getirdi. Ama komut, "koloni odasında bulunan portakalı al" biçiminde verilince Kanzi hiç duraksamadı. Burada anahtar işlevini, komuttaki "-da bulunan" dizisi görmektedir. Savage-Rumbaugh, "Bana öyle geliyor ki görece bileşik tümceler yalın tümcelere kıyasla daha kolay anlaşılıyor" sonucuna varıyor.

Kanzi'nin yaşı ilerledikçe simge-tahtası aracılığıyla öğrendiği sözcük sayısının da artması, bir tür gelişimsel sürecin işlemekte olduğunu gösteriyordu. Kaliforniya Üniversitesi (Los Angeles) psikologlarından Patricia Marks Greenfield ile yardımlaşarak yürüttüğü çalışmaları sonunda Savage-Rumbaugh, anlamlı sözcük öbekleri üretmede Kanzi'nin yalnızca basit gramer kurallarını öğrenmekle kalmayıp, kendi kendine de kurallar üretebildiğini kanıtlamıştır. Kanzi'nin eğitmenlerinden belleyebildiği kural, iki sözcüklü deyişlerde eylemin nesneden önce yer aldığıdır. Çalışmanın ilk ayında Kanzi, eylem ve nesne simgelerini düzenlemekte belirli bir kural gözetmemekle birlikte, son dört ay boyunca buna sayısal anlamda önemli ölçüde özen göstermiştir. Araştırmacılar, "gelişigüzel sıralamadan dizgesel sıralamaya yönelik bu gelişimsel eğilimi, iki sözcüklü deyişler üretme aşamasında çocuklarda da saptanmıştır" demektedirler.

Bu ve diğer gözlemleri sonucunda Marks Greenfield ve Savage Rumbaugh, insansı maymunlarda beşeri dilin temelini oluşturan zihinsel tabanın varlığını saptayabildikleri kanısına vardıklarını şöyle açıklamışlardır: "Kanzi'nin işaretler aracılığıyla oluşturduğu anlamlı sözcük öbeklerine ilişkin gramatik kurallar (gelişigüzel olanları da kapsamak üzere) üretebilme yeteneği, gramerin evrimsel süreklilik sonucu geliştiğini ortaya koymaktadır. Belki, gramer yerine protogramer (ilkel gramer) terimini kullansak daha yerinde olurdu. Ne var ki, karşılaştırmalı verilere göre, eğer bonobonun (şempanzenin) kurallarından protogramer olarak söz edecek olursak, aynı terimi 2 yaşında bir çocuk için de kullanmamız gerekecektir."

mak için gerekli olan zihinsel yetilerin üstünde ve ötesinde, toplumsal oyuncu, tıpkı satranç oyuncusu gibi, ileriye dönük planlar yapabilmelidir."

Bu nedenle Humphrey, bilincin bu denli yarışımcı bir toplumsal ortamda evrimleşmeye başladığını ileri sürüyor. İçedönük kendini irdeleyen bilinç, tıpkı "kalp gözü" gibi işleyerek bir bireyin, özdeş koşullar altında olduğunun bilincinde olan başka bir bireyin belirli bir durumda nasıl davranacağını kestirmesine olanak sağlar. Humphery bunu şöyle özetliyor: "Bilinç bana, başka hiçbir biçimde yönlendiremeyeceğim davranışlarımı anlamlı kılacak açıklamalı bir model sunuyor. Kendi kendini eleştirip denetleyebilen, bilinç sahibi bir bireyin, davranışlarının içsel nedenlerini kavrayabilmesini sağlayan ayrıcalıklı yeteneği, onu, doğal olarak ve hiç gecikmeksizin başkalarının üzerine tutabileceği bir ışık gibidir. O, bu yeteneği sayesinde başkalarının ta içine işleyebilir"-ve elbet toplumsal satranç oyununda daha başarılı olur.

Cinsel anlamda eşleşme, dolayısıyla da üreme olanaklarını olabildiğince artırabilmek amacıyla, başka bireylerin davranışlarını kestirebilmek açısından bilinç, yüksek primatlar için özellikle önemlidir. Bir türde toplumsal beceriler önem kazanınca, doğal seçilim onları daha da keskinleştirecektir. Humphrey, "böyle bir durumda geriye dönüş söz konusu olamaz. Türün genel zihinsel sığasını (kapasitesini) artırmak üzere... evrim çarkı dönmeye başlamıştır artık" demektedir.

Bu sav uyarınca, yüksek primatlar belki de bir ölçüde bilinç sahibidirler; kimi deneysel bulgular bu kanıyı doğrulamaktadır. Savage-Rumbaugh'a göre düşünsel süreçleri düzenliyor görünen zihinsel bir donanım olan, "dil yeteneğinin temeli"nin olası katkısıyla, insansı maymunlarda belirli düzeyde bir bilinçlenme neredeyse kesin bir biçimde söz konusudur. Ancak, insansılarda (hominidlerde), özellikle de *Homo* cinsinde, konuşma dilinin ortaya çıkışı, bilinci insandaki o apaydınlık içsel gözlem ve denetim düzeyine yüceltme sürecinin bir parçası olarak görülebilir.

Gerçekten dil ve bilinç, bireylerin, primatların toplumsal yaşamının karmaşık yapısıyla baş edebileceği düzeyde evrimleşmişse, bunun sonuçlarının, doğal seçilimin ilk tercihlerinin ötesine geçeceği bellidir. Evrimsel sistemlerde, bugünkü işlevlerle başlangıçtaki yararlılık arasındaki eşitsizliklere çoğu kez rastlanmaktadır. Kendi kendini irdeleyen bilincin evriminin olağanüstü sonuçlarından biri de mitolojinin ortaya çıkışı olabilir.

Mitlerin Kaynağı

Dünyanın nasıl oluştuğu ve nasıl işlediğinin az ya da çok özenli, ayrıntılı öykülerinden oluşan mitoloji, dünyalar yaratan bugünkü insan aklının bir ürünü olup dil aracılığıyla paylaşılabilir. Dünyadaki dinleri de içermek üzere her inancın özünde, bir halkın nasıl oluştuğunun bir öyküsü olan yaratılış mitolojisi vardır. Joseph Campbell, "Öyle görünüyor ki insanoğlu genel mitolojik kalıta bir biçimde inanmadan edemiyor. Her toplum, doğaüstü inançlarının simgesinin kazılı olduğu damgasını öncellerinden teslim alır; kendi içinden çıkan kahramanlarca taşınan bu damganın izleri halkın yaşamına, deneyimlerine yansır" demektedir. Harvardlı biyolog Edward Wilson da, daha analitik bir yaklaşımla bu görüşe katılıyor: "Dinsel inançlara eğilim, insan usunu yönlendiren en güçlü etken olup, olasılıkla insan davranışının ayrılmaz bir parçasıdır... O, toplumsal davranışın evrensel yanlarından biri olarak, avcı-toplayıcı topluluklardan sosyalist cumhuriyetlere dek her toplumda belirli bir kılığa bürünür."

Bu etken, bilinç kaynağından nasıl doğar? New York Eyalet Üniversitesi psikologlarından Gordon Gallup bu soruyu şöyle yanıtlıyor: "İnsanlar, bireyler olarak kendi varlıklarının bilincine vardıklarında; duyulara, motivasyonlara sahip olduklarını anlamaya başladıklarında; benzer duyguların yalnızca diğer insanlarda ve hayvanlarda değil, cansız varlıklarda da bulunabileceğini düşündüler. Tıpkı diğer bireylerin davranışlarının anlaşılabileceği kimi zaman da yönlendirilebileceği gibi, genellikle çok etkili, anlaşılması güç, gizemli olaylarla dolu olmasına karşın, dünyanın da tüm olarak anlaşılıp, kimi zaman da yönlendirilebileceği düşüncesi doğdu.

Burada kısaca özetlenen bu tartışma çizgisi, bilincin bugünkü insanın aklında parıldamaya başlamasından bu yana dünyayı tümüyle açıklamaya -herşeyin nasıl yaratıldığına, hangi şeylerin iyi, hangilerinin kötü olduğuna ve bunların nasıl etkilenebileceğine ilişkin öyküler anlatmaya yönelik evrensel dürtünün nasıl gündeme geldiğinin görülebilmesini sağlar". Humphrey'e göre, başlangıçta kişiler arası ilişkilerle baş edebilmek için gelişen bilinç, zamanla, "barbar aklın" yarattığı akrabalık, totemcilik, mit, din gibi, ilkel toplumlara özgü oldukça köklü kurumlarda yansımasını bulmuştur.

İnsanın kendi varlığının ayırdına varmasıyla, Theodosius Dobzhanski'nin, Son Kaygı olarak nitelediği ölüm bilincinin doğması kaçınılmazdır. Ölüm bilinci ve kimi zaman onunla birlikte gelişen ölü gömme uygulamaları, arkeologlara, atalarımızın beyinlerinde bir ölçüde gelişmiş bir bilincin varlığını saptama olanağını verir. Belki de çeşitli sunular eşliğinde mezara gömüldüğü açıkça belli olan bir bireyin taşlaşmış fosilleşmiş kalıntılarının ele geçirilmesi, insanın kendi varlığı ve ölümü konusunda oldukça ileri bir bilinç düzeyine erişmiş olduğunun açık kanıtlarıdır. Onlarca yıl süreyle arkeologlarca ısrarla aranan ve de bulunan böylesine olaylara ilişkin kanıtlar, giriş bölümündeki öyküden anımsanacağı gibi, Neandertallerin tam anlamıyla gelişmiş bir insan bilincine sahip olduğu sonucuna götürmüştür. Neandertallerden önce, törenle ölü gömme olaylarına ilişkin hemen hemen hiçbir kanıt bulunmamasına karşın, bu uygulamanın bu insanlarda ileri düzeyde olduğu geniş ölçüde benimsenmektedir. Ancak son zamanlarda bu görüş sorgulanır olmuş, törenle ölü gömmeler abartılı yorumlar olarak değerlendirilmiştir.

Mezardan Çıkan Kanıtlar

Ölüleri gömme uygulamasının ne denli çok Batı kaynaklı bir gelenek olduğunu anımsamakta yarar var. Çoğu kültürlerde, bu dünyadan göçenlerin ruhlarının öte dünyada huzur içinde olmasını güvenceye almak için ileri düzeyde cenaze törenleri düzenlenmişse de, bunlara ilişkin herhangi bir arkeolojik kanıt yoktur. Ölüleri yakmak, cesetleri, leşoburlara yem olmak üzere sarp dağ yamaçlarına törenle bırakmak ya da bir asma platform üzerine terk etmek -ki bu durumda çürüme, fosilleşmeye engel olur- gibi uygulamalar başlıca örneklerdir. Ölü gömme uygulamalarına ilişkin kanıtların bulunmayışı, kesin olarak, ölüm bilincinin yokluğu anlamına gelmez. Bununla birlikte, arkeologlar açısından, doğrudan kanıtlar dolaylı kanıtlardan daha güven vericidir.

Üst Paleolitik insanların, ölülerini çoğu kez süslemeli nesneler ve eşyalarla birlikte gömdükleri konusunda kuşku yoktur. Ne var ki bu tür uygulamalar pek yaygın değildir; Buzul Çağı sanatının doruğa tırmandığı Magdaleniyen kültüründe bu uygulamaya hiç rastlanmamaktadır. Asıl sorulması gereken, bu tür uygulamaların ne zaman başladığı ve ölüm bilincinin insanın zihninde ilk kez ne zaman doğduğudur. Neandertallerde düzinelerce varsayımsal ölü gömme uygulaması söz konusudur. Buna karşılık, Üst Paleolitik döneme ait ölü gömmelerde mezar sunularına hemen hemen hiç rastlanmaz. Yine de, ölü gömme uygulaması, başlı başına insansal boyutlarda bir bilinçlenmenin varlığını kesin olarak göstermeye yetmez mi? (Giriş bölümünde anlattığımız, Şanidarlı ihtiyarın çi-

Moskova'nın yaklaşık 210 km doğusuna düşen Sungir'deki 20 bin yıllık bu iskelette, Mamutdişi ve tilkidişi boncuk dizileri ve bir de mamutdişi alınlık görülmektedir.

çek demetleriyle gömülüşüne ilişkin öyküyü anımsayalım).

Kaliforniya Üniversitesi (Berkeley) antropologlarından Robert Gargett'e göre, eğer eldeki bulgular tarafsız bir biçimde incelenecek olursa, Neandertaller öncesine ait fosil kayıtta tam iskeletlerin neredeyse hiç bulunmadığı görülür: Bilinen ilk insansı türünün bir üyesi olan *Australopithecus aferensis*'e ait ünlü "Lucy" iskeletini de kapsamak üzere, insanın tarihinin 3 milyon yıllık bir döneminden kalma yalnızca iki iskelet. Neandertallerin ortaya çıkmasından sonra, tam iskeletler fosil kayıtta çoğalmaya başladı; henüz tam anlamıyla yaygın olmamakla birlikte 20'den çok iskeletin var olduğu biliniyor. Kimi bilginler, yalnız başına bu gerçeğin bile, bilinçli ölü gömme uygulamalarının Neandertallerce gerçekleştirilmiş olduğu tezini doğrular nitelikte olduğunu söylüyorlar; çünkü gömülme sayesinde iskeletin taşlaşma süreci sırasında bozulmadan kalabilme olasılığı artar. Gargett, Neandertal dönemine ait tam iskeletlerin çokluğunu yalnızca, bunların doğal, jeolojik ve diğer etkenler nedeniyle bozulacak denli uzun süre toprakta kalmamış olmalarına bağlamaktadır. Bununla birlikte onun, Neandertallerin ölülerini gömdüklerine ilişkin tezlere karşı oluşu, yalnızca bu bağlamdaki kurgusal olaylara yöneliktir.

Gargett, bu sorunla ilgili olarak şu yorumu getiriyor: "Sığ mezarlar, insan iskeletlerinin hayvan boynuzları düzenlemeleri eşliğinde gömülmüş olması gibi, ölü gömme uygulamalarından yana öne sürülen kanıtlara bakarsanız, bu bağlamda yalnızca doğal süreçlerin işlemiş olduğunu gösteren bir sonuca varırsınız her zaman". Örneğin, bir mağara tabanının yüzeyindeki bir ceset ya da iskeletin çevresinde yavaş yavaş akarak dönen su, bilinçli olarak kazılmış bir mezar görüntüsü verebilecek bir çukur açabilir. Gargett, "çoğu olaylarda, böylesine basit, olası açıklamalar, gizemli, bilinçli davranışları çağrıştıran karmaşık senaryolar adına gözardı ediliyor" demektedir.

Şanidar'da, ölen yaşlı adamın sonsuza dek dinlenmesi için çiçeklerden döşenmiş bir yatağa yatırılmış olduğu varsayımı Gargett'e göre, "çiçeklerin taşınmasına yol açan olası etkeni görmezlikten geliyor: Rüzgâr. Çünkü çiçeklerin oraya amaçlı olarak taşınmış olabileceğine peşin olarak inanılmıştı; orada çiçek tozlarına rastlanmış olması, Neandertallerin ölülerini çiçeklerle birlikte gömdüklerine araştırmacıları inandırmaya yetmişti". Gargett, böylesi "kuruntular"ın, bilinçli ölü gömmelerden kuşkulanılan yerlerde kazı yapanlar arasında yaygın olduğunu söylüyor. Bu sava çabucak karşılık veren Arlette Leroi-Gourhan, "Gargett, rüzgârın, çiçekleri tam da Neandertal ölüsünün gömülü olduğu toprağın içine sürükleyip götürürken beş ayrı türe ait parlak renkli çiçekleri seçmiş olduğunu düşlüyor. Tezini, polenlerin yayılışına ilişkin gerçekleri göz önüne almadan ve bu konu üstüne benim yazımı okumadan hazırlamış olması çok yazık" demektedir.

1989'da *Current Anthropology* adlı dergide yayımlanan bir incelemesinde Gargett, "Geçerli olan varsayımın, Neandertallerin ölülerini gömmedikleri ya da tören sırasında tortul katmanını bozmadıkları biçiminde olmalıdır" yargısına varmıştır. Söz konusu derginin aynı sayısında kimi bilim adamları, "sağlam temellere dayalı, sağlıklı bir yorumdan bu raporda bilimsel veriler bulmakta zorlanıyoruz" a kadar varan yanıtlar vermişlerdir. New Mexico Üniversitesi'nde, Neandertaller üzerine araştırmalarıyla ünlü Erik Trinkaus, törenle ölü gömme uygulamalarından yana öne sürülen kanıtların "kimi durumlarda abartılı biçimde yorumlandığı" konusunda Gargett'e katılmakla birlikte, onun bu bağlamda tüm savlara karşı çıkmakla fazla ileri gittiğini söyledikten sonra şu yargıya varıyor: "Diğer durumlarda ne denli eleştirel bir tavır sergilesek de, bilinçli ölü gömme uygulaması, en akla yatkın sonuçtur. Neandertaller ölülerini kesinlikle gömüyorlardı. Ancak bundan ne gibi bir anlam çıkarılabileceği apayrı bir konudur.

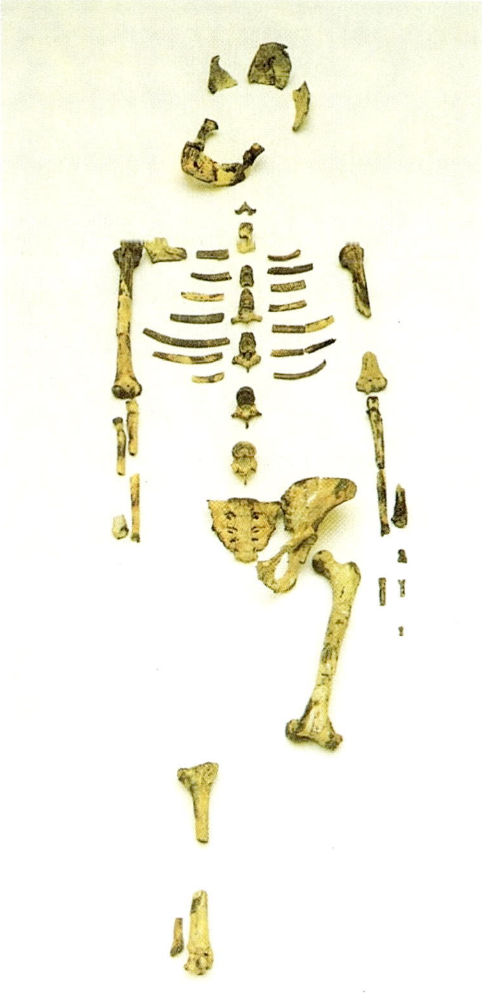

Lucy adı verilen 3 milyon yaşındaki bu Australopithecus aferensis *iskeleti 1974'te Etiyopya'da bulunmuş olup Neandertaller öncesi insansılara ait, çok az eksikleri olan iki iskeletten biridir. Kenya'da ortaya çıkarılan ve Turkanalı oğlan olarak adlandırılan ikinci örnek ise 1,6 milyon yaşında bir* Homo erectus *iskeletidir.*

Bitmek Bilmeyen Arayış

Trinkaus'un, törenle ölü gömme uygulamasının gerçekten Neandertal kültürünün bir parçası olduğu yolundaki tezi doğruysa -ki çoğu antropologlar bu görüşe katılacaktır- ölüm bilincinin Neandertallerin kafalarında yer etmiş olduğu ileri sürülebilir. Ancak ne ölçüde sağlıklı bir deneyimdi bu? Bir başkasının öznel deneyimleri üstüne düşünce yürütmeye kalkmak, özellikle o deneyimler on binlerce yıl öncesine ait ise, umut kırıcıdır. Ancak bundan da yılgınlık vericisi, her yönüyle eksik, daha da kötüsü, anlaşılması güç olan tarihöncesi fosil kayıtlarının yorumlanmasıdır.

Daha önce görüldüğü gibi, somut veriler çok değişik biçimlerde yorumlanabilir. Sözün gelişi, bugünkü kendi kendini irdeleyici dil, yakın geçmişte ve birdenbire mi ortaya çıkmıştır, yoksa uzun sürede, git gide gelişerek mi evrimleşmiştir? Şanidar halkı, Şaman dedelerini, giriş bölümünde anlatıldığı biçimde mi gömmüş, yoksa bu senaryo oldukça belirsiz kanıtlar üstüne modern insan kavramlarını yüklemekten başka bir şey değil midir? Yanıt bekleyen arkeolojik sorunların başında bunlar gelmektedir.

Düşüncenin, iletişimin, kültürün ve bilincin anlatım aracı olan dilin kökenleri ve onun bugünkü insanın kökeni bağlamındaki işlevi bir bilmece olmaktan çıkmış değildir. Dean Falk'ın, zaman makinesinden yararlanmaksızın, bu sorulara tam olarak yanıt bulamayabiliriz; ama bunları öğrenme isteğimizin süreceği de yine aynı ölçüde kesindir.

Var Olmayan Eski Bir Törensel Uygulama mı?

Ölü gömme uygulaması, özellikle tören eşliğinde olanı, yerindelikle insan tinselliğinin bir göstergesi olarak algılanmaktadır. Bu tür etkinliklere ilişkin arkeolojik kanıtlar, gerçek anlamda insan düşüncesinin ne zaman oluştuğunu saptamak amacıyla öteden beri araştırılmaktadır. Arkeologlar açısından, ölü gömme olayları tarihöncesi kayıtlara ışık tutucu niteliktedir.

Neandertaller öncesine ait gömütlere ilişkin hiçbir kanıt yoktur; bugünkü insanın ortaya çıkışıyla, ölü gömme uygulamalarının da gündeme geldiği açıkça görülebilmektedir. Yüzyılımızın başlangıcından bu yana ortaya çıkarılan 200 kadar Neandertal kalıntısından hiç değilse 30'unun, cesedi uygun konuma getirme, mezara eşyalar ve hayvan kemikleri koyma ve taşları özenle yerleştirme gibi etkinlikleri kapsayan uygulamalara işaret ettiği söylenmektedir.

Ünlü altı varsayımsal ölü gömme olayına (La Chapelle-aux-Saints, Le Moustier, La Ferrassie, Deşik-Taş, Regourdou ve Şanidar) ilişkin raporlar üzerine Robert Gargett'in yaptığı incelemeler, hemen hemen tüm varsayımsal ölü gömmelerde olduğu gibi, kaya sığınakları ve mağaralardan çıkarılan Neandertal kemikleri üstüne odaklanmıştır. Gargett, yer değiştirme, aşınma (erozyon) yeniden yer değiştirme gibi doğal olayların mağaralarda çoğu kez etkin olduğunu, dolayısıyla da verilerin yorumlanmasını güçleştirdiğini söylemektedir. Örneğin, tavan çökmeleri, cesedin bir taş kütlesiyle örtülmüş, ya da kemiklerin törensel bağlamda bilinçli olarak kırılmış olduğu izlenimini verebilir. Bunların da ötesinde, insanların barındığı mağaraların başta sırtlanlar olmak üzere, etoburlarca da kullanılmış olması, sorunu çapraşıklaştırmaktadır.

Her ne kadar çok sayıda araştırmacı, Neandertallerde ölü gömme uygulamalarının varlığını öne sürenlerin, bu savlarını kanıtlamaları gerektiği konusunda Gargett'e katılıyorsa da, bunların çoğunluğu, onun, bu bağlamda var olan tüm kanıtları reddetmekle fazla ileri gittiğini düşünüyorlar. Neandertallerin ölülerini gömdükleri yolundaki savlardan yana gerçeklerden biri de, şimdiye dek çok sayıda eksik ya da tam iskeletin bulunmuş olmasıdır. Ne var ki, Neandertallerde törenle ölü gömmeye ilişkin en yaygın örneklerden birine uygulanan test, beklenen sonuçları vermemiştir.

1939'da, Roma'nın 100 kilometre kadar doğusuna düşen Monte Circeo'nun güney yamaçlarındaki kireçtaşı mağarada bir Neandertal kafatası bulundu. Kafatasında, törensel olarak oluşturulduğuna inanılan yara izlerine rastlandığı söyleniyordu; örneğin, beyni çıkarmak amacıyla kafatası tabanındaki delik (foreman magnum) genişletilmiş, kafatasının kendisinin de, tepe taklak edilerek, taşlardan oluşturulmuş bir çemberin ortasına oturtulmuş olduğu ileri sürülmüştü. Kafatasının bir yanındaki yara izinin de yine böyle törensel uygulamadan ileri geldiği savunuluyordu. Yarım yüzyılı aşkın bir süre, törensel yamyamlık olduğu varsayılan uygulamalara ilişkin kurgusal resimler Neandertal tinselliğinin kanıtları olarak, popüler antropoloji yayınlarında yer aldı. 1991'de New Mexico Üniversitesi'nden Mary Stiner söz konusu kafatasıyla ilintili fosil buluntularını inceledi; Kaliforniya Üniversitesi'nden (Berkeley) Tim White ve İndiana Üniversitesi'nden Nicholas Toth da bu fosiller üstüne kendi değerlendirmelerini yayımladılar. Bunların elde ettiği sonuçlar daha önceki değerlendirmelerden çok farklıydı.

Stiner, etoburların, kemikleri kemirip gevmelerine bağlı olası diş izlerini aramak amacıyla, Neandertal kafatasıyla aynı düzeyde yer alan hayvan fosillerini birer birer incelemiş ve aynı işlemi, Musteriyen aletlerin bulunmuş olduğu, kafatasının aşağısındaki düzeyler için de yinelenmiştir. Elde ettiği verileri daha sonra, yakındaki bir Neandertal fosil yatağından ve bir sırtlan ininden çıkarılmış kemik kalıntılarıyla karşılaştırmıştır. Aletlerin yer aldığı daha aşağıdaki düzey, insan yerleşim yerine özgü nitelikler taşıyordu; çünkü bu düzeyde çok az miktarda hayvan kemiği vardı, bunlar da pek az gevme, dişleme izi taşıyordu. Oysa fosil kalıntılarının kafatasıyla aynı düzeyde olduğu kesim, hem çok sayıda kemik barındırması, hem de kemik yüzeylerinde pek çok gevme, kemirme izi ve köpekdişlerince açılmış delik bulunması nedeniyle, sırtlan ininden farksızdı. Bu veriler ışığında Stiner, Neandertal kafatasının buraya, tıpkı diğer kemikler gibi, sırtlanlarca getirilmiş olabileceği sonucuna vardı.

Çalışmalarında yararlanmak amacıyla White ve Toth, Güneybatı Amerika ve Malenezya kaynaklı kafataslarını inceleyerek, törensel yamyamlık uygulamaları sonucu kafatasının yapısında oluşan değişiklikler konusunda bilgi edindiler. Kafatasının etten arındırılarak tören için hazırlanışı sırasında, kemik yüzeyinde taş-bıçak çentikleri, cila ve delikler gibi birçok tipik izler kalır, bunlar, özellikle foreman magnum çevresindekiler, dışardan darbeler sonucu oluşur.

Neandertal kafatasını inceledikten sonra söz konusu araştırmacılar, üzerindeki leke dağılımı ve mağara mercanı (kalsiyum karbonat) birikintilerinin, kafatasının, daha önce belirtildiği gibi, doğrudan tepesi aşağı değil, sol yanı üstüne yatmış durumda olduğunu saptamışlardır. Aletlerin açtığı izlere gelince, bunlar, bireyin öldüğü 60 bin yıl öncesinden değil de, fosilin çıkarılışı ve hazırlanışı sırasında kullanılan burgu ve kazmalardan kalma izlerdi. Ne bir kesi izi, ne patlatma, ne de kıymıklama söz konusuydu; doğrusu, kafatasının bir fosil olarak gün ışığına çıkarılışına dek, üzerinde herhangi bir değişiklik yapılmış olduğuna ilişkin en ufak bir belirti yoktu. White ve Toth, tören eşliğinde öldürmenin kanıtı olarak yorumlanan kafatasının yan tarafındaki hasarın, kafatasının etoburlarca gevilip dişlenmesi sonucu oluştuğunu ileri sürmüşlerdir.

Mağaranın tabanındaki, taş dizilerek oluşturulduğu varsayılan çemberle ilgili olarak bu araştırmacıların üçünün de belirttiğine göre, neresinden bakılsa eksik olan bu çemberin, herhangi bir mağara tabanında bulunabilen, düzensiz biçimde serpilmiş taşlar olarak görülmesi daha yerinde olur.

Monte Circeo örneği, salt bu olayda herhangi bir kanıta rastlanmamasına dayanarak, Neandertallerde törenle ölü gömme uygulamasının bulunmadığı savını kanıtlamaya yetmez. Ancak antropolojinin özüne işleyen bir olayın bu denli titizlikle irdelenmesi yararlı olmuştur; çünkü insanın geçmişteki yaşamının sağlıklı biçimde değerlendirilmesine ilişkin kanıtlara bir anlam kazandırmaktadır. Aynı zamanda, yakın geçmişteki atalarımızın beşeri bir ruh yapısına sahip oldukları yolunda kanıtlar görme isteğimizin güçlü, hatta kimi zaman aşırı ölçüde güçlü olduğunu anımsatmaktadır.

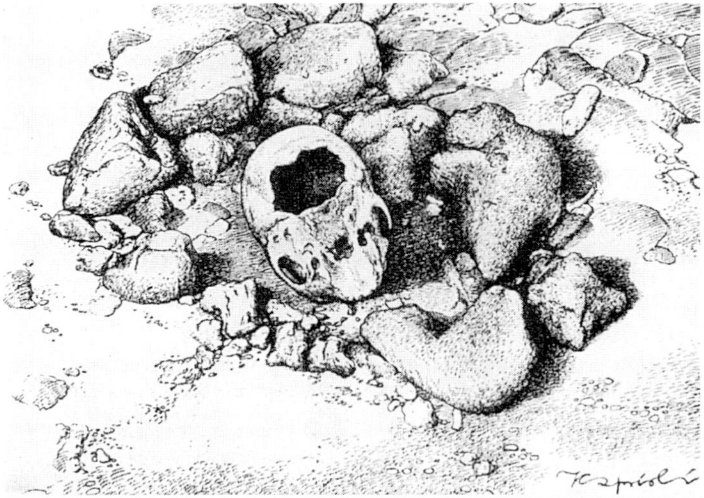

İtalya'da Monte Circeo Mağarası'nda, taşlardan oluşturulan bir çember içine Alberto Blanc tarafından kurgulanıp yerleştirilmiş bir Neandertal kafatası. Blanc, bu kafatasının, tören eşliğinde yamyamlığa işaret ettiği görüşündeydi. Ancak son zamanlarda gerçekleştirilen çalışmalar bu değerlendirmenin geçerliliği konusunda kuşku yaratmıştır.

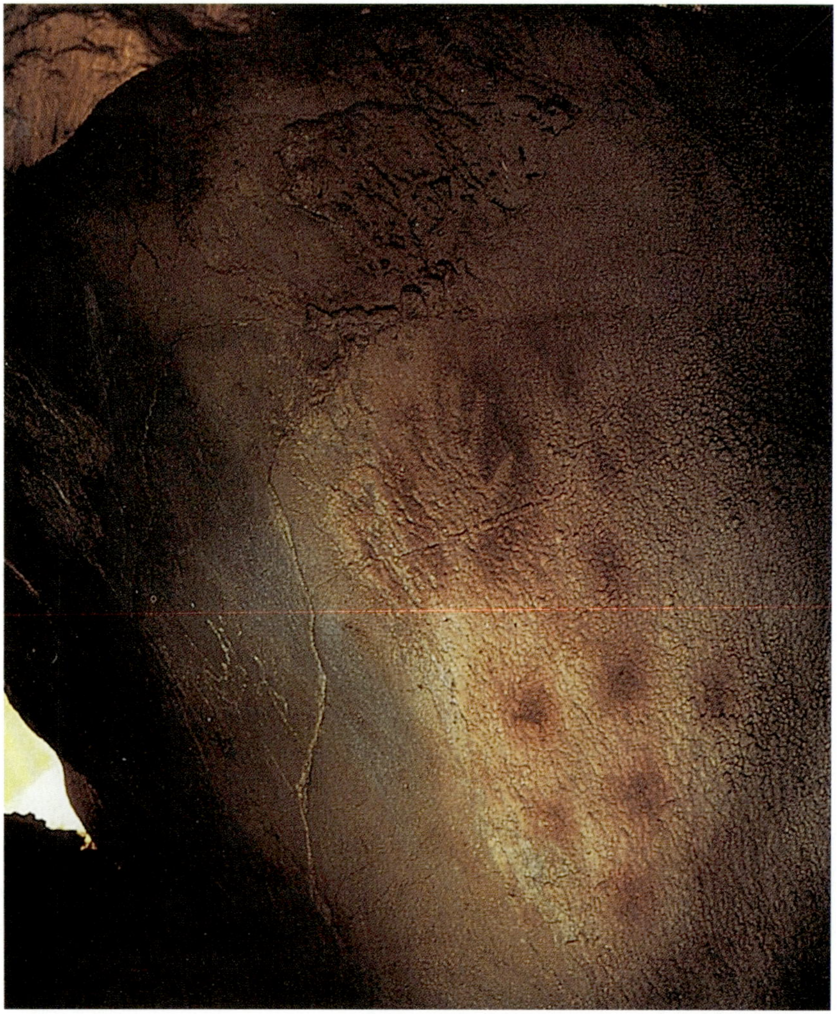

Kaya yüzeyine bastırılan elin çevresine boya üfleyerek oluşturulan negatif el şablonları tüm tarihöncesi sanatta yaygındır. Bu 18 bin yıllık örnek, Fransa'nın Lot bölgesindeki Peche Merle Mağarası'nda bulunmuştur.

Sözlük

Afrika'dan Çıkış (Evrim modeli): Bugünkü insanın ilkin Afrika'da ortaya çıktıktan sonra Eskidünya'nın her tarafına yayıldığını savunan evrim kuramı; temelde fosil buluntularına dayalıdır. Bkz. Mitokondriyal Havva; Çokmerkezli Evrim.

Alel: Bir genin farklı bir biçimi, farklı göz renkleri gibi. Tüm genetik lokuslar, etkileri iki özdeş ya da, farklı alelin varlığına göre değişen iki alelden oluşur. Bkz. Polimorfizm.

Alet çantası: İnsansıların ürettiği aletleri, nesneleri belirlemek için kullanılan endüstri, kültür, gelenek gibi, birkaç terimden biri.

Alt Paleolitik: Taş aletlerin ilk ortaya çıkışıyla başlayarak yaklaşık 200 bin yıl önce sona eren ve genellikle Avrupa (son evresinde) ile Kuzey Afrika'yı ilgilendiren insansal kültür dönemi; bunun Sahra-altı Afrikası'ndaki dengi İlk Taş Devri olarak adlandırılır.

Analoji: Git gide birbirine yaklaşan doğru çizgiler biçiminde ilerleyen (convergent) evrim modeline dayalı, organizmalar arasındaki benzerlikler (homoloji karşıtı).

Anthropoid: Maymunları, insansı maymunları ve insanları kapsayan primatların alt grubunun günlük dildeki adı.

Arboreal: Ağaçlar üzerinde yaşayan.

Arkaik: 400 bin yıl öncesiyle bugünkü insanın ortaya çıkışı arasındaki dönemle ilgili.

Arkaik *Homo sapiens*: 400 bin yıl öncesiyle bugünkü insanın ortaya çıkışı arasındaki dönemde yaşayan insansılara (hominidler) ilişkin bir terim; bu insansılar bir ya da birkaç türün üyeleri olabilir; bu konuda büyük ölçüde görüş ayrılığı vardır.

Aşöliyen (Acheulian): El baltalarını da kapsayan büyük, iki-ağızlı kesicilerin üretimiyle simgelenen bir tür taş alet kültürünün adı. Bu dönem yaklaşık 1,5 milyon yıl önce başlayarak Afrika ve Avrasya'da 200 bin yıl öncesine dek sürmüştür.

Basicranium: Kafatasının alt kesimi (kafatası tabanı).

Bipedalizm: İnsanda olduğu gibi, iki arka ayak üstünde dik olarak yürüme yetisi.

Biyostratigrafi: Evrimleşmekte olan bir soyda ortaya çıkan evrimsel değişikliklere dayalı tarihlendirme yöntemi.

Broca alanı: İnsan beyninde sol ön korteksin (genellikle) alt arka kesimine doğru uzanan bölüm; bir zamanlar dilin ana merkezi olarak düşünülen bu bölüm, günümüzde beynin dille ilgili birçok bölgesinden biri olarak görülüyor; adını, Fransız cerrah Paul Broca'dan (1824-1880) almıştır.

Calvarium: Kafatasının mandible (altçene) dışındaki kesimi.

Çokmerkezli Evrim (model): Bugünkü insanın Eskidünya'nın her yanında aşağı yukarı eş zamanlı olarak evrimleştiğini savunan, fosil bulgulara dayalı kuram. Bkz. Mitokondriyal Havva; Afrika'dan Çıkış.

Darboğaz (toplumsal anlamda): Bir toplumdaki bireylerin sayısının azalması sonucunda yeniden üremeye ihtiyaç gösterdiği düzey.

Diastema: Özellikle üst çenede, yanal kesici ile köpekdişi arasındaki gedik.

Dilgi (blade): Boyu, eninin en az iki katı olan taş yonga.

Dimorfizm: Seçik iki ayrı biçim: örneğin, köpekdişi dimorfizmi ya da vücut-büyüklüğü dimorfizmi gibi.

Dorsal: Hayvanın arka kesimi ile ilgili (ventral karşıtı).

Doğrusal Evrim (model): İnsanın tek bir merkezden köklenerek bugünkü insana doğru, tek bir tür halinde, doğru bir çizgi izleyerek evrimleştiğini savunan evrim kuramı.

Edinilmiş karakter: Evrimsel bir grubun kimi üyelerince kazanılmış bir özellik olup onları sınıfsal anlamda birleştirerek aynı gruba bağlı diğer türlerden ayırır (ilkel karakter karşıtı).

Ekosistem: Savana, yağmur ormanı, orman gibi özel bir sistem oluşturan bitki ve doğal arazi birlikteliği.

Endocast: Beyin kutusunun iç yüzeyindeki girinti çıkıntıların doğal olarak bir ortama geçmesi ya da yapay olarak bir modele aktarılması.

Endüstri: Bir insansı türünce üretilen birtakım alet ya da eşyaları belirlemek için kullanılan alet çantası, kültür ve gelenek gibi terimlerden biri. Bkz. Alet çantası.

Ensefalizasyon bölümü: Beynin vücuda göre boyutsal oranı.

Etnografik analoji: Günümüzdeki ya da yakın geçmişteki toplumlarla tarihöncesi topluluklar arasında benzerlik (analoji) kurma.

Etoloji: Doğal çevredeki hayvan türlerinin toplumsal davranışının incelenmesi.

Farinks: Boğazın, larinksin yukarısındaki kesimi.

Fauna: Bir ekosistemin hayvanları kapsayan öğesi.

Faunal korelasyon: Bir fosil alanını, barındırdığı hayvan fosilleri (fosil fauna) ile yaşı bilinen diğer bir alandakiler arasındaki benzerlikler yardımıyla tarihlendirme.

Femur: Uyluk kemiği.

Fenotip: Bir organizmanın fiziksel özellikleri, Bkz. Genotip.

Fibula: Alt bacaktaki iki kemikten biri. Bkz. Tibia

Filetik değişiklik: Yaşayan bir türün giderek değişmesi sonucu yeni bir türün ortaya çıkması, ancak tür içinde bir çeşitlenmeye yol açmaması.

Filojeni: Bir organizma grubunun evrimsel geçmişi; soyağacı, aile ağacı.

Flora: Bir ekosistemin bitkisel öğesi

Folivor: Yaprak yiyerek beslenen canlılar.

Foreman magnum: Kafatasının tabanında, omuriliğin geçtiği delik.

Frugivor: Meyvelerle beslenen canlılar.

Gen akışı: Eşeysel birleşme yoluyla toplumlar arası gen alışverişi.

Gen Havuzu: Belirli bir zamana ait bir toplumun tüm genleri.

Genetik sürüklenme: Doğal seçimden çok, rastlantısal etkenler sonucu bir toplumda ortaya çıkan genetik değişiklikler.

Genom: Bir türün genleri ve onlarla ilintili DNA'sının tümü.

Genotip: Bir organizmanın genetik yapısı (fenotip karşıtı).

Gradualizm: Küçük çapta değişikliklerin sürekli, kararlı birikimine dayalı evrim modeli; giderek yavaş yavaş evrimleşme.

Holosen: 10 bin yıl önce Pleistosen'in sona ermesiyle başlayan jeolojik dönem.

Hominid: Hominidae, başka bir deyişle, insan ailesinin günlük dildeki adı.

Homoloji: Ortak atalık yoluyla türler arasındaki yapısal benzerlikler.

Homoplazi: Birbirine gittikçe yaklaşan (convergent) çizgiler biçiminde işleyen evrim sonucu türler arasında ortaya çıkan ortak özellik.

Humerus: Üst kol kemiği

İlkel karakter: Bir grubun ortak atasında bulunan dolayısıyla da aynı grubun tüm bireylerince paylaşılan bir özellik (Edinilmiş karakter karşıtı).

İnsansı maymunlar (apes): Büyük maymunlar olan şempanzeler, goriller ve orangutanların yanı sıra gibonları ve siamangları da kapsayan primat grupları.

Jeokronoloji: Jeolojik tarihlendirme yönteminin adı.

Kama: Baltaya benzer, uzun iki yüzeyli büyük bir taş alet; çoğunlukla Aşöliyen ürünü baltalarla birlikte bulunur.

Kesi izi: Kemik üzerine bir aletle açılmış genellikle uzun bir işaret.

Klad (clade): Ortak bir atadan gelen bir grup.

Kladistik: Türler arasında ilkel ya da edinilmiş karakter ayrımına göre ilişkiler kurmayı amaçlayan evrimsel biyoloji öğretisi.

Kladogram: Türlerin akrabalığının şematik anlatımı. Bkz. Kladistik

Larinks: İnsan boğazında ses tellerinden oluşan organ.

Lövaluva (Levallois) tekniği: Yaklaşık 200 bin yıl önce Afrika'da ortaya çıkan Musteriyen tipi alet üretim teknolojisi. Bu yöntem, bir taş kütlesinden önceden tasarlanmış biçim ve boyutlarda yongalar koparılarak belirli şekillerde özler elde edilmesine dayanır.

Lumbar: Omurganın belden aşağıdaki kesimi.

Magdaleniyen (Magdalenian): Avrupa'da, Üst Paleolitik Dönem'de 17 bin-12 bin yılları arasını kapsayan kültür evresi; adını Fransa'nın Dordogne bölgesindeki La Madeleine kaya sığınağından almıştır.

Mandible: Altçene kemiği.

Manuport: Arkeolojik bir alanda kendiliğinden oluşmamış, oraya insanlar tarafından getirilmiş taş.

Maxilla: Üstçene kemiği.

Mitokondri: Hücrede enerji metabolizmasını düzenleyen küçük organeller; bunların küçük genomları vardır.

Mitokondriyal Havva (Evrim modeli): Bugünkü insanın görece yakın geçmişte Afrika'da ortaya çıktıktan sonra Eskidünya'nın diğer bölgelerine yayılışı sırasında önüne çıkan tüm arkaik toplulukları ortadan kaldırarak onların yerini aldığını savunan, genetik verilere dayalı evrim kuramı. Bkz. Çokmerkezli evrim; Afrika'dan Çıkış.

Molar: Ön kesici dişleri izleyen avurt dişleri.

Moleküler saat (biyolojik anlamda): Genom içinde biriken mutasyonların geçen sürenin ölçülmesinde kullanılmasına ilişkin kavram.

Morfoloji: Bir organizmanın fiziksel yapısı.

Mozaik evrim: Vücudun farklı kesimlerinde değişik oranlardaki evrimsel başkalaşımı belirleyen bir terim.

Musteriyen (Mousterian): Önceden hazırlanmış özlerden yonga çıkarma yöntemiyle taş alet üretim teknolojisi; bu kültür evresi Avrupa'da 200 bin yıl önce başlamış ve 40 bin yıl öncesine dek sürmüştür.

Mutlak tarihlendirme: Fosil barındıran tortul katmanlarının yaşını genellikle radyometrik yöntemlerle saptayarak fosil ya da aletleri tarihlendirme yöntemi.

Neolitik: 10 bin yıl önce tarımın başlaması ile ilintili Yeni Taş Devri.

Nükleotit: DNA'nın temel öğesi.

Occiput: Kafatasının arka kesimindeki kemik.

Oldovan (Oldowan): Çakıl taşlarını parçalayıp biçimlendirerek kesici aletler üretmeye yönelik taş-alet endüstrisi; daha yerindelikle, doğrayıp parçalayıcı alet endüstrisi olarak anılan bu kültür evresi Afrika ve Asya'nın kimi yörelerinde 2,5 milyon yıl önce başlamış ve 200 bin yıl öncesine dek sürmüştür.

Omnivor: Değişik türden besinlerle beslenen bir tür.

Orinyasiyen (Aurignacian): Avrupa'da, adını Fransız Pireneleri'ndeki Aurignac kaya-sığınağından alan, Üst Paleolitik Dönem'e ait ilk başat kültür.

Orta Paleolitik: Kuzey Afrika ve Avrupa'da yaklaşık 200 bin yıl önce başlayarak 40 bin yıl önce sona eren kültürel dönem; Sahra-altı Afrikası'ndaki dengi Orta Taş Devri'dir.

Paleoantropoloji: İnsan evriminin çoklu-disiplin bağlamında incelenmesi.

Paleolitik: 2,5 milyon yıl önce, taş aletlerin ilk ortaya çıkışından, tarımın başladığı 10 bin yıl öncesine dek süren Eski Taş Devri. Bkz. Alt Paleolitik; Orta Paleolitik; Üst Paleolitik.

Paleomanyetizma: Yerkürenin manyetik kutuplarının yönünde periyodik olarak tersine yön değişikliğine dayalı tarihlendirme yöntemi.

Paleontoloji: Soyu tükenmiş organizmaların fosillerini ve biyolojisini inceleyen bilim dalı.

Parsimony (Kestirme yöntem): Türler/toplumlar arasında, onların tarihlerini belirlemek amacıyla en olası akrabalık ilişkilerini saptama yöntemi.

Pleistosen: Dördüncü jeolojik çağın ilk dönemi; bu çağ yaklaşık 2 milyon yıl önce başlamış ve 10 bin yıl önce sona ermiştir.

Pliosen: Yaklaşık 5 milyon yıl öncesinden 2 milyon yıl öncesine dek süren üçüncü jeolojik çağın (tersiyer) son dönemi.

Polimorfizm (genetik): Fenotipik bir etki yapabilen bir genin değişkeni. Bkz. Alel.

Potasyum-argon tarihlendirme yöntemi: Potasyum 40'ın argon 40'a bozunumuna dayanarak, volkanik kayaçları tarihlendirme yöntemi; paleoantropolojide önemli bir tarihlendirme aracıdır.

Postcranium: Kafatası dışında tüm iskelet.

Primatlar: Prosimiyenlerle antropoidleri kapsayan sonlu (plasentalı) memeliler sınıfı.

Prognathous: Yüzün üst kesimine göre öne doğru çıkık çeneli.

Prosimiyen: Lemurları, lorisleri ve tarsiyerleri kapsayan primat alttakımının genel adı.

Punctuationalizm: Başkalaşımların kısa dönemlerde yoğunlaştığı evrim biçimi (gradualizma giderek yavaş yavaş evrim karşıtı).

Quarternary: Senozoik'in ikinci dönemi olup Pleistosen ve Holosen'i kapsar.

Radyometrik: Potasyum-argon ve karbon-14 tarihlendirmeleri gibi, radyoaktif izotopların bozunumuna dayalı tarihlendirme yöntemi.

Radius: Ön kolun iki kemiğinden biri. Bkz.Ulna.

Sagittal crest: Kasların tutunmasına elverecek biçimde genişlemiş olarak kafadamını önden arkaya kat eden ibik biçiminde kemiksi sırt.

Eşeysel dimorfizm: Bir türün vücut yapısının kimi unsurlarının erkeklerle dişiler arasında boyut ve biçim yönünden tutarlı, kararlı biçimde başkalaştığı durum.

Solutreyen: Üst Paleolitik'te 23 bin-18 bin yılları arası dönemi kapsayan başat bir kültürel evre; adını Doğu Fransa'daki Solutré fosil alanından almıştır.

Serebral korteks: Serebral (beyinsel) yarıkürelerin dış katmanı.

Servikal: Omurganın boyun kesimi.

Setikleme: Arka ayaklar üstüne ve el parmaklarının dışına (setiklere) basarak yürüme ya da devinme biçimi (=setikleyerek yürüme; setikleme).

Stratigrafi: Üst üste tortul katmanları.

Şatelperoniyen (Chatelperronian): Musteriyen kültür evresinden Orinyasiyen'e geçiş aşamasında ortaya çıkan ve her ikisinin özelliklerini taşıyan Üst Paleolitik alet endüstrisi olup arkaik ve modern insan arasındaki ilişkiler sonucu doğmuş olabilir; adını orta Fransa'da Allier'deki Chatelperron yöresindeki mağaradan almıştır.

Tafonomi: Yavaş yavaş gömülmeyi ve sonuçta taşlaşmayı içeren ölümlerde ceset üzerinde işleyen süreçlerin incelenmesi.

Taksonomi: Organizmaları evrimsel ilişkiler uyarınca sınıflandırma.

Tibia: Alt bacaktaki iki kemikten biri. Bkz. Fibula.

Tüf: Volkanik küllerin katılaşmasıyla oluşan katmanlar.

Türleşme: Yaşayan bir soyun dallanmasıyla yeni türlerin evrimleşerek çeşitlenmesi.

Üst Paleolitik: Yaklaşık 40 bin-10 bin yılları arasını kapsayan ve Kuzey Afrika ile Avrupa'yı ilgilendiren kültürel dönem; Sahra-altı Afrikası'ndaki dengi Son Taş Devri'dir.

Ulna: Önkoldaki iki kemikten biri. Bkz. Radius.

Wernicke alanı: İnsan beyninde, temporal korteksin yukarı kesiminde yer alan; anlama, kavrama merkezi; adını Alman nörolog Carl Wernicke'den (1848-1905) almıştır.

Yaşamsal uyum: Adaptasyon.

Yonga (flake): Bir taş gövdesinden yontulan boyu eninin iki katıdan az olan parça.

Zigomatik kemer: Elmacıkkemiği.

Ek Okumalar

İnsanın evrimi ile ilgili olarak yayımlanmış diğer kitaplar:

Johanson, Donald ve James Shreeve. *Lucy's Child.* William Morrow, 1989.

Leakey, Richard ve Roger Lewin. *Origins Reconsidered.* Doubleday, 1992.

Lewin, Roger. *Bones of Contention.* Simon and Schuster, 1987.

Falk, Dean. *Braindance.* Henry Holt, 1992.

Reader, John. *Missing Links.* Little Brown, 1981.

Schick, Kathy D. ve Nicholas Toth. *Making Silent Stones Speak.* Simon and Schuster, 1993.

Trinkaus, Erik ve Pat Shipman. *The Neanderthals.* Alfred Knopf, 1993.

Bugünkü insanın kökenleri üstüne daha teknik kitaplar:

Bräuer, Gunther ve Fred Smith, der. *Continuity or Replacement: Controversies in* Homo sapiens *Evolution.* Rotterdam: A. A. Balkema, 1992.

Mellars, Paul ve Chris Stringer, der. *The Human Revolution.* Princeton University Press, 1989.

Trinkaus, Erik, der. *The Emergence of Modern Humans.* Cambridge University Press, 1989.

Diğer kaynakların daha ayrıntılı bir listesi:

GİRİŞ

Leroi-Gourhan, A. The flowers found with Shanidar IV, a Neanderthal burial in Iraq. *Science* 190 (1975): 562-564.

Solecki, R. Shanidar IV, a Neanderthal flower burial in northern Iraq. *Science* 190 (1975): 880-881.

1. Bölüm: *HOMO SAPİENS*'E BAŞLANGIÇ

Aiello, L.C. Pattern of stature and weight in human evolution. *American Journal of Physical Anthropology* 81 (1990): 186-187.

Andrews, P. ve L. Martin. Cladistic assessment of extant and fossil hominoids. *Journal of Human Evolution* 16 (1987): 101-118.

Cartmill, M. ve diğ. One hundred years of paleoanthropology, *American Scientist* 74 (1986): 410-420.

Hill, A. ve S. Ward. The origin of the Hominidae. *Yearbook of Physical Anthropology* 31 (1988): 49-83.

Lovejoy, C. O. Evolution of human walking. *Scientific American* (Kasım 1988).

Pilbeam, D. Descent of the hominoids. *Scientific American* (Şubat 1984): 84-96.

Rodman, P. S. ve H. McHenry. Bioenergetics of hominid bipedalism. *American Journal of Physical Anthropology* 52 (1980): 103-106.

Simons, E. Human origins. *Science* 245 (1989): 1343-1350.

Tattersall, I. Species concepts and species recognition in human evolution. *Journal of Human Evolution* 22 (1992): 341-349.

Wood, B. Origin and evolution of the genus *Homo. Nature* 355: 783-792.

2. Bölüm: MODERN TARTIŞMAYA BAŞLANGIÇ

Aitken, M. J. ve diğ., der. The origin of modern humans and the impact of chronometric dating. *Philosophical Transactions: Biological Sciences* 337 (1992): 125-250.

Brace, L. Tle fate of the classic Neanderthals. *Current Anthropology* 5 (1964): 3-43.

Graves, P. New models and metaphors for the Neanderthal debate. *Current Anthropohogy* 32 (1991): 225-274.

Grün, R. ve C. B. Stringer. Electron spin resonance and the evolution of modern humans. *Archeometry* 33 (1991): 153-199.

Hammond, M. A framework of plausibility for an anthropological forgery. *Anthropology* 3 (1979): 47-58.

Hammond, M. The expulsion of the Neanderthals from human ancestry. *Social Studies in Science* 12 (1982): 1-36.

Reader, J. Missing Links. Little Brown, 1981.

Spencer, F. The Neanderthals and their evolutionary significance. *The Origins of Modern Humans: A World Survey of the Fossil Evidence*'da, der. F. Spencer, 1-49. Alan R. Liss, 1984.

Spencer, F. *Piltdown: A Scientific Forgery.* Oxford University Press, 1990.

Trinkaus, E. ve P. Shipman. *The Neanderthals.* Alfred Knopf, 1993.

3. Bölüm: İKİ MODEL

Aiello, L. C. The fossil evidence for modern human origins: A revised view, *American Anthropologist* 95 (1993): 73-96.

Clark, G. A. Continuity or replacement? Putting modern human origins in an evolutionary context. *The Middle Paleolithic: Adaptation, Behavior and Variability*'de, der. H. Dibble ve P. Mellars, 183-205. University of Pennsylvania Museum, 1992.

Frayer, D. W. ve diğ. Theories of modern human origins: The paleontological test, *American Anthropologist* 95 (1993): 14-50.

Howells, W. W. Explaining modern man: Evolutionists versus migrationists. *Journal of Human Evolution* 5 (1976): 477-495.

Mellars, P. Major issues in the emergence of modern humans. *Current Anthropology* 30 (1989): 349-385.

Pope, G. G. Recent advances in Far Eastern paleoanthropology. *Anual Review of Anthropology* 17 (1988): 43-77.

Smith, F. H. The Neanderthals: Evolutionary dead ends or ancestors of modern people? *Journal of Anthropological Research* 47 (1991): 219-238.

Stringer, C. B. The emergence of modern humans. *Scientific American* (Aralık 1990): 98- 104.

Stringer, C. B. ve P. Andrews. Genetic and fossil evidence for the origin of modern humans. *Science* 239 (1988): 35-68.

Stringer, C. B. ve R. Grün. Time for the last Neanderthals. *Nature* 351 (1991): 701-702.

Wolpoff, M. H. ve diğ. Reply to Stringer and Andrews. *Science* 41 (1988): 772-773.

Thorne, A. ve M. H. Wolpoff. The multiregional evolution of humans. *Scientific American* (Nisan 1992): 76-84.

4. Bölüm: MİTOKONDRİYAL HAVVA

Cavalli-Sforza, L. L. Genes, people and languages. *Scientific American* (Kasım 1991): 104-110.

Goldman, N. ve N. H. Barton. Genetics and geography. *Nature* 357 (1992): 440-441.

Hedges, S. B. ve diğ. Human origins and analysis of mitochondrial DNA sequences. *Science* 255 (1992): 737-738.

Johnson, M. J., et al. Radiation of human mitochondrial DNA types analyzed by restriction endonuclease cleavage patterns. *Journal of Molecular Evolution* 19 (1983): 255-271.

Maddison, D. ve diğ. Geographic origins of human mitochondrial DNA: Phylogenetic evidence from control region sequences. *Systematic Biology* 41 (1992): 111-124.

Merriwether, D. A., et al. The structure of human mitochondrial variation. Journal of Molcular Evolution 33 (1991): 543- 555 Evidence from nuclear polymorphisms. *Transactions of the Royal Society* B 337 (1992): 159-165.

Stoneking, M. ve diğ. New approaches to dating suggest a recent age for the human mtDNA ancestor. *Transactions of the Royal Society* B 337 (1992): 167-175.

Templeton, A. R. Human origins and analysis of mitochondrial DNA sequences. *Science* 255 (1992): 737.

Templeton, A. R. The "Eve" hypothesis: A genetic critique and reanalysis. *American Anthropologist* 95 (1993): 51-72.

Thorne, Alan G. ve Milford H. Wolpoff. The multiregional evolution of humans. *Scientific American* (Nisan 1992): 76-83.

Wilson, A. C. ve R. L. Cann. The recent African genesis of humans. *Scientific American* (Nisan 1992): 68-73.

Vigilant, L. ve diğ. African populations and the evolution of human mitochondrial DNA. *Science* 253 (1991): 1503-1507.

5. Bölüm: MODERN İNSANIN ARKEOLOJİSİ

Binford, L. Human ancestors: Changing views of their behavior. *Journal of Anthropological Archeology* 4: 292-327.

Clark, G. A. ve J. M. Lindly. The case for continuity: Observations on the biocultural transition in Europe and western Asia. *The Human Revolution*'da, der. Paul Mellars ve Chris Stringer, 626-676. Princeton University Press, 1989.

Clark, J. D. The origins and spread of modern humans: A broad perspective on the African evidence. *The Human Revolution*'da, der. Paul Mellars ve Chris Stringer, 565-588. Princeton University Press, 1989.

Harrold, F. B. Mousterian, Chatelperronian, and early Aurignacian: Continuity or discontinuity? *The Human Revolution*'da, der. Paul Mellars ve Chris Stringer, 677-713. Princeton University Press, 1989.

Isaac, G. The archeology of human origins. *Advances in World Archeology* (1984): 1-87.

Klein, R. The archeology of modern humans. *Evolutionary Anthropology* 1 (1992): 5-14.

Shipman, P. Scavenging or hunting in early hominids. *American Anthropologist* 88 (1986): 27-43.

Pope, G. Bamboo and human evolution. *Natural History* (Ekim 1989): 49-56.

White, R. Rethinking the Middle/Upper Paleolithic transition. *Current Anthropology* 23 (1982): 169-189.

6. Bölüm: SİMGECİLİK VE İMGELER

Bahn, P. Pigments of the imagination. *Nature* 347 (1990): 426.

Chase, P. G. ve H. L. Dibble. Middle Paleolithic symbolism: A review of current evidence and interpretatinos. *Journal of Anthropological Archeology* 6 (1987): 263-296.

Clark, G. A. ve J. M. Lindly. The case for continuity: Observations on the biocultural transition in Europe and western Asia. *The Human Revolution*'da, der. Paul Mellars ve Chris Stringer, 626-676. Princeton University Press, 1989.

Clottes, J. Paint analyses from several Magdalenian caves in the Ariège region of France. *Journal of Archeological Science*, basılıyor.

Davidson, I. ve W. Noble. The archeology of depiction and language. *Current Anthropology* 30 (1989): 125-156.

D'Errico, F. Technology, motion, and the meaning of epipaleolithic art. *Current Anthropology* 33 (1992): 94-109.

Halverson, J. Art for art's sake in the Paleolithic. *Current Anthropolgy* 28 (1987): 63-89.

Lindly, J. M. ve G. A. Clark. Symbolism and modern human origins. *Current Anthropology* 31 (1991): 233-262.

Lewis-Williams, J. D. Cognitive and optical illusions in San rock art research. *Current Anthropology* 27 (1986): 171-177.

Lorblanchet, M. Spitting images. *Archeology* (Kasım/Aralık 1991): 27-31.

White, R. Rethinking the Middle/Upper Paleolithic transition. *Current Anthropology* 23 (1982): 169-189.

White, R. *Dark Caves, Bright Visions.* The American Museum of Natural History, 1986.

White, R. Visual thinking in the Ice Age. *Scientific American* (Temmuz 1989): 92-99.

Valladas, H., et al. Direct radiocarbon dates for prehistoric paintings at the Altamira, El Castillo and Niaux caves. *Nature* 357 (1992): 68-70.

7. Bölüm: DİL VE BUGÜNKÜ İNSANIN KÖKENLERİ

Aiello, L. C. ve Robin Dunbar. Neocortex size, group size, and the evolution of language in the hominids. Basılıyor.

Cheney, D. ve diğ. Social relationships and social cognition. *Science* (1986): 1361-1366.

Davidson, I. ve W. Noble. The archeology of depiction and language. *Current Anthropology* 30 (1989): 125-156.

Deacon, T. W. The neural circuity underlying primate calls and human language. *Human Evolution* (1989): 367-401.

Dunbar, Robin M. Neocortex size as a constraint on group size in primates. *Journal of Human Evolution* 22 (1992): 469-493.

Falk, D. 3.5 million years of hominid brain evolution. *Seminars in the Neurosciences* 3 (1991): 409-416.

Foley, R. A. Language origins: The silence of the past. *Nature* 353 (1991): 114-115.

Frayer, D. W. Language capacity in European Neanderthals. *Current Anthropology*, basılıyor.

Gibson, K. ve T. Ingold, der. *Tools, Language, and Intelligence.* Cambridge University Press, 1992.

Harcourt, A. H. Alliances in contests and social intelligence. Social *Expertise and teh Evolution of Intellect*'te der. R. Byrne ve A. Whiten. Oxford University Press, 1988.

Holloway, R. L. Human brain evolution. *Canadian Journal of Anthropology* 3 (1983): 215-230.

Holloway, R. L. Human paleontological evidence relevant to language behavior. *Human Neurobiology* 2 (1983): 105-114.

Humphrey, N. K. *The Inner Eye.* Faber and Faber, 1986.

Isaac, G. L. Stages of cultural elaboration in the Pleistocene. *Origins and Evolution of Language and Speech'te,* New York Academy of Sciences, 1976.

Jerison-H. J. Brain size and the evolution of mind. Fifty-ninth James Arthur Lecture. Amerikan Doğa Tarihi Müzesi, (1991).

Laitmann, J. T. The anatomy of human speech. *Natural History* (Ağustos 1983):20-27.

Marshack, A. Implications of the Paleolithic evidence for the origin of language. *American Scientist* 64 (1976): 136-145.

Martin, R. D. Human brain evolution in an ecological context. Fifty-second James Arthur Lecture. Amerikan Doğa Tarihi Müzesi, 1983.

Pagel, M. D. ve P. H. Harvey. How mammals produce large-brained offspring. *Evolution* (1988): 948-957.
Pinker, S. ve P. Bloom. Natural language and natural selection. *Behavioral and Brain Sciences* 13 (1990): 707-784.
Savage-Rumbaugh, S. ve D. Rumbaugh. The emergence of language. *Tools, Language and Cognition*'da, der. K. R. Gibson ve T. Ingold. Cambridge University Press, 1993.
White, R. Thoughts on social relationships and language in hominid evolution. *Journal of Social and Personal Relationships* 2 (1985): 95-115.
Wynn. T. Archeological evidence for modern intelligence. *The Origin of Human Behavior*'da, der. R. A. Foley, 52-66. Unwin Hyman, 1991.